結城 浩 [著]

C言語
プログラミングレッスン
［入門編］

第3版

= SB Creative

●ホームページのお知らせ

本書に関する最新情報は、以下の URL から入手することができます。

　http://www.hyuki.com/lc/

この URL は、著者が個人的に運営しているホームページの一部です。

Ⓒ 2019　本書の内容は著作権法上の保護を受けております。著者・発行者の許諾を得ず、
　　　　無断で複製・複写することは禁じられております。

CONTENTS

- ●はじめに ………………………………………………………… xiii
- 本書の構成 ………………………………………………………… xiv
- プログラムのダウンロード ……………………………………… xv
- あなたは何をすればいいか ……………………………………… xvi
- 本書執筆の経緯と謝辞 …………………………………………… xvii
- C言語仕様とコーディング作法 ………………………………… xix
- 読書案内 …………………………………………………………… xx

第0章 C言語とは ……………………………………………… 1

- ●この章で学ぶこと ……………………………………………… 1
- C言語とは何か …………………………………………………… 1
  - プログラミング言語C ………………………………………… 1
  - C言語の歴史 …………………………………………………… 2
  - C言語と他のプログラミング言語 …………………………… 3
- C言語でプログラムを開発するときの流れ …………………… 3
  - 必要なもの ……………………………………………………… 4
  - C言語でプログラムを書いてコンパイル …………………… 5
  - バグを見つけて修正する ……………………………………… 9
- ●この章で学んだこと …………………………………………… 11
  - ポイントのまとめ ……………………………………………… 11
- ★練習問題 ………………………………………………………… 11
- ☆練習問題の解答 ………………………………………………… 12

第1章 表示 ……………………………………………………… 13

- ●この章で学ぶこと ……………………………………………… 13
- 文字列の表示 ……………………………………………………… 13
  - ソースプログラム ……………………………………………… 13
  - List 1-1 をコンパイルして動かす …………………………… 15
  - List 1-1 を 1 行ずつ読んでいく ……………………………… 16

| printfで文字列表示 ･･ 18
| バリエーション ･･ 21
| 例：表示文字列を変える ･･ 21
| 例：表示文字列を増やす ･･ 22
| 例：\nの使い方を調べる ･･････････････････････････････････････ 22
| クイズ ･･ 24
| クイズの答え ･･ 24
| まちがい探し ･･ 25
| もっと詳しく ･･ 28
| stdio.hについて ･･ 28
| ●この章で学んだこと ･･ 29
| ポイントのまとめ ･･ 29
| ★練習問題 ･･ 30
| ☆練習問題の解答 ･･ 30

第2章 計算をやってみよう　33

●この章で学ぶこと ･･ 33
計算 ･･ 34
　　　加減乗除 ･･ 34
　　　printfの書式文字列（%d）･･････････････････････････････････････ 35
　　　引き算・掛け算・割り算 ･･ 38
　　　整数について ･･ 39
　　　複雑な計算と優先度 ･･ 39
バリエーション ･･ 41
　　　例：関数printfの使い方① ･･････････････････････････････････････ 41
　　　例：関数printfの使い方② ･･････････････････････････････････････ 43
クイズ ･･ 45
クイズの答え ･･ 45
まちがい探し ･･ 46
もっと詳しく ･･ 48
　　　オーバーフロー ･･ 48
●この章で学んだこと ･･ 52
　　　ポイントのまとめ ･･ 52

| ★練習問題 | 52 |
| ☆練習問題の解答 | 54 |

第3章 変数 ... 57

- ●この章で学ぶこと ... 57
- 変数とは ... 57
  - 数学での変数 ... 57
  - C言語での変数 ... 58
- バリエーション ... 65
  - 例：計算結果を表示する ... 65
  - 例：変数を2つ定義する ... 66
  - 例：浮動小数点数を使う ... 67
- キーボードから入力する ... 71
  - 入力待ち ... 72
  - 関数fgets ... 73
  - 文字の配列 ... 74
  - 文字列を整数に変換する ... 76
- クイズ ... 79
- クイズの答え ... 80
- まちがい探し ... 81
- 読解練習「九九練習プログラム」 ... 84
  - 乱数について ... 88
- もっと詳しく ... 89
  - 代入演算子（＝） ... 89
- ●この章で学んだこと ... 90
  - ポイントのまとめ ... 90
- ★練習問題 ... 91
- ☆練習問題の解答 ... 92

第4章 if文 ... 95

- ●この章で学ぶこと ... 95
- もしも ... 95

日本語の「もしも」	95
if 文	96

もしも…さもなくば … 100
日本語の「もしも…さもなくば」	100
if-else 文	101

バリエーション … 103
例：傘プログラム	103
例：if 文の連鎖	105
等号を入れるかどうか	107
例：「または」を表現するには	108
「かつ」について	113
否定演算子！	116

クイズ … 116
クイズの答え … 117
まちがい探し … 117
もっと詳しく … 120
ド・モルガンの法則	120
真偽値	121

●この章で学んだこと … 123
ポイントのまとめ	123

★練習問題 … 124
☆練習問題の解答 … 125

第5章　switch 文 … 131

●この章で学ぶこと … 131
多方向分岐 … 131
日本語の多方向分岐	131
if 文による多方向分岐	132
switch 文による多方向分岐	132
switch 文の構造	133
switch 文の処理の流れ	136

バリエーション … 138
例：文字による分岐	138

例：break 文のない例 ………………………………………… 140
　　　定数 ……………………………………………………………… 141
　　　case ラベルの順序と default ラベル ………………………… 142
●この章で学んだこと ………………………………………………… 144
　　　ポイントのまとめ ……………………………………………… 144
★練習問題 ……………………………………………………………… 145
☆練習問題の解答 ……………………………………………………… 148

第6章　for 文 …………………………………………………… 155

●この章で学ぶこと …………………………………………………… 155
繰り返し ………………………………………………………………… 155
　　　日常生活の中の繰り返し ……………………………………… 155
順番に 0, 1, 2 を表示する …………………………………………… 156
　　　printf の繰り返し …………………………………………… 156
　　　for 文による繰り返し ………………………………………… 157
　　　for 文の構造 …………………………………………………… 158
　　　for 文の動作を調べよう ……………………………………… 159
　　　まちがいやすいところ ………………………………………… 163
クイズ …………………………………………………………………… 163
クイズの答え …………………………………………………………… 164
　　　for 文はらせん階段のようなもの …………………………… 166
バリエーション ………………………………………………………… 167
　　　例：繰り返す処理を増やす …………………………………… 167
　　　例：二重の for 文 ……………………………………………… 168
　　　例：コマンドライン引数の表示 ……………………………… 172
もっと詳しく …………………………………………………………… 173
　　　ブレース { } を使ってブロック化しよう …………………… 173
　　　変数のスコープ ………………………………………………… 175
●この章で学んだこと ………………………………………………… 176
　　　ポイントのまとめ ……………………………………………… 176
★練習問題 ……………………………………………………………… 177
☆練習問題の解答 ……………………………………………………… 179

第7章　while文 ………………………………………………… 185

- ●この章で学ぶこと ………………………………………………… 185
- while文 …………………………………………………………… 185
  - while文の構造 ……………………………………………… 185
  - while文を読む ……………………………………………… 186
  - List 7-1を静的に読む ……………………………………… 187
  - List 7-1を動的に読む ……………………………………… 189
  - for文とwhile文の比較 …………………………………… 190
- バリエーション …………………………………………………… 192
  - 例：ピリオドが入力されるまで繰り返す ………………… 192
  - 例：条件式の中にgetcharを含める ……………………… 194
  - 例：入力を出力にコピーする ……………………………… 198
  - 例：大文字を小文字に変換する …………………………… 202
  - 例：行数を数える …………………………………………… 204
  - break文 ……………………………………………………… 208
  - do-while文 …………………………………………………… 209
- クイズ ……………………………………………………………… 209
- クイズの答え ……………………………………………………… 210
- もっと詳しく ……………………………………………………… 212
  - if文とwhile文の関係 ……………………………………… 212
- ●この章で学んだこと …………………………………………… 214
  - ポイントのまとめ …………………………………………… 214
- ★練習問題 ………………………………………………………… 215
- ☆練習問題の解答 ………………………………………………… 217

第8章　関数 ………………………………………………………… 221

- ●この章で学ぶこと ………………………………………………… 221
- 関数 ………………………………………………………………… 221
  - 関数とは何か ………………………………………………… 221
- 和を求める関数を作る …………………………………………… 223
  - int型の値2つを足し合わせる …………………………… 223
  - int型の値2つを関数addを使って足し合わせる ……… 224

|　　　List 8-2 を静的に読む ……………………………………… 225
|　　　List 8-2 を動的に読む ……………………………………… 228
|　　　どうして関数にするのか ……………………………………… 229
|　バリエーション …………………………………………………… 230
|　　　例：戻り値がない関数 ………………………………………… 230
|　　　例：引数の数を変える ………………………………………… 234
|　もっと詳しく ……………………………………………………… 236
|　　　引数の評価順序は決まっていない …………………………… 236
|　　　printf の宣言と定義はどこにあるか ……………………… 236
|　　　分割コンパイルと関数の宣言 ………………………………… 237
|　●この章で学んだこと …………………………………………… 241
|　　　ポイントのまとめ ……………………………………………… 242
|　★練習問題 ………………………………………………………… 242
|　☆練習問題の解答 ………………………………………………… 244

第9章　配列 …………………………………………………… 249

●この章で学ぶこと ………………………………………………… 249
変数から配列へ ……………………………………………………… 249
　　変数の復習 …………………………………………………… 249
　　配列を使ったプログラム ……………………………………… 251
　　配列を定義する ……………………………………………… 253
　　配列の要素に代入する ……………………………………… 254
　　配列の要素を参照する ……………………………………… 255
　　配列と普通の変数の比較 …………………………………… 256
バリエーション ……………………………………………………… 257
　　例：添字を変数にする ……………………………………… 257
　　List 9-3 を静的に読む ……………………………………… 259
　　List 9-3 を動的に読む ……………………………………… 260
　　例：配列の大きさを5にする ………………………………… 262
　　例：文字の配列 ……………………………………………… 264
　　例：日本語の文字列 ………………………………………… 266
　　例：配列の初期化と sizeof 演算子 ………………………… 267
　　例：2 次元配列 ……………………………………………… 270

読解練習：「統計計算プログラム」・・・・・・・・・・・・・・・・・・・・・・・・・・・ 272
もっと詳しく・・ 276
  #define でマクロ定義 ・・・・・・・・・・・・・・・・・・・・・・・・・・・ 276
  繰り返しを見抜く ・・・・・・・・・・・・・・・・・・・・・・・・・・・・・・・・ 277
●この章で学んだこと・・・・・・・・・・・・・・・・・・・・・・・・・・・・・・・・・ 280
  ポイントのまとめ ・・・・・・・・・・・・・・・・・・・・・・・・・・・・・・・・ 280
★練習問題・・・ 281
☆練習問題の解答・・・・・・・・・・・・・・・・・・・・・・・・・・・・・・・・・・・ 285

第10章　構造体　・・・・・・・・・・・・・・・・・・・・・・・・・・ 293

●この章で学ぶこと・・・・・・・・・・・・・・・・・・・・・・・・・・・・・・・・・・ 293
構造体とは何か・・・・・・・・・・・・・・・・・・・・・・・・・・・・・・・・・・・・・・ 293
  構造体を C 言語でどう表現するか ・・・・・・・・・・・・・・・・ 294
  リュックサックにオニギリつめて ・・・・・・・・・・・・・・・・・ 303
バリエーション・・・・・・・・・・・・・・・・・・・・・・・・・・・・・・・・・・・・・・ 304
  例：メンバを増やしてみる ・・・・・・・・・・・・・・・・・・・・・・ 304
  例：配列をメンバに入れる ・・・・・・・・・・・・・・・・・・・・・・ 306
  例：構造体の配列を作る ・・・・・・・・・・・・・・・・・・・・・・・・ 309
  例：構造体の初期化 ・・・・・・・・・・・・・・・・・・・・・・・・・・・・ 310
  例：コンピュータグラフィクスの第一歩 ・・・・・・・・・・ 314
クイズ・・・ 316
クイズの答え・・ 317
読解練習：「簡単成績処理」・・・・・・・・・・・・・・・・・・・・・・・・・・・ 319
もっと詳しく・・ 326
  関数 strcpy とバッファオーバーフロー ・・・・・・・・・・・・ 326
  typedef ・・・・・・・・・・・・・・・・・・・・・・・・・・・・・・・・・・・・・・・ 328
  メンバが 1 つの構造体 ・・・・・・・・・・・・・・・・・・・・・・・・・・ 329
●この章で学んだこと・・・・・・・・・・・・・・・・・・・・・・・・・・・・・・・・・ 330
  ポイントのまとめ ・・・・・・・・・・・・・・・・・・・・・・・・・・・・・・ 331
★練習問題・・・ 331
☆練習問題の解答・・・・・・・・・・・・・・・・・・・・・・・・・・・・・・・・・・・ 336

第11章 ポインタ … 343

- ●この章で学ぶこと … 343
- ポインタとは … 344
  - ポインタとは何か … 344
  - ポインタをC言語でどう表現するか … 347
  - 実例を見てみよう … 352
- クイズ … 356
- クイズの答え … 356
- バリエーション … 357
  - 例：配列とポインタの関係 … 357
  - 例：構造体とポインタの関係 … 361
  - ポインタのポインタ … 362
  - NULLポインタ … 364
  - 例：変数の値を交換する関数 … 365
- 読解練習：「辞書検索プログラム」 … 369
  - 文字列比較関数 strcmp … 374
  - 高速化するために … 374
- ●この章で学んだこと … 375
  - ポイントのまとめ … 375
- ★練習問題 … 376
- ☆練習問題の解答 … 378

第12章 ファイル操作 … 383

- ●この章で学ぶこと … 383
- ファイル … 383
  - ファイルを操作する … 383
  - 例：ファイルの表示 … 384
  - オープン・むにゃむにゃ・クローズ … 386
  - 関数 fopen の使い方 … 387
  - 関数 fclose の使い方 … 390
  - 関数 fgetc の使い方 … 391
  - ファイルのイメージ図 … 392

バリエーション ……………………………………………………… 394
　　例：文字の入出力関数 fgetc と fputc ……………………………… 394
　　例：コマンドラインから引数を取る ……………………………… 397
　　例：文字列入出力関数 fgets と fputs ……………………………… 400
　　例：書式付きファイル出力関数 fprintf …………………………… 402
　　例：ファイルを削除する関数 remove ……………………………… 405
　　例：ファイル名を変更する関数 rename …………………………… 406
　　主なファイル操作関数 ……………………………………………… 408
　　関数を見つける方法 ………………………………………………… 408
読解練習「簡単成績処理 Version 2」 ……………………………… 410
　　stdout と stderr ……………………………………………………… 418
もっと詳しく ………………………………………………………… 418
　　FILE * …………………………………………………………………… 418
　　ポインタの配列 ……………………………………………………… 419
●この章で学んだこと ……………………………………………… 421
　　ポイントのまとめ …………………………………………………… 421
★練習問題 …………………………………………………………… 422
☆練習問題の解答 …………………………………………………… 426
おわりに ……………………………………………………………… 429

付録 …………………………………………………………………… 431

0 から 255 までの整数 ……………………………………………… 432
ASCII コード表 ……………………………………………………… 435
エスケープシーケンス ……………………………………………… 436
C 言語の要約 ………………………………………………………… 437
キーワード（予約語） ……………………………………………… 442
演算子 ………………………………………………………………… 443
標準ヘッダ …………………………………………………………… 445
関数 printf の書式文字列 …………………………………………… 446
コンパイラのインストール ………………………………………… 449
コンパイラのオプション …………………………………………… 451

索引 …………………………………………………………………… 453

はじめに

こんにちは、結城浩です。

『C言語プログラミングレッスン入門編　第3版』へようこそ。

本書は「C（シー）」というプログラミング言語を初歩から学ぶ本です。プログラミングをするのはこれが初めてという読者が、C言語の文法を一通り理解し、簡単なプログラムを読み書きできるようになることが目標です。

本書は次の点に配慮して書きました。

ゆっくり、ていねいに進む

本書は、内容が急に難しくならないように注意し、C言語の基礎をしっかり固めるようにしました。C言語のありとあらゆることを説明しようとすると、どうしても説明のスピードが速くなり、基礎がおろそかになってしまいます。本書では、初学者に必須の事項を厳選し、できるかぎりゆっくりと解説しています。一つの事柄に対して、文章・例題・図・比喩・クイズなどの手法を用い、ときには冗長と思われるほどていねいに説明をしています。本書は他の入門書でC言語を学ぼうとしてあきらめた方にも、きっと役に立つ一冊となるはずです。

実践的に学ぶ

　本書は、文法だけを解説して終わりになる入門書ではありません。あなたがプログラミングを始めたら必ずひっかかる落とし穴への対策として、あちこちに**まちがい探し**のコーナーを設け、実践的なプログラミングの練習ができるように工夫しています。また、**読解練習**のコーナーも設け、他の人が書いたプログラムを読み解く練習ができるようになっています。さらに、**セキュリティを意識しよう**という注意書きも設け、プログラミングの初めからセキュリティを意識して学べるようにしてあります。

独学者への配慮

　本書では、C言語を一人で学ぼうとしている方へも配慮しています。専門用語や読み誤りそうな用語にはルビ（ふりがな）を付け、一般的な読み方が自然に身につくように工夫しています。また英単語にもカタカナでおおよその読みを付けています。

　プログラミング言語を学ぶことは英語を学ぶことと似ています。英語を学ぶとき、私たちはアルファベットから始めます。ABCを覚え、apple, boy, catという簡単な単語を覚え、おはよう・こんにちは・おやすみなさいという簡単な表現を覚えます。どんなに英語を自由自在に扱える人でも、みんなABCを覚えるところから始めたのです。

　C言語を学ぶときも同じです。初めから大きなプログラムをすらすら書ける人なんて誰もいません。コンピュータのしくみを知り、キーボードを叩き、専門用語を覚え、プログラミング言語の文法を理解し、自分で小さなプログラムを書く練習をしていくのです。どんなにすばらしいプログラムを書く人でも、初めは何も知らず、コンピュータのABCから始めたのです。

　これからC言語を学ぶあなたも、勇気を持って一歩一歩進んでください。本書がそのための助けとなることを祈ります。

■ 本書の構成

　本書の各章は、次のような構成になっています。
　この章で学ぶことでは、その章で学ぶことを簡単に説明します。
　バリエーションでは、学んだことを使ったプログラムの例を紹介します。

まちがい探しでは、その章で学んだことに関連したプログラムを示し、そこに含まれたまちがいを探します。じっくり読んで、どこがまちがっているのかを探してください。これはあなた自身がプログラムのまちがいを探すときの練習になります。

　もっと詳しくでは、ちょっぴり難しい話や、ややわき道にそれた話をします。この部分は初回のときには読み飛ばしても構いません。

　読解練習では、長めのプログラムを読む練習を行います。この練習には、そこまでの章では習ってこなかった内容も腕試しとして登場します。ですから、初回でわからなくても気にしないでください。本書を二回、三回と読み返すうちに読み解けるようになるはずです。

　練習問題では、日本語で書かれた問題をプログラムに作り上げたり、未完成のプログラムを完成させたりする練習をします。本書ではすべての練習問題に解答を付けています。でも、問題を見てすぐ解答を読んではいけません。まず自分の頭で考えて、自分の手を動かしてプログラムを作り、実際にコンパイルして試しましょう。

　しっかり覚えようというコーナーでは、あなたが覚えるべきことを簡潔にまとめてあります。

　ちょっと一言というコーナーがあちらこちらにありますが、そこでは、関連した内容を補足説明します。

　セキュリティを意識しようという注意書きもあちこちに出てきます。そこでは、現代のプログラミングで非常に重要なセキュリティに関する話題に触れています。

■ プログラムのダウンロード

　本書に登場するプログラムのソースコードは、以下の URL からダウンロードできます。

```
http://www.hyuki.com/lc/
```

　このページは結城浩が個人的に運営している Web ページの一部です。

■ あなたは何をすればいいか

　私は本書の各章を通してC言語のプログラミングレッスンをあなたにお届けします。それではあなたは、C言語を学ぶために何をすればいいのでしょうか。本をただ読んでいけばいいのでしょうか。もちろん違います。私はあなたに、

- 覚えること
- 考えること
- やってみること

という3つのことを期待しています。

覚えること

　読者のあなたに期待する1つ目は**覚えること**です。説明のための用語もたくさん出てきますし、文法も覚える必要があります。初学者は「ここに書かれていることはすべて暗記しなくちゃいけないの？」とうんざりしがちですが、本当に覚えなくてはいけないことはそれほど多くありません。慣れてくれば自然に身につくこともあります。

　本書では、覚えるべき大切な項目をできるだけはっきりと書きます。ところどころにしっかり覚えようというコーナーも設けました。また各章の終わりにはポイントのまとめも整理してあります。ですから、あなたも覚えることを意識してください。

考えること

　読者のあなたに期待する2つ目は**考えること**です。私がいろいろ説明するのをただ覚えるだけでは、C言語を習得するのに不十分です。

　　「それはなぜだろう」

　　「これはどういう意味だろう」

　　「あれとこれはどこが違うのだろう」

　こういう問いかけを自分自身で行って、よく考えてください。考えれば考えるほど、覚えることも楽になってくるはずです。よく覚えれば元金が増え、よ

く考えればそれが複利で増えるのです。あなたの問いかけの答えはすぐに見つかるかもしれませんし、ずいぶん後に見つかるかもしれません。けれども大切なことはあなたが自分で積極的に考えようとすることなのです。

本書のあちこちには「このプログラムはどんな動きをするでしょうか」といった**問いかけ**があります。また**クイズ**も登場します。あなたは、そこで読書を止め、あなたの頭を使って考えてみてください。

重要な注意：ただし「完全にわかるまで先に進まない」という態度はやめてください。ところどころで立ち止まったとしても、まずは全体を通読するつもりで進んでくださいね。

やってみること

読者のあなたに期待する3つ目はやってみることです。

「覚えること」や「考えること」はどんな学びにも大切です。しかし、プログラミング言語の勉強では「やってみること」は特に大切です。本書を読むだけでもC言語の知識はかなり習得できるはずですが、自分が自由に使うことのできるコンピュータがあると、学習の上でとても助けとなります。自分でプログラムをコンピュータに入力し、自分の目で動作を確認できるからです。何かまちがったらコンピュータが指摘してくれることもありますし、そもそも誤ったプログラムは正しく動きません。使えるコンピュータがあるとないとではプログラミングの学習に大きな差が出てくると思います。

本書の各章末には**練習問題**が登場します。ぜひ自分で解いてください。

覚えること、考えること、やってみること。私があなたに期待していることはこの3つです。いいですか。

■ 本書執筆の経緯と謝辞

第1版（1994年）は、プログラミング月刊誌『Cマガジン』の1993年4月号から1994年3月号に毎月連載された「C言語プログラミングレッスン」という連載記事を編集しなおし、加筆を行ったものです。連載中に応援してくださった読者のみなさん、ならびに『Cマガジン』誌の星野慎一編集長、連載担当の渡邊淳一氏に感謝します。書籍化にあたっては、パソコン言語書籍編集部の野沢喜美男編集長、伊東由人氏、藤山多鶴氏にお世話になりました。感謝します。

改訂第2版（1998年）では、ANSI C89に準拠する修正を行いました。

新版（2006年）では、MS-DOSが中心になっていた記述をWindows中心に改めたり、当時の処理系にそぐわない記述を改めるなどの修正を行いました。

第3版（2019年）では、原稿をすべてLaTeXで組版し直し、文章もプログラムも全面的に見直しました。今回の版を作るにあたっては、C99に準拠する修正を行い、C11の話題も少し組み込みました。また、現代のニーズに合わせてセキュリティを考慮した記述を増やし、コーディング作法（ESCR）への参照を入れました。その一方で、厳密さにこだわりすぎてわかりやすさを失わないようにも注意しました。

第1版からすでに25年という月日が流れましたが、驚くべきことにC言語はいまだに現役のプログラミング言語として活躍しています。また本書も思いがけないほどのロングセラーとなっています。

長期にわたって応援してくださっている読者さん、ならびに、25年経過しても私の本の編集をしてくださっている野沢喜美男編集長に感謝します。

25年経過したということは私自身もその分だけの執筆経験を重ねたことになります。願わくは本書が、瑞々しさに成熟が加わった一冊になっていることを期待します。本書もまた、多くの人の役に立ちますように。

筆者の執筆にいつも励ましと喜びを与えてくれる妻に感謝し、学ぶことの楽しさを教えてくれた父に本書を捧げます。

2019年1月

結城 浩

■ C 言語仕様とコーディング作法

C99
　本書で解説する C 言語は、**C99** という規格をベースにしています。本書で C99 と呼ぶのは、ISO/IEC 9899：1999[*1] ならびにそれを翻訳した JIS X 3010：2003 で規定されている C 言語の規格です。本書ではこの規格を「現在一般的に普及している C 言語規格」として扱います。

C11
　本書の一部では、**C11** という規格にも触れています。本書で C11 と呼ぶのは、ISO/IEC 9899：2011[*2] で規定されている C 言語の最新の規格です。本書で扱う範囲では、C99 と C11 で大きな違いはありません。

ESCR
　本書では、**ESCR** というコーディング作法を参考にしています。本書で ESCR と呼ぶのは、独立行政法人情報処理推進機構（IPA）が発行している「組込みソフトウェア向けコーディング作法ガイド」（Embedded System development Coding Reference）の Ver.3.0 です[*3]。本書ではここに掲げられたコーディング作法を多く紹介し、♦ ESCR R3.1.4 のように表記し、索引にも挙げています。また、信頼性・保守性・移植性・効率性という品質特性も併記しています。

　本書で対象としている主なコンパイラについては、「付録：コンパイラのインストール」（p. 449）を参照してください。

[*1] C99: https://www.iso.org/standard/29237.html
[*2] C11: https://www.iso.org/standard/57853.html
[*3] ESCR Ver.3.0: https://www.ipa.go.jp/sec/publish/tn18-004.html

■ 読書案内

[1] Peter Prinz+Tony Crawford（著），黒川利明（訳），島敏博（技術監修）『C クイックリファレンス』，オライリー・ジャパン，2016 年．

　　C99 から C11 まで、文法事項を調べたり、C の言語仕様ならびに標準ライブラリ関数の振る舞いを調べたり、開発環境について学んだりするのにコンパクトで有用なリファレンスです。

[2] Dustin Boswell+Trevor Foucher（著），角征典（訳），『リーダブルコード』，オライリー・ジャパン，2012 年．

　　名前のつけ方から、論理的に理解しやすいプログラムの書き方まで、読みやすいプログラムを書くことを教えてくれる読み物です。

[3] 奥村晴彦（著），『[改訂新版] C 言語による標準アルゴリズム事典』，技術評論社，2018 年．

　　パズル、情報科学、コンピュータグラフィクス、統計、数学などの広範囲にわたるさまざまなアルゴリズムを C 言語で記述した事典です。

[4] 結城浩（著），『プログラマの数学 第 2 版』，SB クリエイティブ，2018 年．

　　数式をほとんど使わず、パズルやクイズやたくさんの図版を通してプログラミングに役立つ数学的な考え方を学ぶ読み物です。

第0章
C言語とは

▶この章で学ぶこと

この章では、

- C 言語とは何か
- C 言語でプログラムを開発するときの流れ
- C 言語の学び方

についてお話しします。まずはリラックスして読んでくださいね。

■ C 言語とは何か

プログラミング言語 C

　C 言語は、プログラミング言語(げんご)の一つです。
　コンピュータはプログラムがなければ何もできません。プログラムを通じて「何をどうするか」という指示が与えられなければコンピュータは何もできないのです。プログラミング言語を使ってプログラムを書くと、そのプログラム

の指示通りにコンピュータが動きます。

プログラミング言語には多くの種類がありますが、C言語はそのうちの一つです。

C言語は汎用のプログラミング言語です。つまり、ある特定の用途だけに使われるものではなく、ハードウェアの制御、オペレーティングシステムの開発、アプリケーションの作成まで、幅広い用途に使われています。また、他のプログラミング言語処理系もC言語で書かれることがあります。たとえばPythonやRubyは、C言語で書かれています。

C言語は実用的なプログラミング言語です。つまり、C言語は実際のプログラミングに有益な機能（型、配列、構造体、ポインタ、条件分岐、繰り返し処理、関数、局所変数、分割コンパイル、プリプロセッサなど）を持っています。しかし、複雑な機構（例外処理、ガベージコレクション、ヒープ管理）は持っていません。

C言語は移植性の高いプログラミング言語です。つまり、あるコンピュータの上で開発したプログラムを他のコンピュータ上で動作させることは比較的容易です。これはC言語の処理系が多くのコンピュータ上で動作しているからです。

C言語は単純なプログラミング言語です。つまり、他のプログラミング言語に比べて文法は単純で、覚えなくてはいけないことも多くはありません。C言語は言語仕様としては入出力の機能すら持っていません。入出力を行うときにはそのためのライブラリ関数を呼び出します。本書の以下の章では、入出力を行う関数を必要に応じて解説しています。

C言語の歴史

1972年に、AT&Tベル研究所のDennis Ritchie（デニス・リッチー）がC言語を開発しました。UNIXというオペレーティングシステム（OS）は当初アセンブリ言語で書かれていましたが、後にC言語で書き換えられ、移植性が大きく高まりました。

1978年に、"The C Programming Language"という本がBrian Kernighan（ブライアン・カーニハン）とリッチーの共著で出版されました。この本は著者の頭文字を取ったK&R（ケイアンドアール）という愛称を持ち、C言語のバイブルとも呼ばれました。当時、C言語でプログラミングを書こうとする人は必ずこの本を買い求めたものです。

1988年に、C言語は米国の標準規格であるANSI（アンシー）規格として提出され、1989年

に ANSI X3.159-1989（**ANSI C89**）として制定されました。

1999 年に、ISO によって ISO/IEC 9899:1999（**C99**）が制定されました。日本ではこれを翻訳し、日本工業規格 JIS X 3010:2003 としています。

2011 年に、ISO によって ISO/IEC 9899:2011（**C11**）が制定されました。

C 言語と他のプログラミング言語

C 言語の親戚に C++（シープラスプラス）というプログラミング言語があります。

1980 年ごろ、AT&T ベル研究所の Bjarne Stroustrup（ビャーネ・ストラウストラップ）が C++ を設計しました。当初は C++ という名前ではなく、C with Classes（クラス付きの C）という名前でした。

1983 年に、C++ という変わった名前がつきました。この名前は「C 言語が進化した言語」というニュアンスを持っています。というのは ++（プラスプラス）というのは、C 言語で「値を 1 増やす」という演算子だからです。

C++ は C 言語が持っている機能をほとんど持っています。さらに C++ には、C 言語に対してオブジェクト指向に関わる機能が追加されています。

1998 年に、C++ の最初の標準規格 ISO/IEC 14882:1998（**C++98**）が制定されました。

2017 年に、C++ は最新の標準規格 ISO/IEC 14882:2017（**C++17**）が制定されました。

C 言語の親戚に C#（シーシャープ）というプログラミング言語もあります。

2002 年に、マイクロソフトの Anders Hejlsberg（アンダース・ヘルスバーグ）らが C# を開発しました。プログラミング言語としての構文は C と似ていますが、C 言語で書いたプログラムがそのまま動くわけではありません。

C# の言語仕様は、Ecma インターナショナルという標準化団体で標準化が行われています（ECMA-334）。

C 言語には長い歴史があるため、C++ や C# に限らず、Java や JavaScript など数多くのプログラミング言語に影響を与えています。

■ C 言語でプログラムを開発するときの流れ

C 言語の簡単な紹介がすみましたので、C 言語でプログラムを書き、コンピュータを動かすための具体的な話をしましょう。

必要なもの

あなたが C 言語を学ぶには、プログラミング環境が必要です。学校などでプログラミング環境が整っている場合には、システム管理者に C 言語を学ぶための環境を問い合わせてください。それ以外の場合には、あなたが個人的にプログラミング環境を整える必要があります。

コンピュータ C 言語を学ぶためにはキーボードとディスプレイが付いたコンピュータが必要です。現代のショップで売っているようなコンピュータなら、デスクトップ型、ノートブック型などどれでも構いません。紙にプログラムや計算結果を印刷したいならプリンタも必要ですが、必須というわけではありません。

オペレーティングシステム オペレーティングシステム（OS）は、コンピュータを動作させるための基本的なソフトウェアです。Linux や macOS（あるいは他の UNIX）や Windows が一般的です。macOS や Windows の場合には、OS が最初からインストールされていることが多いでしょう。C 言語を学ぶという観点でいえば、どの OS でなければならないということはありませんが、そのコンピュータと OS の基本的な操作方法については、別途学んでおく必要があります。なお本書では Linux や macOS（あるいは他の UNIX）を総称して UNIX 系と呼びます。

エディタ エディタは、あなたがプログラムをキーボードから入力するためのソフトウェアです。プログラムを書くときには、Microsoft Word や Pages のような文書作成ソフトは使いません。プログラムはまったく文字飾りがつかないテキストファイルとして作成するからです。エディタあるいはテキストエディタは商品として販売されている場合もありますし、フリーソフトやオープンソースソフトとして入手できるものもたくさんあります。多くのユーザが使っているものとしては、Vim、Emacs、Atom、Visual Studio Code などが有名です。

C 言語のコンパイラ C 言語のコンパイラは、あなたが C 言語で書いたプログラムを、コンピュータで実際に動作するプログラムに変換するソフトウェアです。コンパイラは最初からインストールされている場合もありますが、インストールされていなければ、あなたが別途インストールしなければなりません。C 言語のコンパイラをインストールする方法については、「付録：コンパイラのインストール」(p. 449) を参照してくだ

さい。

コンピュータ、OS、エディタ、C言語のコンパイラが動作する状態になって初めて、C言語のプログラムを書き、動作させることができるようになります。これらのプログラミング環境がまだ整っていない場合には、将来に備えて紙の上でC言語を勉強することになります。

❖ちょっと一言❖　**Web上でプログラミング**

Ideone.com など、Webサービスとして提供されているプログラミング環境を利用すると、自分のコンピュータにまったくコンパイラをインストールせず、ブラウザだけでC言語のプログラミングを試すこともできます。

C言語でプログラムを書いてコンパイル

さて、C言語のプログラミング環境が整ったとしましょう。さっそく何かを書いてみたいですよね。以下では、実際にC言語でプログラムを書いて、コンパイルし、プログラムを実際に動かしてみましょう。

作業用ディレクトリを作る

いまからプログラムを作る作業を始めます。その作業用のディレクトリを作り、そこに移動しましょう。

```
(UNIX系)                (Windows)
$ mkdir work            C:¥> mkdir work
$ cd work               C:¥> cd work
$                       C:¥work>
```

❖ちょっと一言❖　**プロンプト**

`$`や、`C:¥>` や、`C:¥work>` などと書かれているのはコマンド入力をうながすために画面に表示される文字列で、プロンプトといいます。プロンプトの部分はタイプする必要はありません。

ソースプログラムを作る

エディタを起動して、List 0-1 に書かれているプログラムを入力しましょう。

List 0-1　C言語のプログラム (hello.c)

```
1:  #include <stdio.h>
2:
3:  int main(void);
4:
5:  int main(void)
6:  {
7:      printf("Hello, world.\n");
8:      return 0;
9:  }
```

ファイル名はhello.cとします。

> ❖ちょっと一言❖　**本書のプログラム**
>
> 　本書に掲載されているプログラムはすべて以下のURLからダウンロードできます。ただ、自分の手で入力するのはいい練習になります。
> 　http://www.hyuki.com/lc/

　hello.cという名前のうち.cの部分を拡張子(かくちょうし)といいます。C言語のソースファイルの拡張子は.cとしておくのが慣例です。hello.cというファイル名は「ハロー・ドット・シー」や「ハロー・テン・シー」などと読みます。

　List 0-1を入力するときには、次のことに注意してください。

日本語入力ソフトをオフにする　日本語入力ソフトはオフにしましょう。特にいわゆる全角スペースは目で見てもまったく区別がつきませんから、入力しないように気をつけてください。

大文字と小文字を意識して区別する　大文字と小文字を意識して区別しましょう。たとえばincludeと小文字で入力すべきところをINCLUDEと大文字で入力してはいけません。プログラムは書かれている通りに入力するのが大事です。

似ている文字をまちがえない　似ている文字をまちがえないように注意しましょう。小文字の l (エル) と数字の1 (いち) は違います。大文字の O (オー) と数字の0 (ゼロ) も違います。たとえば、List 0-1の8行目に書かれている0は数字のゼロです。

記号をまちがえない　記号をまちがえないように注意しましょう。特に、以下のものは混同しやすいので気を付けてください。

　　　　セミコロン　　;　　と　　コロン　　　:
　　　　カッコ　　　　( )　と　　ブレース　　{ }
　　　　コンマ　　　　,　　と　　ピリオド　　.

行番号は入力しない　行番号は入力しません。List 0-1 の左端には 1: や 2: という行番号が付いていますが、これは目安のために付けたものですから、あなたが入力する必要はありません。

　無事に入力がすんだら、ファイルを保存して、エディタを終了します。これで、hello.c というファイル名の、C 言語で書かれたソースプログラムができました。

　正しく入力されたかどうかを確認するためには、以下のように入力します。

　　　（UNIX 系）　　　　　　　　（Windows）
　　　$ `cat hello.c`　　　　　C:¥work> `type hello.c`

これで、画面にはいま入力したばかりの List 0-1 の内容が表示されます。

　さて、英語の大文字と小文字、記号などの入力はまちがっていませんか。もしもまちがっていた場合には、もう一度エディタを起動して修正します。何度でも修正して構いません。まちがいがないように十分に確かめましょう。

　プログラムの入力に慣れていない人は、何回もまちがうものです。ですから、まちがっていてもめげる必要はありません。

コンパイルする

　さて、できあがった hello.c というソースプログラムは、これだけでは動作しません。

　このソースプログラムに対して**コンパイル**という処理を行い、実際に動作するファイル（**実行ファイル**）を作らなければなりません。そのコンパイルという処理を行うソフトウェアが C 言語のコンパイラなのです。

　hello.c をコンパイルするには、たとえば次のように入力します。

　　　（UNIX 系）　　　　　　　　　（Windows）
　　　$ `gcc -o hello hello.c`　　C:¥work> `cl hello.c`

すぐにコンパイルは終了して、またプロンプトが表示されるはずです。

もしも、コンパイラがうまく動作しないときには、正しくコンパイラがインストールされているかを確認する必要があります。

画面に、

```
hello.c:6:3: error: use of undeclared identifier ...
```

のような文字列が表示されることがあります。これはコンパイラからの**エラーメッセージ**です。これはコンパイラが「あなたのソースプログラムには、ここにまちがいがありますよ」と教えてくれているのです。

エラーメッセージは、コンパイラが機械的に表示しているものですから、恥ずかしがる必要はありません。もう一度エディタを動かして、プログラムにまちがいがあるかどうかを確認すればいいのです。

エラーメッセージが表示されても決して恐れる必要はありません。それがどんなエラーであっても、コンピュータが壊れたりしませんから、びくびくしなくても大丈夫です。

コンパイルが終了するまでの時間はコンピュータの能力によって大きく変わりますし、ソースプログラムの分量と複雑さによっても変わります。List 0-1 の場合には一瞬といえるほどの短い時間で終わるはずです。

コンパイルが終了したら、どんなファイルができているかを調べてみましょう。それには、たとえば次のように入力すると、ファイル一覧が表示されます。

```
(UNIX系)              (Windows)
$ ls                  C:¥work> dir
```

あなたがエディタで作ったソースプログラム `hello.c` はそのまま残っているはずです。それとは別に、実行ファイルとして、`hello` というファイルができているでしょう。Windows なら `hello.exe` というファイル名になります。

この `hello` （あるいは `hello.exe`）というファイルが、コンパイルして作られた実行ファイルです。

実行する

ではいよいよ、実行ファイルを動かしてみましょう。

```
(UNIX系)              (Windows)
$ ./hello             C:¥work> hello
```

とキー入力すると、画面には、

```
Hello, world.
```

という文字列が表示されてプロンプトに戻ります。

「Hello, world.という文字列を表示する」というのが、この実行ファイルの仕事です。「え、それだけなの？」 はい、それだけです。画面に、

```
Hello world.
```

という文字列を表示するだけ。それが List 0-1 の仕事です。いまはこれだけですが、あなたがこれから C 言語を学んでいけば、少しずつ複雑で大きな仕事をするプログラムを作ることができます。いま動かした List 0-1 という小さなプログラムは、あなたの記念すべき第一歩なのです！

ここまでであなたは、プログラミング環境を整え、エディタを使ってプログラムを書き、コンパイラを使って実行ファイルを作り、その実行ファイルを実行するところまでたどり着いたことになります。お疲れさま。

❈ちょっと一言❈　**環境変数PATHについて**

　　　　　　　　　　　　　　　　　　　　　　　　セキュリティを意識しよう

UNIX系 OS の場合、環境変数PATHにカレントディレクトリ（.）が含まれていれば、./helloではなくhelloだけでも実行できます。ただし、セキュリティ上は環境変数PATHにカレントディレクトリを含めるのは不適切です。本書の実行例は、環境変数PATHにカレントディレクトリが含まれていないという前提です。

バグを見つけて修正する

さて、ここまでで、

- 作業用ディレクトリを作る
- ソースプログラムを作る
- コンパイルする
- 実行する

という 4 つの段階を経て、小さなプログラムを作りました。C 言語で作るどんなに大きなプログラムでも、基本的にはこの段階を経ることになります。

しかし、実際には「実行する」が 1 回で OK になることはほとんどありません。実行してみると、自分の期待した動作にならないことが多いのです。

自分が作ったプログラムなのに、自分の期待した動作にならないなんて、ずいぶん変な話に聞こえるかもしれませんね。そんなことになるのは、プログ

ラムに誤り——バグ——があるからです。バグというのは英語で虫のことですが、プログラミングの世界ではプログラムの誤りのことを意味します。

あなたが書いたプログラムに C 言語の文法的な誤りがあるとしましょう。そのとき、コンパイラはコンパイルの途中で自動的にそのまちがいを見つけ出して「ここにまちがいがあるよ」と教えてくれます。しかし、**コンパイラは意味的な誤りは教えてくれません**。たとえば、本来なら 3 + 2 という計算をすべきところで、あなたが 3 - 2 とまちがったことを書いたとしても、コンパイラはその誤りを教えてはくれません。なぜならば、3 - 2 と書いても C 言語の文法的には正しいからです。

コンパイラは文法的な誤りを見つけてくれますが、意味的な誤りを見つけてはくれません。意味的な誤りを見つけるのはコンパイラではなく、プログラムを書いたあなた自身です。

実行した結果、期待したように動かないとき、どうすれば意味的な誤りを見つけることができるでしょうか。もっとも大事なことは、ソースプログラムを読み直すことです。1 行 1 行読み直し、この書き方で自分が期待した動作になるかを考え、必要なら修正します。

バグが見つかったら修正して動かし、期待した動作かを確かめる。もしも期待した動作をしなかったらソースプログラムを読み直して修正する。たいていのプログラム開発はこの繰り返しになります。

プログラムがどのように動いているかを調べるためにデバッガというプログラムを使うこともよくあります。しかし、デバッガはバグを見つけたりバグを直すプログラムではありません。デバッガは、プログラムの動作を一歩一歩確かめたり、変数の値を調べたりするプログラムです。実際にバグを見つけるの**はあなたの頭脳**です。よく頭を使って、バグを見つけ出してください。

プログラムのバグを見つけて修正する方法については、各章で少しずつ練習していきましょう。

▶この章で学んだこと

この章では、

- C言語の特徴と歴史
- C言語の学習に必要なもの
- ソースプログラムを作る
- コンパイルして実行する

などを学びました。

プログラミング環境を整え、実際にプログラムを動かしましたが、入力したプログラムがどうしてHello, world.という文字列を画面に表示するのかという説明はまったくしていませんでしたね。

次の章では、いま動かしたhello.cというプログラムを詳しく読んでいきましょう。準備が終わり、C言語の説明がいよいよ始まるのです！

◉ポイントのまとめ

- C言語は、プログラミング言語の一つです。
- C言語のソースファイルはhello.cのように拡張子を.cとします。
- プログラムを実行するには、C言語のコンパイラを使ってソースファイルをコンパイルし、実行ファイルを作る必要があります。
- コンパイラはエラーメッセージで文法的な誤りは教えてくれますが、意味的な誤りは教えてくれません。
- プログラムの誤り（バグ）を見つけるのは、あなたの頭脳です。

● 練習問題

■ 問題 0-1 　　　　　　　　　　　　　　　　　（解答は p. 12）

あるコンピュータでファイルの一覧を見たところ、test.cというファイルがありました。このファイルは何だと思いますか。

● 練習問題の解答

□ 問題 0-1 の解答　　　　　　　　　　　　　　（問題は p. 11）

　ファイルの拡張子が .c なので、おそらく C 言語のソースファイルと思われます。C 言語のソースファイルは拡張子を .c にする慣習になっています。

> ❖ちょっと一言❖　**ヘッダファイル**
>
> 　C 言語で使用されるヘッダファイルという別のファイルは、拡張子を .h にする慣習になっています。たとえば標準ヘッダ `<stdio.h>` などです。

第1章
表示

▶この章で学ぶこと

第0章では、

```
Hello, world.
```

という文字列を表示するプログラムを動かしました。あなたのC言語の学習はこのプログラムを読むところからスタートします。

この章では**文字列の表示**を学びましょう。

■ 文字列の表示

ソースプログラム

List 1-1 のプログラムを見てください。

List 1-1　Hello, world. という文字列を表示する C のプログラム (hello.c)

```
1:   #include <stdio.h>
2:
3:   int main(void);
4:
5:   int main(void)
6:   {
7:       printf("Hello, world.\n");
8:       return 0;
9:   }
```

　まずは List 1-1 をゆっくり目で追いましょう。

　あわてずに、ゆっくりと、一字一句まで覚えてしまうようなつもりで、このプログラムをていねいに観察してください。C 言語の文法に従って書かれたプログラムの字面に慣れるのです。

　List 1-1 は、C 言語の文法に従って書かれたプログラムです。いちいち「C 言語の文法に従って書かれたプログラム」と表現しては長いので、簡潔に「C のプログラム」と呼びます。

　List 1-1 のような「C のプログラム」は、より正確には「C のソースプログラム」といいます。「C のソースコード」ということもあります。またそのファイルを「C のソースファイル」といいます。ソースプログラム、ソースコード、そしてソースファイルは同じ意味で使われます。

　ソースといっても食べ物にかける sause ではなく、「源」という意味の source です。ソースプログラムは実行ファイルを作るための「源」になるものだからです。

　List 1-1 はこのままでは何も起きません。コンパイラを使い、実行ファイルを作って初めて動かすことができるのです。

　ソースプログラムは演劇やドラマの台本のようなものです。台本はそれ自体を読んでもおもしろいですが、本来の目的は役者が演じるためのものです。それと同じように、ソースプログラムはそれ自体を読んでもおもしろいですが、本来の目的は、そこに書かれている仕事をコンピュータにさせるためのものなのです。

　以下では、List 1-1 をコンピュータ上で動かすための手順を説明します。

List 1-1 をコンパイルして動かす

　まず、List 1-1 をエディタで入力しましょう。ファイル名は hello.c とします。ファイルの拡張子は .c にします。

　あなたが持っているコンパイラを起動してコンパイルを行います。入力のまちがいがなく、正しくコンパイルが終了すると、hello というファイルができます。Windows では hello.exe です。

　C のプログラム hello.c をコンパイルして作られたこのファイルが List 1-1 の実行ファイルです。できた実行ファイルを実行すると、

　　Hello, world.

という文字列が表示されます。このようすを以下に示します。

ソースファイルをコンパイルして実行結果を得るまで（UNIX 系）

```
$ gcc -o hello hello.c       ……  コンパイラを使って、実行ファイルを作る
$ ./hello                    ……………………  実行ファイルを実行する
Hello, world.                ……………………  実行結果が表示された
```

ソースファイルをコンパイルして実行結果を得るまで（Windows）

```
C:\work> cl hello.c          ………  コンパイラを使って、実行ファイルを作る
C:\work> hello               ……………………  実行ファイルを実行する
Hello, world.                ……………………  実行結果が表示された
```

　これで、List 1-1 に書かれていた C のソースプログラム hello.c をコンパイラを使ってコンパイルし、実行したことになります。

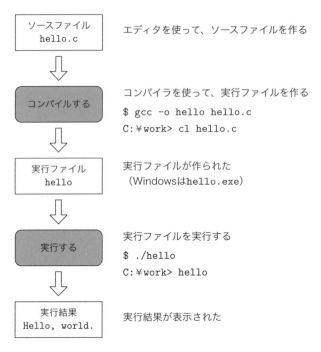

ソースファイルから実行結果まで

　Hello, world. という文字列を表示するというのは、「仕事」と呼ぶのが適切かどうかわからないほど「小さな仕事」ですね。しかし、プログラムを書くというのは、実はこのような「小さな仕事」の積み重ねなのです。どんなにすばらしい C のプログラマでも、Hello, world. のような文字列を表示するプログラムを作って「動いた！」と喜ぶところからスタートします。ですからあなたも、このような「小さな仕事」をするプログラムをあまり軽視せず、真面目に自分の手でソースプログラムを書き、コンパイルし、実行してくださいね。

List 1-1 を 1 行ずつ読んでいく

　List 1-1 は C 言語の文法に従って書かれたプログラム、すなわち C のソースプログラムです。慣れるまでは英文字と記号がでたらめに並んでいるように見えますが、慣れてくると、すべての文字が意味を持って書かれていることがわかってきます。

　まずは、List 1-1 を 1 行ずつ読んでいきましょう。

1 行目は、

    #include <stdio.h>

です。最初の#(シャープ)を省略してはいけません。includeは「インクルード」、stdio.hは「スタンダード・アイオー・エイチ」と読みます。この行は、stdio.hというファイルを取り込むためのものです。stdio.hは、プログラムが入力や出力を行うために便利な定義が書かれているファイルです。話が込み入ってくるので、この行については後ほどp. 28で詳しくお話ししましょう。

2 行目は空行(くうぎょう)です。空行というのは、改行文字だけが書かれている行のことです。通常の文字が何も書かれず、改行文字だけが書かれていると、その行が空いているように見えるので空行と呼ばれます。意味のまとまりがあるところに空行を入れると、プログラムが読みやすくなります。

3 行目は、

    int main(void);

です。この行は、すぐ後で定義されている関数mainの宣言です。

4 行目は、空行です。

5 行目は、

    int main(void)

です。この行は、main(メイン)という名前の関数(かんすう)の定義が始まることを表しています。関数は、C言語のプログラムでまとまった処理を行う大切なものです。関数については本書の中で何度もお話しすることになりますが、いまのところは、まとまった処理を行うものと覚えておきましょう。

C 言語のプログラムはたくさんの関数で作られるのが普通ですが、List 1-1 はmainという1つの関数だけで作られています。C言語のプログラムにはmainという名前を持つ関数がたった1つだけ存在します。そして、そのプログラムを起動したときには、関数mainが最初に動き始めるのです。

❖しっかり覚えよう❖　関数main

　C言語のプログラムでは、関数mainが最初に動き始める。

6 行目は、

```
{
```

です。これはブレース (brace) といいます。ブレースの他に「中カッコ」「波カッコ」「カーリーブラケット」という呼び名もあります。6 行目の「ブレース開き」は、9 行目の「ブレース閉じ」すなわち、

```
}
```

に対応しています。C 言語のプログラムで { } は、必ず対応して現れます。

List 1-1 では、関数の本体がどこからどこまでなのかを示すために { } が使われています。

数学で集合を表すときに {1, 2, 3, 4} と書きますが、普通の文章には { } は出てきませんね。慣れるまでは { と } をまちがえないように注意しましょう。

7 行目は、

```
printf("Hello, world.\n");
```

です。List 1-1 で Hello, world. という文字列の表示を行っているのがこの行です。他の行はシンプルだったのに、この行だけごちゃごちゃしていますね。この行はすぐ後で細かく調べましょう。

8 行目は、

```
return 0;
```

です。これは return 文で、この関数の実行を終了して呼び出したところに帰る（リターンする）ためのものです。ここは最初に呼び出された関数 main の中ですから、呼び出したところに帰るというのは「プログラムを終了する」という意味になります。ここに書いた 0 は、プログラムが正常終了したことを表すものです。数字のゼロと、英語のオーはまちがいやすいので注意しましょう。関数 main の中で return 0; を実行すると、プログラムは動作を正しく終了し、プロンプトが表示されることになります。

printf で文字列表示

7 行目、

```
printf("Hello, world.\n");
```

を、細かく図解します。

C 言語の観点からこの行を分解すると、

| printf | (| "Hello, world.\n" |) | ; |

となります。

まず、printf から説明します。printf は**文字列を表示する関数**の名前です。文字列を表示したいと思ったら、printf を思い出してください。printf のうち print は「印刷する」という意味の英語で、最後の f は「書式」を意味する format の頭文字を取ったものです。printf は単に文字列を表示するだけではなく、さまざまな書式で表示する機能を持っています。詳しくは第 2 章でお話しします。

printf は文字列を表示する機能を持った関数です。そして表示する内容は printf に続く ( ) に書いて指定します。( ) に書いたものは関数 printf に渡されますが、これを関数の**引数**といいます。要するに、

    printf(文字列);

と書けば、文字列を表示するのです。

では、その文字列自身について説明しましょう。文字列は " " ではさみます。この " を**二重引用符**またはダブルクォーテーションマークと呼びます。List 1-1 には関数 printf の引数に、

    "Hello, world.\n"

と書かれていますね。二重引用符をはずした中身の部分、

    Hello, world.\n

が実際の文字列ということになります。

    Hello, world.

はいいとしても、最後の

    \n

はいったい何でしょう。これは**改行**を表しています。文字列の中で \ と n の 2 文字を続けて書くと、改行 1 文字を表します。\n については、次の「バリエーション」のコーナーで紹介します。

> ❖ちょっと一言❖　バックスラッシュと円マーク
>
> 　C言語では、バックスラッシュ（\）と呼ばれる記号は、特別な意味を持つ文字ですが、この文字は表示と入力でしばしば問題になります。
> 　まず、バックスラッシュを表示しているにもかかわらず、Windowsの和文フォントでは円マーク（¥）として表示されてしまう場合があります。入力されている文字がバックスラッシュ（文字コードがU+005C）ならば、表示だけの話ですから、問題はありません。
> 　しかし、困ったことにWindowsの和文フォントの中には、バックスラッシュ（U+005C）と円マーク（U+00A5）が同じ表示になって見た目では区別がつかないことがあるのです。
> 　キーボードにバックスラッシュや円マークの刻印がある場合でも、実際にどの文字が入力されるかは設定で変更できますので、自分の環境を確かめ、バックスラッシュが入力・表示できる環境を整えてください。

　Cで文字列を指定するときには、その文字列の前後を二重引用符ではさむことは大切ですので覚えておきましょう。

> ❖しっかり覚えよう❖　C言語の文字列は…
>
> 　Cの文字列は二重引用符ではさむ。
> ```
> "Hello, world.\n"
> ```

　さて、

```
printf("Hello, world.\n");
```

の説明で最後に残ったのは ; という記号です。これはセミコロンと読みます。Cで、セミコロンは文の終わりを表します。

　これで、List 1-1 を 1 行 1 行読みました。たくさんの言葉が出てきて、わかったようなわからないような感じですよね、。ここで覚えるべきことは「printfは文字列を表示する関数である」ということです。これをしっかりと覚えておきましょう。

> ❖しっかり覚えよう❖　printf は…
> printf は文字列を表示する関数である。

■ バリエーション

例：表示文字列を変える

List 1-2 は、表示文字列を変えてみました。List 1-1 で、

"Hello, world.\n"

だった部分を、List 1-2 では、

"はじめまして、結城浩です。\n"

に変えました。

List 1-2　日本語の文字列を表示する (0102.c)

```
1:  #include <stdio.h>
2:
3:  int main(void);
4:
5:  int main(void)
6:  {
7:      printf("はじめまして、結城浩です。\n");
8:      return 0;
9:  }
```

List 1-2 の実行結果

はじめまして、結城浩です。

❖ちょっと一言❖　ソースファイルの文字コード

ソースファイル中に日本語を書くときには、文字コードとエンコーディングに注意する必要があります。UNIX系のOSでは、文字コードはUnicode（ユニコード）でエンコーディングがUTF-8である場合が多いでしょう。Windowsでは文字コードがシフトJIS（Shift_JIS）になることが多いでしょう。テキストエディタには保存するファイルの文字コードとエンコーディングを指定する方法がありますので、コンパイラに合わせて設定してください。

例：表示文字列を増やす

List 1-3で、printfを3回繰り返して表示文字列を増やしています。

List 1-3　表示文字列を増やす（0103.c）

```c
 1: #include <stdio.h>
 2:
 3: int main(void);
 4:
 5: int main(void)
 6: {
 7:     printf("Hello, world.\n");
 8:     printf("Hello, Japan.\n");
 9:     printf("Hello!\n");
10:     return 0;
11: }
```

List 1-3 の実行結果

```
Hello, world.
Hello, Japan.
Hello!
```

例：\n の使い方を調べる

List 1-4 は、\nの働きを調べるためのプログラムです。

List 1-4　\nの使い方を調べる（0104.c）

```
 1: #include <stdio.h>
 2:
 3: int main(void);
 4:
 5: int main(void)
 6: {
 7:     printf("Hello, ");
 8:     printf("world.\n");
 9:     printf("Hello, Japan.\nHello!\n");
10:     return 0;
11: }
```

List 1-4 の実行結果

```
Hello, world.
Hello, Japan.
Hello!
```

　List 1-4 の実行結果は List 1-3 の実行結果とまったく同じです。でも、プログラムの字面はずいぶん違いますね。

　List 1-4 をよく見てください。7 ～ 8 行目は、

```
printf("Hello, ");
printf("world.\n");
```

のように 2 行で書かれていますが、実行結果として表示される文字列は、

```
Hello, world.
```

と 1 行になっています。これで「表示文字列中に \n が来るまで改行はしない」ことがわかります。

　また、List 1-4 の 9 行目は、

```
printf("Hello, Japan.\nHello!\n");
```

のように 1 行で書かれていますが、実行結果として表示される文字列は、

```
    Hello, Japan.
    Hello!
```

と2行になります。これで「表示文字列中に \n が来たら改行する」こともわかります。

あなたも、文字列のあちこちに \n を入れてみて、自由にバリエーションを作ってみましょう。すでにテーマ曲は与えられました。変奏曲を作るのはあなたの役目です。

Q クイズ

★クイズ1

C言語で、All right. という文字列を表すときには、ソースプログラム中に、

```
    'All right.'
```

と書く――これは正しいですか。

★クイズ2

C言語で、ソースプログラム中に

```
    "\n\n\n"
```

と書かれていました。これはどのような文字列を表していますか。

A クイズの答え

☆クイズ1の答え

誤りです。
All right. という文字列を表すときには、'All right.' ではなく、

```
    "All right."
```

と書きます。文字列は " " ではさむからです。

☆クイズ2の答え

"\n\n\n"は、3個の改行からなる文字列を表しています。たとえば、

```
printf("\n\n\n");
```

という文を実行すると、改行が3個表示されます。その結果として、3行の空行ができることになります。

■ まちがい探し

List 1-5 には、まちがいが含まれています。どんなまちがいが含まれていますか。

List 1-5　まちがい探し (0105.c)

```
1:  #include <stdio.h>
2:
3:  int main(void);
4:
5:  int main(void)
6:  {
7:      print("Hello, world.\")
8:      return 0;
9:  {
```

これまでの説明を思い出しながら、1行1行ていねいに読んでいきましょう。

以下では答えが書かれていますから、ここで説明を読むのをちょっと休んで、List 1-5 を自分の目で読み、自分の頭で考えてみましょう。

1〜4行目までは、まちがいありません。OK です。

5行目。

```
int main(void)
```

ここから関数 main が始まります。OK です。

6行目。

```
{
```

ブレースは関数の本体範囲を表しています。対応するブレースは、9 行目にあります。あれ？ 9 行目が、

```
{
```

になっています。ブレースの向きが逆ですね。9 行目はブレース開き（{）ではなくブレース閉じ（}）でなければなりません。

7 行目。

```
print("Hello, world.\")
```

おやおや、この行はいろいろまちがいがありますね。まず、文字列を表示する関数の名前は print ではなく printf です。最後の f を忘れてはいけません。

次に、文の終わりを表すセミコロン（;）が抜けています。

肝心の文字列はどうでしょうか。"Hello, world.\" 確かに文字列は二重引用符（"）でくくられています。でも、最後の改行のしるし \n が \ になっています。これはまちがいです。

結局、List 1-5 のまちがいは、

- 7 行目の関数名
- 7 行目のセミコロン
- 7 行目の改行のしるし
- 9 行目のブレースの向き

になります。

もしも、List 1-5 をまちがいを含んだままコンパイルしようとすると、次のように warning（警告）と error が表示されます。

List 1-5 をまちがいを含んだままコンパイルしたときのメッセージ例

```
0105.c:7:5: warning: implicit declaration of function 'print' is
invalid in C99 [-Wimplicit-function-declaration]
    print("Hello, world.\")
    ^
0105.c:7:11: warning: missing terminating '"' character
[-Winvalid-pp-token]
    print("Hello, world.\")
          ^
0105.c:7:11: error: expected expression
```

```
0105.c:9:2: error: expected '}'
{
 ^
0105.c:6:1: note: to match this '{'
{
^
2 warnings and 2 errors generated.
```

コンパイラがプログラムのまちがいを見つけて教えてくれたのです。どんな警告やどんなエラーが出ているかは、表示されているメッセージを読んで判断することになります。

エラーメッセージの中に行番号と桁番号が含まれていることは覚えておいてください。

エラーメッセージの中の、

```
0105.c:7:11: error: expected expression
```

では7という部分が行番号で、11という部分が桁番号（その行の何文字目か）を表しています。このエラーが起きた場所を示しています。コンパイラがメッセージを出したら、あなたはそれをよく読んで、特にその行番号の手前からていねいに読み直す必要があります。手前から読むのは、実際のエラーは少し前で発生している場合があるからです。

❖しっかり覚えよう❖　コンパイラがメッセージを出したら…

　コンパイラがメッセージを出したら、
　表示された行番号の手前から調べよう。

なお、エラーメッセージはコンパイラごとに違います。Windowsのclコマンドは以下のようなメッセージを出します。

List 1-5 をまちがいを含んだままコンパイルしたときのメッセージ例（Windows）

```
0105.c(7): error C2001: 定数が 2 行目に続いています。
0105.c(8): error C2143: 構文エラー: ')' が 'return' の前にありません。
0105.c(9): fatal error C1075: '{': 一致するトークンが見つかりませんでした
```

❖ちょっと一言❖　**エラーと警告**

　コンパイラが出すメッセージにはエラーと警告があります。エラーはコンパイルが失敗したことを表し、警告は失敗ではないけれど、注意すべき箇所を指摘しています。どちらもていねいに読みましょう。

　たとえコンパイルが正常に終了したとしても、警告が表示されている場合には、そこにまちがいや不適切なプログラムが書かれている場合がありますので、警告が出る原因を調べるように心がけましょう。ちょっとしたまちがいが大きなセキュリティホールになることもあります。

　コンパイラには警告の分量や厳しさを制御するオプションがあります。警告はできるだけ厳しくしておいた方が安全です。「付録：コンパイラのインストール」（p. 449）も参照してください。

🔐 セキュリティを意識しよう

　List 1-5 の誤りを修正したプログラムは List 1-1 になります。
　まちがい探しをする練習は、プログラムを作る上でとても大切なことです。というのは、もしあなたの作ったプログラムがうまく動作しないなら、プログラムに含まれている誤り（バグ）を探さなくてはならないからです。もちろん探すのはあなたです。この後の章でも、まちがい探しのコーナーで練習をしましょう。

■ もっと詳しく

stdio.h について

　List 1-1 の 1 行目には、

```
#include <stdio.h>
```

と書かれていました。

includeというのは英語で「含める」という意味の単語です。Cのプログラムに書かれた#includeは、< >ではさまれたファイルの内容をここに読み込みなさいというプリプロセッサの命令です（p. 276 参照）。ですから、#include <stdio.h>は、stdio.hという名前のファイルの内容をここに取り込むという意味になります。

　Cのコンパイラをインストールすると、自動的にstdio.hというファイルもインストールされます。このstdio.hには、入力や出力に関連するさまざまな情報が書かれています。

　入力というのは情報をコンピュータに伝えること、出力はコンピュータが情報を人間や他の機器に伝えることです。たとえばキーボードを叩いてコンピュータに文字を伝えるのは入力ですし、Hello, world.と画面に文字列を表示するのは出力です。

　List 1-1 には入力はありませんが、画面に文字列を表示するという出力はあります。そこで #include <stdio.h> という命令が必要だったのです。

　stdio.hのようなファイルのことを一般にヘッダファイルといいます。ヘッダファイルの拡張子は .hにするのが慣例です。

❖ちょっと一言❖　標準ヘッダ

　本書ではC99で定められているヘッダファイルを、標準ヘッダ<stdio.h>や標準ヘッダ<ctype.h>のような形で表記します。C99で定められている標準ヘッダの一覧は、「付録：標準ヘッダ」（p. 445）を参照してください。

▶この章で学んだこと

この章では、文字列を表示する方法を学びました。
次の章では、数を計算する方法を学びましょう。

◉ポイントのまとめ

- 関数printfを使うと、文字列を表示できます。
- 文字列は" "ではさんで表します。
- 文字列中の\nは改行を表します。

● 練習問題

■ 問題 1-1　　　　　　　　　　　　　　　　　　（解答は p. 30）

「プログラミングはおもしろい。」と「Programming is interesting.」という2つの文字列を表示するプログラムを作ってください。ただし、2つの文字列の間には空行を入れます。期待する実行結果は次の通りです。

期待する実行結果

```
プログラミングはおもしろい。

Programming is interesting.
```

● 練習問題の解答

□ 問題 1-1 の解答　　　　　　　　　　　　　　（問題は p. 30）

解答は List A1-1a です。空行を表示するには、文字列を改行だけにすればいいですね。

List A1-1a　「プログラミングはおもしろい。」と表示する (a0101a.c)

```c
 1: #include <stdio.h>
 2:
 3: int main(void);
 4:
 5: int main(void)
 6: {
 7:     printf("プログラミングはおもしろい。\n");
 8:     printf("\n");
 9:     printf("Programming is interesting.\n");
10:     return 0;
11: }
```

空行というのは（改行以外に）何一つ文字のない行です。ですから、

 `printf("\n");`

で空行が表示されます。この行の意味はわかりますか。printf は文字列を表示する関数の名前でしたね。そして表示する文字列は printf( ) の中に書くのです。問題はその文字列。文字列

 `"\n"`

の内容は、二重引用符をはずすことでわかります。はずしてみましょう。

 `\n`

ですから、改行1個です。これで画面には空行が表示されることがわかります。

 `printf("Hello, world.\n");`

では、Hello, world という文字列を表示した後に（といってもあまりにも高速なのでその経過は見えませんが）改行を1個表示しました。それに対して、

 `printf("\n");`

では、何も普通の文字列を表示せず、単に改行を1個表示するだけです。

解答は List A1-1b のように\n\n と書いても構いません。

List A1-1b　「プログラミングはおもしろい。」と表示する（別解）　(a0101b.c)

```
 1:  #include <stdio.h>
 2:
 3:  int main(void);
 4:
 5:  int main(void)
 6:  {
 7:      printf("プログラミングはおもしろい。\n\n");
 8:      printf("Programming is interesting.\n");
 9:      return 0;
10:  }
```

List A1-1a と List A1-1b はずいぶん違うプログラムに見えますが、実行してみると表示はまったく同じです。

List A1-1b では、

```
printf("...\n\n");
```

と \n を 2 つ重ねました。文字列

```
"...\n\n"
```

の内容は（二重引用符をはずして）、

```
...\n\n
```

ですから、いろいろ表示した後、初めの \n で改行し、2 個目の \n でさらにすぐ改行します。この結果、空行が表示されるのです。

第2章
計算をやってみよう

▶この章で学ぶこと

　この章では**計算**について学びます。
　あなたは計算が得意ですか。200 円と 300 円を足すと 500 円になる、くらいの計算なら誰でもすぐに暗算できるでしょう。でも、1382 円と 473 円と 322 円を足して 3 割引になったら何円ですか——となると暗算では難しいですね。たとえ計算できたとしても、人間ならまちがってしまうかもしれません。
　コンピュータは、人間が苦手な計算も文句ひとつ言わず計算し、しかもまちがえることがありません。そもそも、computer（コンピュータ）という単語は直訳すると「計算機」、つまり計算をする機械なのですから、計算が得意なのは当然といえるでしょう。
　コンピュータは確かに計算が得意ですが、コンピュータに計算をさせるには「このような計算をしてください」と指示しなければなりません。そうです。あなたがプログラムを書いて指示しなくてはならないのです。
　C 言語のプログラムを書いてコンピュータに計算させる方法を学んでいきましょう。

■ 計算

加減乗除

計算の基本は加減乗除です。加減乗除とは、

  加算： 足し算（＋）
  減算： 引き算（−）
  乗算： 掛け算（×）
  除算： 割り算（÷）

のことです。四則演算と呼ぶこともあります。たとえば、

  $3 + 2$
  $5 - 8$
  3×4
  $7 \div 3$

の4つの計算がそれぞれ加・減・乗・除になります。それではこの計算をコンピュータにさせてみましょう。

ここで「やさしいからコンピュータを使うまでもなく暗算で計算できるよ」と思わないでください。いま私たちは、計算の答えが知りたいわけではありません。こういう計算を C 言語ではどう書くのかを知りたいのです。

算数では加減乗除を計算する記号として $+, -, \times, \div$ を使いますが、C 言語では、それぞれ次のような記号を使います。

  算数   C 言語
  ＋ → +（プラス）
  − → -（マイナス）
  × → *（アスタリスク）
  ÷ → /（スラッシュ）

つまり、＋と−はそのまま+と-ですが、×と÷はそれぞれ*と/に変わります。これは C 言語の約束ですので覚えてください。上に記号の読み方も書いておきました。プラス（+）とマイナス（-）はなじみがありますし、スラッシュ（/）も知っている方が多いでしょう。けれど掛け算用の記号、アス

タリスク（＊）はなじみが薄いかもしれません。何回か声に出して慣れてください。アスタリスク、アスタリスク、と。

先ほどの 4 つの計算を C 言語で書くと、

算数		C 言語
3 + 2	→	3 + 2
5 − 8	→	5 - 8
3 × 4	→	3 * 4
7 ÷ 3	→	7 / 3

のようになります。

> ❖ちょっと一言❖　**C 言語の約束**
>
> 先ほど「C 言語の約束」という表現を使いましたが、より正確には C 言語の仕様や規格といいます。C 言語は C99 や C11 といった標準規格が定められており、本書で学ぶ C 言語は C99 に準拠しています。本書で扱う範囲では、C11 にも準拠しています。
> また、会社や組織ごとに「プログラムはこのように書きましょう」という約束を独自に定めている場合もあります。これはコーディング規約、コーディングガイドライン、コーディング作法などといいます。本書ではコーディング作法として ESCR を参考にしています。
> 詳しくは、「C 言語仕様とコーディング作法」（p. xix）を見てください。

printf の書式文字列（%d）

それでは C 言語の加減乗除の書き方を踏まえた上で、List 2-1 を読みましょう。List 2-1 は C 言語で書かれたソースプログラムで、先ほどの 4 つの計算を行って、その計算結果を画面に表示するプログラムです。

List 2-1　加減乗除を行うプログラム（0201.c）

```
 1:  #include <stdio.h>
 2:
 3:  int main(void);
 4:
 5:  int main(void)
 6:  {
 7:      printf("加算の結果は %d です。\n", 3 + 2);
 8:      printf("減算の結果は %d です。\n", 5 - 8);
```

```
 9:        printf("乗算の結果は %d です。\n", 3 * 4);
10:        printf("除算の結果は %d です。\n", 7 / 3);
11:        return 0;
12:    }
```

実行結果は以下の通りです。

List 2-1 の実行結果

```
加算の結果は 5 です。
減算の結果は -3 です。
乗算の結果は 12 です。
除算の結果は 2 です。
```

List 2-1 をよく見てください。文字列を表示する関数 printf が使われています。7 行目を読みましょう。

```
printf("加算の結果は %d です。\n", 3 + 2);
```

この行をわかりやすく分解すると、

| printf | (| "加算の結果は %d です。\n" | , | 3 + 2 |) | ; |

となります。

printf は文字列を表示する関数の名前です。

それに続いて、関数 printf に渡される情報が 2 つ、コンマで区切られて渡されます。関数 printf に渡される情報を引数(ひきすう)といいます。

第 1 章で学んだ次の文、

```
printf("Hello, world.\n");
```

での引数は、たった 1 つの文字列

```
"Hello, world.\n"
```

だけでした。

しかし、

```
    printf("加算の結果は %d です。\n", 3 + 2);
```
では 2 つの引数が渡されています。

　1 つ目の引数は、

```
    "加算の結果は %d です。\n"
```

という文字列です。二重引用符（" "）でくくられていますから、これは文字列ですね。

　2 つ目の引数は、

```
    3 + 2
```

という式です。関数 printf に渡されるのは、この式の値——つまり 3 + 2 を計算して得られる 5 になります。

　この 2 つの引数がコンマ（,）で区切られて関数 printf に渡されています。関数 printf は、この引数を使って表示を行うのです。

　まず文字列を見てください。

```
    "加算の結果は %d です。\n"
```

この文字列には、見なれない部分がありますね。それは、

```
    %d
```

という部分です。関数 printf では、%（パーセント）という文字が特別の意味を持っています。%d（パーセント・ディー）を書くとそれは「そこに整数を表示する」という意味になるのです。%d で表示する整数は、3 + 2 の計算結果である 5 です。

　「ちょ、ちょっと待ってよ。頭がゴチャゴチャしてきた…」そういうあなたのためにもう少し説明を付け加えましょう。これまで、関数 printf は単に文字列を表示するためだけに使ってきましたね。で、この章では文字列ではなく、計算結果（数値）を表示するために関数 printf を使おうというのです。C 言語では「文字列」と「数値」は別のものとして扱われます。

```
    printf("Hello.\n");
```

と書けば、画面に Hello. と表示して改行しますが、

```
    printf(3 + 2);          (誤り)
```

と書いても5とは表示しません。関数printfを使って計算結果を表示するには List 2-1 のような工夫が必要なのです。それが文字列中の%dという部分です。

    printf(3 + 2);   (誤り)

と書く代わりに、

    printf("%d\n", 3 + 2);

と書けば、3 + 2の計算結果である5を表示するのです。

ここで説明した%dは関数printfの仕様です。「なぜ%dで整数を表示するのか」ということに論理的な理由はありません。これは関数printfの仕様を定めた人が決めたことです。関数printfを使うならば、「整数を表示するときには%dを使う」ということを覚えなくてはいけません。

引き算・掛け算・割り算

さて、List 2-1 の説明は続きます。足し算の次は引き算です。

    printf("減算の結果は %d です。\n", 5 - 8);

これは、5 - 8の計算結果（-3）を表示する部分ですね。これは特に問題ないでしょう。

その次は掛け算です。

    printf("乗算の結果は %d です。\n", 3 * 4);

そうそう、掛け算の記号は「×」ではなく「*」でした。これは、3 * 4の計算結果（12）を表示する部分ですね。「*」の記号そのものの読み方は「アスタリスク」ですが、3 * 4は「さん かける よん」と読むことが多いでしょう。

さて問題は割り算です。

    printf("除算の結果は %d です。\n", 7 / 3);

割り算の記号は「÷」ではなく「/」です。これは7 / 3の計算結果（2.333…）を表示する部分ですね。ところが、あれれ？ 実行結果は2.333… とならずに単に2と表示されています。これはどうしたことでしょう。コンピュータが計算まちがいをしたんでしょうか。もちろん違います。続けてお話ししましょう。

整数について

　実行結果で 7 / 3 が 2 になったのは、コンピュータがここで**整数演算**を行っているからです。ふだん私たちは数を整数や小数に区別して扱ったりしません。けれど C 言語では、コンピュータ上の処理の都合から、数をいくつかの**型**というグループに分けて扱います。整数型や浮動小数点型などの型があります。本書では、しばらくは整数型だけを取り扱っていきます。

　ここで整数について簡単に解説します。数学で習ったことを思い出してください。整数とは、

　　..., -3, -2, -1, 0, 1, 2, 3, ...

という数のことです。372 や -583 は整数ですが、1.5 や、-3.2 や、円周率 π などは整数ではありません。

　整数と整数の加減乗除について考えてみましょう。加減乗除のうち、加・減・乗については話は簡単です。なぜなら、

　　整数 + 整数 = 整数
　　整数 − 整数 = 整数
　　整数 × 整数 = 整数

だからです。この点で、数学と C 言語に差はありません。問題は加減乗除の除、つまり割り算です。

　　整数 ÷ 整数

の結果は常に整数になるとは限らないからです。この点に注意してください。
　C 言語の整数演算では、割り切れなかった小数部分は**切り捨て**られてしまいます。ですから、7 / 3 の結果は 2 になったのです。

複雑な計算と優先度

　さて、3 + 2 や 3 × 4 よりも複雑な計算をしてみましょう。
　たとえば、算数に出てくるような、

　　1 + 2 × 3 − 4 ÷ 2

という計算をしましょう。この計算を C 言語で表現するとどうなるでしょうか。約束に従って記号を書きなおすと、

```
1 + 2 * 3 - 4 / 2
```

となりますね。算数の × は C 言語では * で、算数の ÷ は C 言語では / になることはもう大丈夫ですね。

スペースをまったくあけずに、

```
1+2*3-4/2
```

と書いても構いませんが、

```
1 + 2 * 3 - 4 / 2
```

のようにスペースをあけた方が見やすいでしょう。スペースをあけてもあけなくても、プログラムの動作としてはまったく違いはありません。

List 2-2　演算子の優先度 (0202.c)

```
1:  #include <stdio.h>
2:
3:  int main(void);
4:
5:  int main(void)
6:  {
7:      printf("%d\n", 1 + 2 * 3 - 4 / 2);
8:      return 0;
9:  }
```

List 2-2 のプログラムをコンパイルして実行すると、以下のようになります。

List 2-2 の実行結果

```
5
```

このように 5 が答えです。あなたの予想と合っていましたか。この、

```
1 + 2 * 3 - 4 / 2
```

という計算を行う場合、算数と同じように + や - よりも * や / の方を先に行う約束になっています。ですからこの例でいうと、

1 + 2

よりも、

　　2 * 3

の計算を先に行います。カッコを付けて意味をはっきりさせると、

　　1 + (2 * 3) - (4 / 2)

です。C 言語の数式中のカッコは算数のカッコと同じく、計算の優先度を変更させるために使われます。たとえばどうしても 1 + 2 を先に計算したいときには、

　　(1 + 2) * 3 - 4 / 2

のように書きます。このときの計算結果は 7 となります。演算子と優先度の一覧は「付録：演算子」(p. 443) にあります。

> ❖しっかり覚えよう❖　**計算の優先度**
>
> 　+ や - よりも * や / の方を先に計算する。
> 　優先度を変えるときには、カッコを使う。

■ バリエーション

| 例：関数 printf の使い方①

　List 2-3 は関数 printf の %d の使い方の例です。このプログラムをコンパイルして実行すると何を表示すると思いますか。

List 2-3　関数printfの使い方① (0203.c)

```
1:  #include <stdio.h>
2:
3:  int main(void);
4:
5:  int main(void)
6:  {
7:      printf("%d + %d = %d\n", 3, 2, 3 + 2);
8:      return 0;
9:  }
```

　関数printfの引数を確認しましょう。コンマ（,）で区切られているのが引数ですから、

　　"%d + %d = %d\n"
　　3
　　2
　　3 + 2

という4つですね。初めの引数"%d + %d = %d\n"を見ると、文字列の中に%dが3つも入っています。%dは何のしるしでしたか。そう、対応する引数として与えられた整数を表示するしるしでした。"%d + %d = %d\n"と照らし合わせると、

　　　1個目の%d ← 3
　　　2個目の%d ← 2
　　　3個目の%d ← 3 + 2　（の結果である5）

のように対応します。

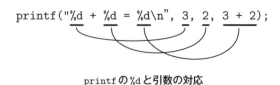

printfの%dと引数の対応

結局、List 2-3 をコンパイルして実行すると次のような実行結果になります。

List 2-3 の実行結果

```
3 + 2 = 5
```

5という数は第 4 引数の 3 + 2 をコンパイラが計算した結果です。関数 printf の第 1 引数の中の %d が整数に置き換わる感覚がわかりましたか。

例：関数 printf の使い方②

List 2-4 関数 printf の使い方②（0204.c）

```
 1:     #include <stdio.h>
 2:
 3:     int main(void);
 4:
 5:     int main(void)
 6:     {
 7:         printf("12345678\n");
 8:         printf("--------\n");
 9:         printf("%8d\n", 100);
10:         printf("%8d\n", 1200);
11:         printf("%8d\n", 35);
12:         printf("%8d\n", 4);
13:         return 0;
14:     }
```

List 2-4 では関数 printf の新しい書式文字列を紹介します。ここでは %d の代わりに %8d を使っています。% と d の間に入っている数字の 8 は「その数字を表示する最低の桁数」を表しています。つまり関数 printf の第 1 引数に %8d と書くと、最低 8 文字分の領域を取って整数を表示するのです。

言葉で書くとめんどうですが、以下に示す List 2-4 の実行結果を見れば一目瞭然ですね。指示した桁数よりも小さい数を表示する場合には数の左側にスペース（空白）が詰められます。すなわち数は右揃えとなります。

List 2-4 の実行結果

```
   12345678
   --------
        100
       1200
         35
          4
```

　関数printfの書式文字列の中で%は特別な意味を持っています。ところで、**%自体を関数printfで表示したいときにはどうすればいいのでしょうか**。100%と表示したい場合、次の3つの方法があります。

① 書式文字列の中で%を2つ続けて%%と書く方法
　　　`printf("100%%\n");`
② 書式文字列では%cと書き、引数に文字'%'を与える方法
　　　`printf("100%c\n", '%');`
③ 書式文字列では%sと書き、引数に文字列"%"を与える方法
　　　`printf("100%s\n", "%");`

より詳しくは、「付録：関数printfの書式文字列」(p. 446) を参照してください。

❖ちょっと一言❖　**書式文字列は文字列定数にする**

　　　　　　　　　　　　　　　　　　　　　[o┬] セキュリティを意識しよう

　関数printfの書式文字列は文字列定数にしましょう。関数printfの書式文字列を変数として与えると、セキュリティホールを作る危険性があります。たとえば、ユーザが入力した文字列が変数bufferに格納されていてそれを表示したいときは、以下のようにしてはいけません。
　　`printf(buffer);`　　　　　(危険)
必ず次のようにします。
　　`printf("%s", buffer);`　　(安全)
ここでは書式文字列として"%s"という文字列定数を使っています。

Q クイズ

★クイズ1

次の文を実行すると、画面には何と表示されますか。

```
printf("%d\n", 2 - 3 * 4);
```

★クイズ2

「これは100%のジュースです。」という文を表示したいとき、次の文の書式文字列を正しく修正してください。

```
printf("これは d% のジュースです。\n", 100);
```

A クイズの答え

☆クイズ1の答え

次の文、

```
printf("%d\n", 2 - 3 * 4);
```

を実行すると、-10と表示して改行します。2から、3 * 4の計算結果である12を引いて-10となります。書式文字列 %d ではマイナスの値も正しく表示されます。

☆クイズ2の答え

「これは100%のジュースです。」という文を表示したいときには、

```
printf("これは %d%% のジュースです。\n", 100);
```

のように書きます。整数を表示する書式文字列は%dで、パーセントという文字を表示する書式文字列は%%です。

次のように書いても構いません。

```
printf("これは %d%c のジュースです。\n", 100, '%');
```

もちろん、次のように書いても構いません。

　　printf("これは %d%s のジュースです。\n", 100, "%");

どれも正しい書き方になります。

■ まちがい探し

List 2-5 のプログラムのまちがいを探してください。1 つとは限りません。わざとたくさん入れてみました。見つかるだけ探してください。

List 2-5　まちがい探し（0205.c）

```
 1:  #include <stdio.h>
 2:
 3:  int main(void);
 4:
 5:  int main(void)
 6:  {
 7:      print("3＋2＝ #d\n", 3 + 2);
 8:      print("5－8＝ %d\n". 5 - 8);
 9:      print("3×4＝ %d\n", 3 × 4);
10:      print("7÷3＝ %d\n", 7 ÷ 3);
11:      return 0;
12:  }
```

いくつ見つかりましたか。1 行目から順番に見ていきましょう。

1 ～ 6 行目までにはまちがいはありません。

7 行目。関数名がまちがっています。print ではなく printf ですね。最後の f が抜けています。おっと、8 ～ 10 行目も print になっていますね。あぶない、あぶない。7 行目に戻って、printf の第 1 引数の文字列の中の #d は %d のまちがいです。

8 行目。関数名がまちがっている以外にミスはありますか。あります、あります。引数の区切りのコンマ（,）がピリオド（.）になっています。こういう記号類は見た目は似ていますが、C 言語ではまったく違う意味に使われますので気をつけましょう。

9 行目。数値計算に掛け算の記号（×）を使ってはいけません。掛け算の記号

の代わりにアスタリスク（*）を使いましょう。C言語の仕様です。まちがいは他にありますか。はい、行末にセミコロン（;）を書くところがコロン（:）になっているのもまちがいですね。

10行目。数値計算に割り算の記号（÷）を使ってはいけません。C言語では÷ではなく、スラッシュ（/）を使うのでしたね。

ちなみに、List 2-5を、まちがいを含んだままコンパイルするとどうなるでしょうか。実際にやってみましょう。List 2-5をコンパイルすると、たとえば以下のようなエラーメッセージが表示されます。コンパイラによってメッセージは変わります。

List 2-5 のコンパイル例

```
0205.c:7:5: warning: implicit declaration of function 'print' is
invalid in C99 [-Wimplicit-function-declaration]
    print("3＋2＝ #d\n", 3 + 2);
    ^
0205.c:8:32: error: expected identifier
    print("5－8＝ %d\n". 5 - 8);
                       ^
0205.c:9:33: error: non-ASCII characters are not allowed outside of
literals and identifiers
    print("3×4＝ %d\n", 3 × 4):
                        ^~
0205.c:9:36: error: expected ')'
    print("3×4＝ %d\n", 3 × 4):
                           ^
0205.c:9:10: note: to match this '('
    print("3×4＝ %d\n", 3 × 4):
         ^
0205.c:10:33: error: non-ASCII characters are not allowed outside of
literals and identifiers
    print("7÷3＝ %d\n", 7 ÷ 3);
                        ^~
1 warning and 4 errors generated.
```

ファイル名と行番号はまちがいを修正するのに大きな助けになります。
正しいプログラムは List 2-6 です。List 2-5 とよく比べてください。

List 2-6　まちがい探しの答え（0206.c）

```
 1: #include <stdio.h>
 2:
 3: int main(void);
 4:
 5: int main(void)
 6: {
 7:     printf("3＋2＝%d\n", 3 + 2);
 8:     printf("5－8＝%d\n", 5 - 8);
 9:     printf("3×4＝%d\n", 3 * 4);
10:     printf("7÷3＝%d\n", 7 / 3);
11:     return 0;
12: }
```

■ もっと詳しく

オーバーフロー

　ここまで学んできて、加減乗除のうち整数の除算を除いた加・減・乗については、C 言語と算数・数学に大きな違いはないように感じたかもしれません。でも重大な違いが一つあります。

　それはオーバーフローの問題です。

　たとえば整数を考えてみましょう。C 言語で整数を扱うときには int（イント）という型を使います。現代のコンピュータでは int 型を 32 ビットで表現することがよくあります。1 ビットというのは、0 または 1 の情報を表現する単位です。

　1 ビットあれば、「0 か 1 か」という 2 種類の値を区別できます。

　2 ビットあれば「00, 01, 10, 11」という $2^2 = 4$ 種類の値を区別できます。

　32 ビットあれば、

```
00000000000000000000000000000000
00000000000000000000000000000001
00000000000000000000000000000010
00000000000000000000000000000011
00000000000000000000000000000100
```

```
            .
            .
            .
    01001101001110111101110101100010
    01001101001110111101110101100011
    01001101001110111101110101100100
            .
            .
            .
    11111111111111111111111111111100
    11111111111111111111111111111101
    11111111111111111111111111111110
    11111111111111111111111111111111
```

という $2^{32} = 4294967296$ 種類の値を区別できます。

42億9496万7296種類というのはずいぶん多いようですが、有限です。int型が32ビットであるほとんどのコンパイラでは、int型で扱える最小値が−2147483648で最大値が2147483647となり、たとえば100億という数は32ビットのint型では表現できません。

最大値が2147483647ですから、これに1を足した結果はオーバーフローを起こしてしまい、正しい値になりません。しかも、C言語の処理系は動作中にオーバーフローのチェックは行いませんから、プログラマがよく考えてオーバーフローが起こらないようにプログラムを組まなくてはいけません。具体的には、int型の範囲を超える整数を扱うところでは、より広い範囲の整数を扱えるlong int型（long型ともいう）を使うように**適切な型を選択する必要が**あるのです。

整数で表すことのできる範囲はコンパイラによって異なり、標準ヘッダ<limits.h>に定められています。自分の使っているコンパイラの整数がどのような範囲にあるかを知ることは大切ですから、List 2-7に、整数で表すことのできる範囲を表示するプログラムを示します。ぜひ、あなたの環境で動かしてみてください。

List 2-7 整数で表すことのできる範囲を表示する（02limit.c）

```
1:  #include <stdio.h>
2:  #include <limits.h>
3:
4:  int main(void)
```

```
 5:    {
 6:        printf("このコンパイラが……\n");
 7:        printf("\n");
 8:
 9:        printf("char 型で扱える最小値は %d です。\n", CHAR_MIN);
10:        printf("char 型で扱える最大値は %d です。\n", CHAR_MAX);
11:        printf("\n");
12:
13:        printf("int 型で扱える最小値は %d です。\n", INT_MIN);
14:        printf("int 型で扱える最大値は %d です。\n", INT_MAX);
15:        printf("\n");
16:
17:        printf("long 型で扱える最小値は %ld です。\n", LONG_MIN);
18:        printf("long 型で扱える最大値は %ld です。\n", LONG_MAX);
19:        printf("\n");
20:
21:        return 0;
22:    }
```

List 2-7 の実行例

```
このコンパイラが……

char 型で扱える最小値は -128 です。
char 型で扱える最大値は 127 です。

int 型で扱える最小値は -2147483648 です。
int 型で扱える最大値は 2147483647 です。

long 型で扱える最小値は -9223372036854775808 です。
long 型で扱える最大値は 9223372036854775807 です。
```

ここに出てきた char 型は、文字を表す型です。詳しくは第 3 章でお話しします。また、第 7 章にはもっと多くの型について調べるプログラムがあります（p. 206）。

❖ちょっと一言❖　**オーバーフロー（ラップアラウンド）に注意する**

　　　　　　　　　　　　　　　　　　　　　　　　　　　　　　　　　　セキュリティを意識しよう

　符号無しのint型（unsigned int型）で最大値に1を足す計算を行うと、オーバーフロー（ラップアラウンド）という現象が起き0になってしまいます。つまり、最大値に1加えると最小値になるということです。オーバーフロー（ラップアラウンド）を意識しないでプログラミングを行うと、思いがけないエラーを生み、プログラムの信頼性が低下します。また、符号付きのint型（signed int型）で最大値に1を足す計算を行うと負の値になったり、マシンのトラップ命令になったりして、正常な計算になりません。型で表現できる値の範囲には注意が必要です。

　　　　　　　　　　　　　　　　　　　　　　　　　　　　　◇ ESCR R2.3.1

❖ちょっと一言❖　**2038年問題**

　　　　　　　　　　　　　　　　　　　　　　　　　　　　　　　　　　セキュリティを意識しよう

　1970年1月1日0時0分0秒（UTC）からの経過秒数で時刻を表すUNIX時間という時刻表現方法があります。UNIX時間は多くのコンピュータで32ビットの符号付き整数を使って表していますが、2147483647秒経過した2038年1月19日3時14分7秒（UTC）を超えるとオーバーフロー（ラップアラウンド）が発生し、時刻が負の値になってしまいます。これを **2038年問題** と呼びます。これは32ビットの符号付き整数がUNIX時間を表すのに不適切な例といえるでしょう。

❖ちょっと一言❖　**ビット幅を明確にしたい場合**

　int型が何ビットになるかは、コンパイラによって違います。C99では厳密にビット幅を定めた型を標準ヘッダ<stdint.h>で定義しています。たとえば、32ビットの符号付き整数型の場合にはint32_t型を定義しています。64ビットの符号無し整数型の場合にはuint64_t型を定義しています。

　ビット幅が重要なプログラムの場合には、ビット幅が明確になった型を用いると移植性が高まります。

　　　　　　　　　　　　　　　　　　　　　　　　　　　　　◇ ESCR P2.1.3

▶ この章で学んだこと

この章では、

- 加減乗除（四則演算）
- 関数 printf による数の表示
- 型
- 計算の優先度

などについて学びました。

次の章では、計算結果を保存しておくための箱「変数」を学びましょう。

◉ ポイントのまとめ

- 加減乗除は、+, -, *, / という演算子を使います。
- 関数 printf で int 型の値を表示するときには %d という書式文字列を使います。
- 整数の除算では切り捨てが行われます。
- 演算子には優先度があり、+ や - よりも * や / を先に計算します。
- 優先度を変えるにはカッコ ( ) を使います。
- オーバーフローが起きないように、適切な型を選択しましょう。

● 練習問題

■ 問題 2-1　　　　　　　　　　　　　　　　　　　　　（解答は p.54）

0×0 から 10×10 まで、二乗の計算を行うプログラムを作ってください。期待する実行結果は次の通りです。

期待する実行結果

```
0 ×  0 =   0
1 ×  1 =   1
2 ×  2 =   4
3 ×  3 =   9
4 ×  4 =  16
```

```
 5 ×  5 =  25
 6 ×  6 =  36
 7 ×  7 =  49
 8 ×  8 =  64
 9 ×  9 =  81
10 × 10 = 100
```

■ 問題 2-2　　　　　　　　　　　　　　　（解答は p. 55）

　上底が 2 センチ、下底が 3 センチ、高さが 4 センチの台形の面積を計算するプログラムを作ってください。台形の面積を求める公式は次の通りです。

$$面積 = (上底の長さ + 下底の長さ) \times 高さ \div 2$$

　期待する実行結果は次の通り（10 と表示する）です。

期待する実行結果
```
10
```

● 練習問題の解答

□ 問題 2-1 の解答 （問題は p. 52）

解答例は List A2-1a です。

List A2-1a 二乗の計算結果を表示するプログラム （a0201a.c）

```
 1:  #include <stdio.h>
 2:
 3:  int main(void);
 4:
 5:  int main(void)
 6:  {
 7:      printf(" 0 ×  0 = %3d\n",  0 *  0);
 8:      printf(" 1 ×  1 = %3d\n",  1 *  1);
 9:      printf(" 2 ×  2 = %3d\n",  2 *  2);
10:      printf(" 3 ×  3 = %3d\n",  3 *  3);
11:      printf(" 4 ×  4 = %3d\n",  4 *  4);
12:      printf(" 5 ×  5 = %3d\n",  5 *  5);
13:      printf(" 6 ×  6 = %3d\n",  6 *  6);
14:      printf(" 7 ×  7 = %3d\n",  7 *  7);
15:      printf(" 8 ×  8 = %3d\n",  8 *  8);
16:      printf(" 9 ×  9 = %3d\n",  9 *  9);
17:      printf("10 × 10 = %3d\n", 10 * 10);
18:      return 0;
19:  }
```

掛け算の記号は × ではなくて * でしたね。3 桁で桁揃えするには %3d と書けば OK です。第 6 章で学ぶ for 文を使うと、List A2-1b のように短く書くこともできます。

List A2-1b　掛け算を表示するプログラム（別解）(a0201b.c)

```
 1:  #include <stdio.h>
 2:
 3:  int main(void);
 4:
 5:  int main(void)
 6:  {
 7:      for (int i = 0; i <= 10; i++) {
 8:          printf("%2d × %2d = %3d\n", i, i, i * i);
 9:      }
10:      return 0;
11:  }
```

□ 問題 2-2 の解答　　　　　　　　　　　　　　　（問題は p. 53）

解答例は List A2-2a です。公式に当てはめればすぐできますね。

List A2-2a　台形の面積を表示するプログラム (a0202a.c)

```
1:  #include <stdio.h>
2:
3:  int main(void);
4:
5:  int main(void)
6:  {
7:      printf("%d\n", (2 + 3) * 4 / 2);
8:      return 0;
9:  }
```

×は*と書き、÷は/と書くのでした。

それから(上底 + 下底)のカッコを忘れないようにしましょう。このカッコを忘れると、下底×高さ を先に計算してしまいます。

第 8 章で学ぶ「関数」を使うと、List A2-2b のように「台形の面積を求める関数 daikei」としてまとめることができます。

List A2-2b　関数を使って台形の面積を表示するプログラム（別解）　(a0202b.c)

```c
 1: #include <stdio.h>
 2:
 3: int main(void);
 4: int daikei(int a, int b, int h);
 5:
 6: int main(void)
 7: {
 8:     printf("%d\n", daikei(2, 3, 4));
 9:     return 0;
10: }
11:
12: // 関数 daikei は台形の面積を求める。
13: // 引数 a は上底の長さ、引数 b は下底の長さ、引数 h は高さである。
14: int daikei(int a, int b, int h)
15: {
16:     return (a + b) * h / 2;
17: }
```

第3章

変数

▶この章で学ぶこと

この章では、計算した結果を入れておく**変数**について学びます。

もしもあなたが「あ、変数のことなら知っているよ」と思うなら、この章はつまらないかもしれません。でも、あなたが「変数って、何だか難しそうだ」と思うなら、この章はきっとあなたの役に立つでしょう。

■ 変数とは

数学での変数

変数は数学でも登場しました。C 言語の変数の話をする前に、数学を少し復習してみましょう。

たとえば、次のような数式を考えます。

$$2x + 3$$

数学では、この数式に登場する x を変数と呼んでいます。それがどんな数かは

わからないけれど、数の代わりに x という文字を使っています。x という変数の 値 (あたい) が決まらなければ、$2x + 3$ という数式全体の値が何になるかはわかりません。

　もしも、変数 x の値が、

$$x = 4$$

のように 4 に決まれば、$2x + 3$ という数式の値は、

$$2x + 3 = 2 \times 4 + 3 = 11$$

と 11 に決まります。

　もしも、変数 x の値が、

$$x = 5$$

のように 5 に決まれば、$2x + 3$ という数式の値は、

$$2x + 3 = 2 \times 5 + 3 = 13$$

と 13 に決まります。

　数学の変数について復習しておくことは、これで十分。ここからは C 言語の変数について学んでいきましょう。

C 言語での変数

　変数とは一言でいえば何かを入れておく箱のようなものです。たとえば x という名前の変数があったとします。そのときあなたは x という名前のついた 1 つの箱を頭の中に思い描いてください。箱には何かを入れることができます。たとえば 4 という数を入れることができます。それから箱の中身を見ることができます。もちろん中には 4 という数が入っています。このように、変数という箱に対してできることは次の①, ②, ③です。

　　① 変数を作る（変数定義）
　　② 値を入れる（代入）
　　③ 値を見る（参照）

　では、この①, ②, ③を順番に学んでいきましょう。

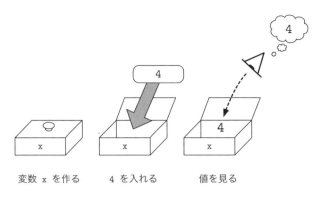

変数は箱のようなもの

① 変数を作る（変数定義）

　何かを入れておく箱、つまり変数を作ることを、「**変数を定義する**」といいます。変数を定義するときには、次のように書きます。

　　　int x;

これで、xという名前の変数が1個できました。

int 型の値を入れる箱 x を作る

　intというのは「整数」という意味の英語（integer）から作られたキーワードです。つまり、

　　　int x;

は、整数を入れるxという箱を作るという意味なのです。
　intは「イント」や「インテジャー」と読みます。

> **❖ちょっと一言❖ キーワード（予約語）**
>
> intのように、C言語で特別な意味を持つ名前のことをキーワードあるいは**予約語**といいます。予約語というのはおもしろい表現ですが、C言語の仕様で使うことが予約されているので、プログラムは別の意味では使えないという意味です。一覧は、「付録：キーワード（予約語）」(p. 442) にあります。

変数を定義する場合、必ず「その箱は何を入れる箱なのか」を指定します。その箱に入れられるもののことを、その**変数の型**と呼びます。

プログラムに、

    int x;

と書いて変数xの型を指定します。このとき「変数xの型はintである」や「変数xはint型である」といいます。

> **❖ちょっと一言❖ 整数型**
>
> 整数を表す型、つまり整数型はint型だけではありません。unsigned int型（0 以上の整数を扱う符号無し整数）、long int型（int型より広範囲を扱う長い整数）、char型（文字を表す整数）なども整数型の一種です。

int型以外の変数を作ってみましょう。たとえばプログラムに、

    char c;

を書けば、char型の変数cが作られます。

char 型の値を入れる箱 c を作る

箱が1個作られたことには変わりありませんが、今度はint型の値ではな

く、char 型の値が入る箱になります。

「char」というのは「文字」という意味の英語（character）から作られたキーワードです。char は「チャー」「キャラ」「キャラクタ」などと読まれているようです。

② 値を入れる（代入）

変数は箱のようなものですから、作った箱に何かを入れてみましょう。

箱に何かを入れる、つまり変数に値を入れることを**変数に値を代入**するといいます。たとえば、

    x = 4;

とプログラムに書けば、変数xに4という値を代入したことになります。すなわち、xという名前の箱に4という値を入れたわけですね。

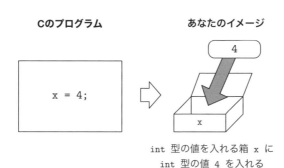

int 型の値を入れる箱 x に
int 型の値 4 を入れる

同じように、

    x = 1 + 2 * 3;

とプログラムに書けば、変数xには、右辺の1 + 2 * 3という式を計算した結果の値が代入されることになります。1 + 2 * 3の値は（乗算を先に計算して）7ですから、変数xには7という値が代入されることになります。

❖ちょっと一言❖　式の評価と文の実行

　C言語では、1 + 2 * 3のような式を計算して7という値を求めることを**評価**といいます。変数x自体も1つの式ですから、変数xを参照してその値を得ることも評価といえます。評価というのは、おもに式に対して使う用語です。

　それに対して、x = 1 + 2 * 3;のような文として書かれた処理を行うことを**実行**といいます。実行というのは、おもに文に対して使う用語です。

重要な注意：変数に値を代入する場合には、必ず変数は左辺に書くことを忘れないでください。つまり、

```
x = 4;      (正しい)
```

とは書けますが、

```
4 = x;      (誤り)
```

とは書けません。もしもこう書いたらコンパイルしたときにエラーになります。

　「=」は、左辺の変数に右辺の値を代入するという処理を行う記号（**演算子**）です。「=」は「イコール」と読みます。

```
x = 4;
```

は「エックス イコール 4」または、「xに4を代入する」と読みます。

　変数には何度でも好きなだけ代入できます。たとえば、

```
x = 4;
x = 3;
```

のように書いても構いません。このようにプログラムに書いた場合、初めのx = 4;で変数xには4が代入され、次のx = 3;で変数xにはあらためて3が代入されることになります。そのとき、直前に代入された4という値は影も形もなくなってしまいます。代入した瞬間に、それまで変数に入っていた値は消えてしまいます。変数は、代入によって値が変わるのです。

変数とは 63

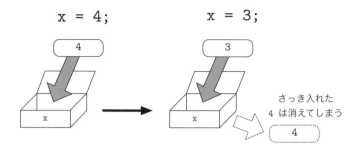

> ❖ちょっと一言❖ **変数はメモリを抽象化したもの**
>
> 　変数には値を入れておくことができるけれど、新たな値を代入するとそれまでの値が消えてしまうというのは、コンピュータのメモリが持っている性質にそっくりですね。
> 　名前があって、値を入れることができ、値を入れ直さない限り昔の値を記憶し続け、新しい値を入れたとたん昔の値を忘れてしまう…これは変数とメモリに共通の性質です。変数は、コンピュータのメモリを抽象化したものと考えることができます。メモリには「x」のような名前はありませんが、その代わりに番地（アドレス）があります。

③ 値を見る（参照）

　変数という箱を作り、箱に何かを入れました。今度は、現在その箱に何が入っているかを調べてみましょう。変数の中に入っているものを、その変数の<ruby>値<rt>あたい</rt></ruby>といいます。変数の値を見ることを**変数を<ruby>参照<rt>さんしょう</rt></ruby>する**といいます。

　変数を参照するには、xと書くだけです。たとえば、int型の変数xの現在の値を参照して表示するには次のようにします。

```
printf("%d\n", x);
```

これで、変数xを参照して得られた値が画面に表示されます。

```
printf("%d\n", 1 + 2 * 3);
```

と比較してください。式1 + 2 * 3を書くところにただxと書けばいいのです。

　変数の値を直接表示するだけではなく、式の中で変数を使うこともできます。数学で

$$2x + 3$$

という式を書くように、C 言語でも

```
2 * x + 3
```

という式を書くことができます。数学では 2 と x の乗算を $2x$ と書きますが、C 言語では 2 * x と書く仕様になっています。

それでは、2 * x + 3 を評価した結果（計算結果）を表示するにはどうしたらいいと思いますか。そうです。

```
printf("%d\n", 2 * x + 3);
```

と書けばいいですね。

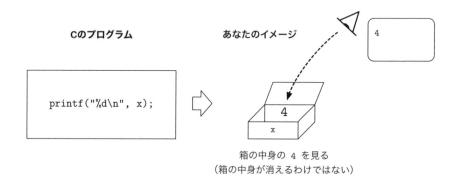

箱の中身の 4 を見る
（箱の中身が消えるわけではない）

さあこれで、変数に対してできること、

① 変数を作る（変数定義）
② 値を入れる（代入）
③ 値を見る（参照）

を学びました。

> ❖しっかり覚えよう❖　int型の変数xを定義し、4を代入し、参照する
> ```
> int x;
> x = 4;
> printf("%d\n", x);
> ```

■ バリエーション

変数の定義、代入、参照を学びました。簡単なプログラムをいくつか読んで復習しましょう。

例：計算結果を表示する

まずList 3-1を読みましょう。このプログラムをコンパイルして実行すると何を表示するでしょうか。

List 3-1　変数の定義、代入、参照（0301.c）

```
 1:  #include <stdio.h>
 2:
 3:  int main(void);
 4:
 5:  int main(void)
 6:  {
 7:      int x;
 8:
 9:      x = 4;
10:      printf("%d\n", 2 * x + 3);
11:      return 0;
12:  }
```

List 3-1ではint型の変数xを定義し、その変数に4を代入し、2 * x + 3を評価した結果（計算結果）をprintfで表示しています。結果はどうでしょう。2 * x + 3を評価する時点でxの値は4になっていますから、2 * xは8、それに3を加えて11になります。画面には以下のように11と表示されます。

List 3-1 の実行結果

```
11
```

List 3-1 では、

```
int x;
```

```
x = 4;
```

のように変数の定義と代入を分けて行いましたが、次のように書いて、変数 x を定義すると同時にその値を定めることもできます。

```
int x = 4;
```

これを変数の**初期化**といいます。

> ❖ちょっと一言❖　**空行**
>
> List 3-1 で、数を定義している int x; の次の行（8 行目）が空行になっているのは、プログラムを見やすくするための工夫です。空行を入れても入れなくても、動作に違いはありません。

例：変数を 2 つ定義する

List 3-2 を読んでください。今度は何を表示するでしょうか。

List 3-2　変数を 2 つ定義する (0302.c)

```
 1: #include <stdio.h>
 2:
 3: int main(void);
 4:
 5: int main(void)
 6: {
 7:     int x, y;
 8:
 9:     x = 15;
10:     y = 32;
```

```
11:        printf("%d\n", (x + y) / 2);
12:        return 0;
13:    }
```

List 3-2 では、変数を 2 つ定義しています。int 型の変数 x と y です。

　int x, y;

は、

　int x;
　int y;

と書いたのと同じです。x に 15、y に 32 を代入して、(x + y) / 2 を計算すると――おっと、これは平均の計算ですね――答えは何になりますか。答えは 23.5 ではありません。C 言語で整数の割り算をするときには、小数以下が切り捨てられますから、答えは以下のように 23 になります。

List 3-2 の実行結果

```
23
```

❖ちょっと一言❖　**定義した直後、変数の値は不定**

　List 3-2 で、変数 x や変数 y を定義した直後の値は不定です。ですから定義するときに、
　　int x = 15;
のように適切な値で初期化しておくか、参照する直前に、
　　x = 15;
のように代入して値を確定しておく必要があります。このようにしないと、不定な値を参照する危険性がありプログラムの信頼性が低下します。

◇ ESCR R1.1.1

例：浮動小数点数を使う

　平均の計算をするのに小数以下が切り捨てられるのが気になるという人は、

List 3-3 を読んでください。ここでは整数ではなく**浮動小数点数**を使った計算をしています。これなら整数の除算のような切り捨ては起きません。

List 3-3　浮動小数点数を使う（0303.c）

```
 1: #include <stdio.h>
 2:
 3: int main(void);
 4:
 5: int main(void)
 6: {
 7:     double x, y;
 8:
 9:     x = 15.0;
10:     y = 32.0;
11:     printf("%0.1f\n", (x + y) / 2);
12:     return 0;
13: }
```

　浮動小数点数とはずいぶん難しそうな名前ですが、要するに 0.5 や 42.195 のような小数を表すものです。変数定義は、

　　double x, y;

と書きます。double は「ダブル」と読みますので「浮動小数点数の計算」という代わりに「ダブルの計算」ということもあります。

> ❖ちょっと一言❖　**浮動小数点型**
>
> 　C99 では、浮動小数点数を表す型が以下のように 3 種類あり、通常は double 型を用います。
> - float 単精度浮動小数点型
>   （精度は 6 桁で、値の範囲は -3.4×10^{38} から $+3.4 \times 10^{38}$ まで）
> - double 倍精度浮動小数点型
>   （精度は 15 桁で、値の範囲は -1.7×10^{308} から $+1.7 \times 10^{308}$ まで）
> - long double 拡張精度浮動小数点型
>   （精度は 19 桁で、値の範囲は -1.1×10^{4932} から $+1.1 \times 10^{4932}$ まで）
>
> 上記の精度と値の範囲は IEC 60559 という規格による一例です。標準ヘッダ <float.h> には、精度と値の範囲を表すマクロが定義されています。

List 3-3 を実行すると、以下のように 23.5 と表示されます。

List 3-3 の実行結果

```
23.5
```

変数への代入を確かめてください。List 3-3 の 9 行目で、

```
x = 15.0;
```

と書かれていますね。15 と書かずに 15.0 と書いているのは、「整数ではなく浮動小数点数である」ということを強調するためです。
double 型の変数に int 型の値を代入する文、

```
x = 15;
```

を書いてもまちがいではありません。このときには、15 という int 型の値が、double 型の値に自動的に変換された後に変数 x に代入されます。これを**暗黙の型変換**といいます。しかし、

```
x = 15.0;
```

と書いておく方が、浮動小数点型の値を代入するというプログラマの意図がはっきりします。

❖ちょっと一言❖　型が明確になるように書く

15.0 のように書くと浮動小数点数であることが明確になります。このままでは double 型の定数を表しますが、もしも float 型の定数を表したいなら F という接尾語を付けて 15.0F と書きます。
また 15 のように書くと int 型の定数ですが、long 型の定数としたいなら、15L のように L という接尾語を使います。小文字の l でも文法上は構いませんが、1 と紛らわしいので大文字の L を使いましょう。また 15U のように U という接尾語ならば unsigned 型であることが明確になります。
定数の型が明確になると、保守性が高まります。

◇ ESCR M1.2.2

ところで、**変数の名前と型は無関係**ということに注意してください。List 3-2

では変数 x は int 型ですが、List 3-3 では同じ名前の変数 x は double 型になっています。変数の名前を見ただけで型を知ることはできません。必ず変数の定義を見て、型を確かめるようにしてください。変数の定義には必ず型が書いてあります。それを見て初めて「この変数 x は int 型である」や「この変数 x は double 型だ」といえるのです。**変数を見たら、変数の定義を見て型を確かめる習慣をつけましょう。**

> ❖しっかり覚えよう❖　変数を見たら…
>
> 変数を見たら、変数の定義を見て型を確かめよう。

さて、浮動小数点数を関数 printf で表示するためには、書式文字列として %f を使います。List 3-3 で使われている %0.1f は「表示幅は決めないけれど、小数部分は幅を 1 桁にする」という意味です。たとえば 12.34 という浮動小数点数を関数 printf で表示する場合、List 3-4 のようにいろいろな方法があります。「付録：関数 printf の書式文字列」(p. 446) も参照してください。

List 3-4　浮動小数点数のさまざまな表示例 (0304.c)

```
 1: #include <stdio.h>
 2:
 3: int main(void);
 4:
 5: int main(void)
 6: {
 7:     printf("%f\n", 12.34);       // 普通に表示
 8:     printf("%6f\n", 12.34);      // 少なくとも 6 桁で表示
 9:     printf("%6.0f\n", 12.34);    // 少なくとも 6 桁で、小数部は表示せず
10:     printf("%6.1f\n", 12.34);    // 少なくとも 6 桁で、小数第 1 位まで表示
11:     printf("%0.1f\n", 12.34);    // 桁を気にせず小数第 1 位まで表示
12:     return 0;
13: }
```

List 3-4 の実行結果

```
12.340000
12.340000
      12
    12.3
12.3
```

■ キーボードから入力する

　ここで、キーボードから文字列を入力する方法について説明しておきましょう。List 3-5 を見てください。これはユーザとちょっとした会話をするプログラムです。会話といっても、もちろん、声を使って行うものではなく、キーボードとディスプレイを使うものです。ここでは、あなたの名前と年齢を尋ねています。

　重要な注意：List 3-5 はこれまでのプログラムに比べてずいぶん長くなっています。まだ説明していない構文も使っていますので、最初に読んだときによく理解できなくても、決して気にしないでください。p. 79 でもう一度「重要な注意」が出てくるまで、少しリラックスしてお読みください。

List 3-5　名前と年齢をたずねるプログラム (0305.c)

```c
 1: #include <stdio.h>
 2: #include <stdlib.h>
 3:
 4: #define BUFFER_SIZE 256
 5:
 6: int main(void);
 7: void get_line(char *buffer, int size);
 8:
 9: int main(void)
10: {
11:     char buffer[BUFFER_SIZE];
12:     int age;
13:
14:     printf("あなたの名前を入力してください。\n");
15:     get_line(buffer, BUFFER_SIZE);
```

```
16:        printf("%s さん、こんにちは。\n", buffer);
17:
18:        printf("年齢を入力してください。\n");
19:        get_line(buffer, BUFFER_SIZE);
20:        age = atoi(buffer);
21:        printf("いま %d 歳とすると、 10年後は %d 歳ですね。\n", age, age + 10);
22:
23:        return 0;
24:    }
25:
26:    void get_line(char *buffer, int size)
27:    {
28:        if (fgets(buffer, size, stdin) == NULL) {
29:            buffer[0] = '\0';
30:            return;
31:        }
32:
33:        for (int i = 0; i < size; i++) {
34:            if (buffer[i] == '\n') {
35:                buffer[i] = '\0';
36:                return;
37:            }
38:        }
39:    }
```

入力待ち

List 3-5 をコンパイルして実行すると、まず、

あなたの名前を入力してください。

と表示されます。いつもならすぐにプログラムは終了するのですが、このプログラムではいくら待ってもプログラムは終わりません。いまプログラムは、「あなたが名前を入力するのを待っている」状態にあるのです。この状態のことを**入力待ち**といいます。

プログラムが入力待ちになっているので、名前を入力しましょう。たとえば、

不老長寿

と名前を入力してエンターキーを最後に押します。すると今度は、

不老長寿さん、こんにちは。
　　年齢を入力してください。

と表示され、再び入力待ちになります。

　年齢を入力しましょう。年齢は日本語入力をオフにして入力してください。あなたがたとえば、

　　120

と年齢を入力すると、

　　いま 120 歳とすると、10 年後は 130 歳ですね。

と当たり前のことを表示してプログラムは終了します。実行例は以下のようになります。

List 3-5 の実行例

```
あなたの名前を入力してください。
不老長寿
不老長寿さん、こんにちは。
年齢を入力してください。
120
いま 120 歳とすると、10 年後は 130 歳ですね。
```

関数 fgets

　このプログラムが実行する間、2 回「入力待ち」の状態になりました。List 3-5 を読んで、どこで入力待ちの状態になったか見てみましょう。「あなたの名前を入力してください。」を表示している関数 printf の次に、

　　get_line(buffer, BUFFER_SIZE);

という文があります（15 行目）。その後の「年齢を入力してください。」を表示している関数 printf の次にも、

　　get_line(buffer, BUFFER_SIZE);

という同じ文がありますね（19 行目）。

ここで呼び出している関数 get_line は、すぐ下の 26 〜 39 行目で定義されています。さらにその中の 28 行目で、

```
fgets(buffer, size, stdin)
```

と書かれている部分があります。実はここで入力待ちが起きたのです。

　fgets というのは C99 で定義されている標準ライブラリ関数で、C99 が使える開発環境なら必ず使うことができます。fgets はファイルから文字列を得る関数です。fgets は「エフ・ゲット・エス」と読むことが多いようですが「エフ・ゲッツ」と読む人もいます。f は「ファイル」の頭文字、get は英語で「得る」や「取得する」という意味、s は string（文字列）の頭文字です。

　stdin と書かれているのは標　準　入　力です。標準入力というのは、プログラムが動作するときに標準的に使われている入力を指します。標準入力は通常はキーボードになっていますが、リダイレクトすると、標準入力をファイルに切り換えることもできます（p. 201 参照）。

　さきほど「不老長寿」や「120」という文字列をキーボードから入力しました。そのようにユーザが入力した文字列をプログラムが受け取るための関数が fgets なのです。stdin と書いたところにファイルポインタと呼ばれる値を渡すと、ファイルから文字列を読むこともできます。ファイル操作については第 12 章で詳しくお話しします。

　いろいろお話ししましたが、初回ですべてを覚えるのは難しいですから、まずは fgets(buffer, size, stdin) という式で、標準入力から文字列を得ているということを覚えてください。

文字の配列

　関数 fgets は入力された文字列を取得する関数です。あなたがキーボードをパタパタ打って入力した文字列はプログラムのどこに行くのでしょうか。

　List 3-5 をもう一度見てください。関数 fgets の引数に変数 buffer があります。ええと、変数を見たらどうするんでしたっけ。そうそう、**変数を見たら変数の定義を見るのですね**。そこには変数の型が書いてあるはずです。11 行目を見てみましょう。…あれれ？

```
char buffer[BUFFER_SIZE];
```

char 型は文字を表すための型ですね。でも、見なれない記号 [ ] が登場しています。この記号 [ ] はブラケットといい、**配列**を表すものです。配列につい

ては第 9 章で詳しくお話ししますが、簡単に説明します。

    char c;

という変数の定義では、char 型の変数 c が 1 つだけ作られます。文字を 1 個しか扱わないならこれでいいのですが、たくさんの文字を入力してもらうためにはこれでは足りません。かといって、

    char a, b, c, d, e;

のように必要な文字の個数分の変数を定義するのもめんどうです。そんなときに使うのが配列です。

    char a[5];

と書けば、char 型の変数が 5 個連続して定義されたことになります。その 5 個の変数は、

    a[0]
    a[1]
    a[2]
    a[3]
    a[4]

として参照できます。1,2,3,4,5 ではなく、0,1,2,3,4 の 5 個であることに注意してください。

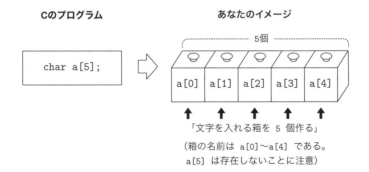

ところで、List 3-5 を見ると、

```
#define BUFFER_SIZE 256
    ...
    char buffer[BUFFER_SIZE];
```

と書いてあります（4 〜 11 行目）。これは、

```
    char buffer[256];
```

と書くのとまったく同じ効果を持ちます。つまり、ここでは char 型の変数を 256 個並べた配列を定義していることになります。256 という謎の数字を書くのではなく、いったん BUFFER_SIZE という名前に置き換えてプログラムを読みやすくしているのです。ここで使っている #define というのは、このような名前の置き換えを行うときに使うもので、**プリプロセッサによって処理されるマクロ定義**といいます。プリプロセッサについては p.276 でもお話しします。

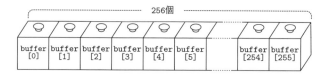

```
    char buffer[BUFFER_SIZE];
```

文字列を整数に変換する

　おやおや、説明が深みに入り込んでしまいましたね。キーボードから文字列を入力する方法の説明途中でした。List 3-5 をもう一度見てください。

```
    fgets(buffer, size, stdin)
```

という式で、プログラムは一時停止して入力待ちになります（28 行目）。ユーザがキーボードから入力した文字列は変数 buffer に格納されます。たとえば、120 と入力して改行キー（エンターキー）を打ったときのようすは下図です。

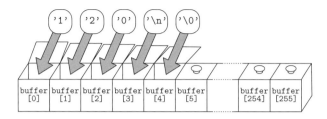

関数fgetsで文字を入力するようす

その後、関数 get_line では、改行文字（\n）が入ったところに文字列終端を表すナル文字（'\0'）を代入しています（35行目）。これは、"120\n"という文字列を "120" という文字列に変換するための処理です。

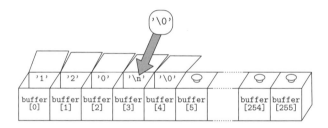

関数 get_line で "120\n" を "120" にしているようす

名前を表示するときにはおなじみの関数 printf を使います。整数表示では %d を使いました。文字列表示では %s を使います。

問題は年齢です。10年後の年齢は、年齢に 10 を加えれば求めることができます。けれども、

```
buffer + 10       （誤り）
```

として求められるわけではありません。変数 buffer は文字の配列です。10 を加えるという int 型の計算をする前に、変数 buffer に格納されている "120" という文字列を 120 という整数に変換しなくてはなりません。そのために、C99 では atoi という**標準ライブラリ関数**が用意されています。atoi は ASCII to integer（ASCII 文字を整数に）という言葉の略で、「アスキー　トゥ　インテジャー」または「エイ・トゥ・アイ」と読みます。ローマ字のように「アトイ」と読む人もいます。

atoiは数字の文字列をint型の値に変換する関数です。関数atoiを使うときには、ファイルの初めの方に#include <stdlib.h>と書いておきます。

char型の配列bufferの中に"120"という文字列が格納されているとき、関数atoiを使って、

　　age = atoi(buffer);

という代入を行えば、int型の変数ageには120というint型の値が代入されます。分解して説明すれば、

　　　　　　　buffer　　　　文字の配列（文字列）
　　　　　atoi(buffer)　　　int型の値に変換
　　age = atoi(buffer);　　 変数に代入

となります。

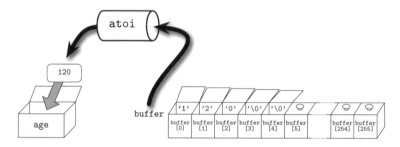

文字列の"120"を関数atoiでint型の値120に変換するようす

ここで、私が意識的に「"120"という文字列」や「120というint型の値」のように型を明示していることに注意してください。日常生活では「120」と言った場合、文字列としての120なのか、整数としての120なのか、などということは意識しません。けれどもC言語でプログラムを書く場合、型の区別は非常に重要です。

具体的にいいましょう。型の区別はどのようにプログラムの字面に反映されるか、です。もしあなたが、

　　120

と書けば、これは整数です。もしあなたが、

```
"120"
```

と書けば、これは文字列です。つまり、二重引用符（"）の有無によってプログラマは「あっちはint型の120という値です。こっちは文字列の"120"です」とコンパイラに指示を送っていることになります。

また、変数定義でも同じことです。もしあなたが、

```
int   foo;
```

と書けば、これはint型の変数ですし、

```
char foo[10];
```

と書けば、これはchar型の変数の配列です。

型の違いは重要で、それは必ずプログラムの字面上に反映されているということを覚えておきましょう。

重要な注意：p.71から始まったややこしい説明はここまでです。ここまでの説明がいま一つ理解できなくても大丈夫です。本書を読み進めてから、またここに戻ってきてください。

クイズ

★クイズ1

int型の変数xが定義されていて、その値が10に等しいとします。次の文を実行すると、変数xの値は何になるでしょうか。

```
x = x + 1;
```

★クイズ2

int型の2つの変数xとyが定義されているとします。xの値とyの値を交換しようとして、次の2つの文を実行しましたが、うまくいきませんでした。どうしたらよかったのでしょうか。

```
x = y;
y = x;
```

A クイズの答え

☆クイズ 1 の答え

　11 になります。
　これは代入演算子 = についての問題です。
　代入を行う演算子 = は、右辺に書かれた式を評価した値（計算結果）を、左辺に書かれた変数に代入します。
　右辺の式は x + 1 ですから、これを評価した値は 11 になります。左辺の変数は x です。
　ですから、結局、

```
x = 11;
```

という文を実行したのと同じことになります。
　このクイズでは、

```
x = x + 1;
```

のように右辺と左辺に同じ変数 x が登場しますが、惑わされないようにしましょう。
　もちろん足し算に限った話ではありません。たとえば変数 x の値が 10 に等しいとき、

```
x = x * x;
```

という代入文を実行すると、10 * 10 を評価して得られる値 100 を変数 x に代入するので、変数 x の値は 100 になります。

☆クイズ 2 の答え

　x の値と y の値を交換するためには、もう 1 つ別の int 型の変数 z を定義しておき、

```
z = x;
x = y;
y = z;
```

のようにします。

x = y; を実行した時点で、変数xの値は失われてしまいます。ですから、いったん変数xの値を別の変数zに保存しておいて、その値が失われないようにする必要があるのです。変数の**値の交換**はときどき必要になりますので注意しましょう。

■ まちがい探し

List 3-6 のプログラムで、まちがい探しをしましょう。

List 3-6　まちがい探し（0306.c）

```c
 1:  #include <stdio.h>
 2:  #include <stdlib.h>
 3:
 4:  #define BUFFER_SIZE 256
 5:
 6:  int main(void);
 7:  void get_line(char *buffer, int size);
 8:
 9:  int main(void)
10:  {
11:      char buffer[BUFFER_SIZE];
12:
13:      printf("あなたの名前を入力してください。\n");
14:      get_line(buffer, BUFFER_SIZE);
15:      printf("%s さん、こんにちは。\n", buffer);
16:
17:      printf("年齢を入力してください。\n");
18:      get_line(buffer, BUFFER_SIZE);
19:      age = atoi(buffer);
20:      printf("いま %d 歳とすると、 10 年後は %d 歳ですね。\n", age + 10);
21:
22:      return 0;
23:  }
24:
25:  void get_line(char *buffer, int size)
26:  {
27:      if (fgets(buffer, size, stdin) == NULL) {
28:          buffer[0] = '\0';
29:          return;
30:      }
31:
```

```
32:        for (int i = 0; i < size; i++) {
33:            if (buffer[i] == '\n') {
34:                buffer[i] = '\0';
35:                return;
36:            }
37:        }
38:    }
```

まちがいを含んだまま List 3-6 をコンパイルしてみましょう。ファイル名を 0306.c としてコンパイルすると、次のようなエラーが表示されます。

List 3-6 のコンパイルエラー例

```
0306.c:19:5: error: use of undeclared identifier 'age'
    age = atoi(buffer);
    ^
0306.c:20:73: error: use of undeclared identifier 'age'
    printf("いま %d 歳とすると、 10 年後は %d 歳ですね。\n", age + 10);
                                                                ^
2 errors generated.
```

19 行目のメッセージは「'age' という定義されていない識別子（名前）が使われています」という意味です。List 3-6 をよく見てみると、確かに、

　int age;

という変数の定義がありません。変数は使う前に必ず定義しなくてはなりません。箱を作らないうちに箱に物を入れることはできませんね。それと同じように変数に代入をしたり参照したりする前に、変数の定義をしなくてはならないのです。同じエラーメッセージが 2 つ出たのは、変数 age を使っている場所が 2 箇所あるからです。変数 age の定義を入れてコンパイルし直すと、無事、エラーメッセージはなくなります。

List 3-6a　まちがい探し（修正後）　(0306a.c)

```
1:  #include <stdio.h>
2:  #include <stdlib.h>
```

```
 3:
 4: #define BUFFER_SIZE 256
 5:
 6: int main(void);
 7: void get_line(char *buffer, int size);
 8:
 9: int main(void)
10: {
11:     char buffer[BUFFER_SIZE];
12:     int age;
13:
14:     printf("あなたの名前を入力してください。\n");
15:     get_line(buffer, BUFFER_SIZE);
16:     printf("%s さん、こんにちは。\n", buffer);
17:
18:     printf("年齢を入力してください。\n");
19:     get_line(buffer, BUFFER_SIZE);
20:     age = atoi(buffer);
21:     printf("いま %d 歳とすると、 10 年後は %d 歳ですね。\n", age + 10);
22:
23:     return 0;
24: }
25:
26: void get_line(char *buffer, int size)
27: {
28:     if (fgets(buffer, size, stdin) == NULL) {
29:         buffer[0] = '\0';
30:         return;
31:     }
32:
33:     for (int i = 0; i < size; i++) {
34:         if (buffer[i] == '\n') {
35:             buffer[i] = '\0';
36:             return;
37:         }
38:     }
39: }
```

ところで、エラーメッセージがなくなったからといって安心してはいけません。コンパイラがエラーにしてくれないエラーがまだあるからです。たとえば、こんな警告が残ってしまいます。

修正しても残る警告の例

```
0306a.c:21:51: warning: more '%' conversions than data arguments
[-Wformat]
    printf("いま %d 歳とすると、 10年後は %d 歳ですね。\n", age + 10);
                                              ~^
1 warning generated.
```

　実は21行目の、

　　printf("いま %d 歳とすると、 10年後は %d 歳ですね。\n", age + 10);

の行にまちがいがあります。書式文字列の中には%dが2個入っていますから、int型の引数は2つ必要なのです。けれど、ここには

　　age + 10

しかありません。この例では警告が出てくれましたが、関数printfの引数の個数が足りなくてもコンパイラがチェックしてくれないこともありますので、注意してください。

　List 3-6のまちがいをすべて直したものは、p. 71のList 3-5になります。

■ 読解練習「九九練習プログラム」

　変数の使い方も理解して、ユーザから文字列をもらう方法もわかりましたので、だいぶプログラムらしいプログラムが作れるようになりました。
　ここで「九九練習プログラム」を作りましょう。これは、九九の問題を10個表示して、ユーザが入力した答えが正しいかどうか判断を行い、最後に正答率を表示するというものです。まだ学んでいない「条件判断」や「繰り返し」がプログラム中に登場しますが、「これは何をしているのだろうか」と推測しながら読んでみてください。あちこちにある、

　　//

はコメント（注釈）の始まりです。 プログラム中に//があると、C言語のコンパイラはその行の残りの文字をすべて読み飛ばします。ですから、ここにはプログラムについての説明文を自由に書くことができます。

1〜12行目のように、/* と */ ではさむコメントの書き方もあります。この場合は、途中に改行が入っていても構いません。

List 3-7　読解練習「九九練習プログラム」（03kuku.c）

```
 1:  /*
 2:   * 名前
 3:   *     03kuku - 九九練習プログラム
 4:   * 書式
 5:   *     03kuku
 6:   * 解説
 7:   *     九九の問題をランダムに表示してユーザに入力を促し、
 8:   *     その正解数と正解率を表示する。
 9:   * 作者
10:   *     結城浩
11:   *     Copyright (C) 1993, 2018 by Hiroshi Yuki.
12:   */
13:
14:  #include <stdio.h>
15:  #include <stdlib.h>
16:  #include <time.h>
17:
18:  #define MAX_Q 10 // 表示する問題の個数
19:  #define BUFFER_SIZE 256 // 入力行の最大長
20:
21:  // プロトタイプ宣言
22:  int main(void);
23:  int kuku(int qn);
24:  void get_line(char *buffer, int size);
25:
26:  // 問題を MAX_Q 回繰り返し、最後に結果を表示する。
27:  int main(void)
28:  {
29:      double good_rate; // 正答率
30:      int good_answers = 0; // 正答数合計
31:
32:      // 現在時刻を使って乱数の「種」を設定する。
33:      srand((unsigned int)time(NULL));
34:
35:      // オープニングメッセージを表示する。
36:      printf("これから九九の問題を %d 問出します。\n", MAX_Q);
37:
38:      good_answers = 0;
39:      for (int i = 0; i < MAX_Q; i++) {
```

```
40:            good_answers += kuku(i);
41:        }
42:
43:        // 正答率を計算する。
44:        good_rate = good_answers * 100.0 / MAX_Q;
45:
46:        // 結果を表示する。
47:        printf("問題は %d 問ありました。\n", MAX_Q);
48:        printf("%d 問は正しく答えられましたが、\n", good_answers);
49:        printf("%d 問はまちがってしまいました。\n", MAX_Q - good_answers);
50:        printf("正答率 %0.1f %% です。\n", good_rate);
51:        printf("\n");
52:        printf("お疲れさま。\n");
53:        return 0;
54:    }
55:
56:    // 関数 kuku は九九の問題を 1 問出し、答えを待つ。
57:    // 正答、誤答の別を表示する。
58:    // 正答なら 1 を返し、誤答なら 0 を返す。
59:    int kuku(int qn)
60:    {
61:        int x, y, result;
62:        char buffer[BUFFER_SIZE];
63:
64:        // 問題をランダムに生成する。
65:        x = rand() % 9 + 1;
66:        y = rand() % 9 + 1;
67:
68:        // 出題する。
69:        printf("［第 %d 問］    %d × %d =", qn + 1, x, y);
70:
71:        // 端末が改行待ちで表示を抑止するのを防ぐ。
72:        fflush(stdout);
73:
74:        // 解答の入力を待つ。
75:        get_line(buffer, BUFFER_SIZE);
76:
77:        // 解答を整数に変換する。
78:        result = atoi(buffer);
79:
80:        // 正答か誤答か確認する。
81:        if (x * y == result) {
82:            printf("はい、正しいです。\n");
83:            return 1;
84:        } else {
```

```
 85:            printf("残念、まちがいです。\n");
 86:            return 0;
 87:        }
 88:    }
 89:
 90:    void get_line(char *buffer, int size)
 91:    {
 92:        if (fgets(buffer, size, stdin) == NULL) {
 93:            buffer[0] = '\0';
 94:            return;
 95:        }
 96:
 97:        for (int i = 0; i < size; i++) {
 98:            if (buffer[i] == '\n') {
 99:                buffer[i] = '\0';
100:                return;
101:            }
102:        }
103:    }
```

List 3-7 の実行例

```
これから九九の問題を 10 問出します。
 [第 1 問]    6 × 9 ＝ 54
はい、正しいです。
 [第 2 問]    9 × 2 ＝ 18
はい、正しいです。
 [第 3 問]    1 × 5 ＝ 5
はい、正しいです。
 [第 4 問]    6 × 1 ＝ 6
はい、正しいです。
 [第 5 問]    7 × 9 ＝ 68
残念、まちがいです。
 [第 6 問]    1 × 7 ＝ 7
はい、正しいです。
 [第 7 問]    8 × 2 ＝ 16
はい、正しいです。
 [第 8 問]    6 × 3 ＝ 18
はい、正しいです。
 [第 9 問]    7 × 1 ＝ 7
はい、正しいです。
```

［第 10 問］　8 × 6 ＝ 54
残念、まちがいです。
問題は 10 問ありました。
8 問は正しく答えられましたが、
2 問はまちがってしまいました。
正答率 80.0 ％ です。

お疲れさま。

乱数について

List 3-7 に登場する乱数について少し説明します。
33 行目に、

```
srand((unsigned int)time(NULL));
```

という文があります。これは関数 srand に乱数の種を与えている文です。現在時刻を得る関数 time を使い、乱数の種として現在時刻を与えています。プログラムを実行するたびに乱数の種が違う値になり、九九の問題を出すようになります。もしも、乱数の種として srand(12345); のように定数を与えると、毎回同じ問題を出すようになります。これはデバッグをするときに便利です。関数 time は標準ヘッダ <time.h> で宣言されています。

実際に乱数を得る関数は rand です。関数 rand は、0 以上、RAND_MAX 以下の範囲からランダムに選んだ int 型の値を返します。RAND_MAX マクロは標準ヘッダ <stdlib.h> で定義されています。

65 〜 66 行目に出てくる式、

```
rand() % 9 + 1
```

では剰余演算子 % を使っています。この % という演算子は整数を整数で割ったときの余りを求めるものです。上の式は、関数 rand の値を 9 で割った余りに 1 を加えた値になります。関数 rand はランダムな int 型の値を返しますから、それを 9 で割った余りというと、0, 1, 2, …, 8 の中からランダムに選んだ数になります。それに 1 を加えると、結局「1, 2, 3, …, 9 からランダムに選んだ 1 つの整数」になります。

❖ちょっと一言 ❖　**関数randはセキュリティ用途には使わない**

🔑 セキュリティを意識しよう

関数randで得られる乱数は計算で作られる擬似乱数の列です。九九の問題を出すようなちょっとした用途には使えますが、暗号などのセキュリティ用途で関数randを使ってはいけません。

List 3-7には、この他にもまだ学んでいない部分が含まれていますが、いまのところは「ここはどういう意味だろうか」と想像しておいてください。あなたの学習が進むにつれてだんだんわかってくると思います。

■ もっと詳しく

代入演算子（=）

代入演算子（=）の話をしましょう。この章の初めに、

```
x = 4;
```

で変数xに4を代入するという話をしました。代入の記号としては=を使っていますが、代入は、

```
x ← 4;
```

と書きたいような操作ですね（もちろんこう書いたらC言語の文法違反ですが）。

代入は左辺と右辺で意味がまったく違う操作です。たとえば、

```
x = y;
```

と書くと変数xに変数yの値が代入され、逆に、

```
y = x;
```

では変数yに変数xの値が代入されます。右辺と左辺を逆にしたら、まったく意味の違うプログラムになってしまうことに注意してください。

数学では、$x = y$と書いて、xにyの値を「代入する」という意味にもなりますが、xとyは「等しい」という意味にもなりますよね。でも、C言語の=には「代入する」の意味しかありません。

C言語で変数xと変数yの値が「等しい」かどうかを調べるときには、

x == y

と書きます。2つの=のあいだに空白は入れません。詳しくはif文の第4章でお話ししましょう。そういえば、List 3-7の九九練習プログラムにも==は使われていますね。探してみましょう。

演算子と優先度の一覧は「付録：演算子」(p. 443) にあります。

▶この章で学んだこと

この章では、

- 変数の定義、代入、参照
- 変数の型と値

などについて学びました。

これで、計算ができ、計算結果を変数に保存できるようになりました。次の章では、変数の値によって異なった処理を行うための構文「if文」を学びましょう。

●ポイントのまとめ

- 変数は何かを入れておく箱のようなものです。
- 変数の定義、代入、参照を理解しましょう。
    ```
    int x;              定義
    x = 4;              代入
    printf("%d\n", x);  参照
    ```
- int型で整数を扱います。
- char型で文字を扱います（これも整数型の一種です）。
- double型で浮動小数点数を扱います。
- 変数を見たら定義を見て型を確かめましょう。
- #defineでマクロ定義ができます。
- 関数fgetsで文字列を入力できます。
- 関数atoiで数字列を整数に変換できます。
- 関数randで擬似乱数が得られます。

● 練習問題

■ 問題 3-1
(解答は p. 92)

変数について書かれた次の文章のうち、正しいものに○、誤っているものに×を付けてください。

① iという名前の変数は常にint型である。
② int型の変数xの値が3のとき、x = x + 1;という文を実行すると変数xの値は4になる。
③ int型の変数nの値をゼロにしたくてn = "0";と書いた。
④ 2つの変数mとnが等しいかどうか調べようとしてm = nという式を書いた。

■ 問題 3-2
(解答は p. 93)

2人の名前と年齢を入力すると、その人たちの年齢の平均を表示するプログラムを書いてください。
期待する実行例は次の通りです。

期待する実行例

```
2人の平均年齢を計算します。
1人目の名前を入力してください。
 Taro                                          ……… 1人目の名前を入力
Taro さんの年齢を入力してください。
 17                                            ……… 1人目の年齢を入力
2人目の名前を入力してください。
 Jiro                                          ……… 2人目の名前を入力
Jiro さんの年齢を入力してください。
 16                                            ……… 2人目の年齢を入力
Taro さんと Jiro さんの平均年齢は 16.5 歳です。    ……… 平均年齢を表示する
```

※ちょっと一言※　**関数 gets は絶対に使わない**

セキュリティを意識しよう

　古い版の C 言語には、gets という標準ライブラリ関数がありました。関数 gets は、
```
gets(buffer);
```
のようにして標準入力から 1 行入力を行う手軽な関数です。でも、**関数 gets はセキュリティ上の深刻な問題を抱えているので、現代では絶対に使ってはいけません**。関数 gets ではバッファの大きさを指定しませんから、入力する文字数が非常に多くなった場合に、プログラマが確保した配列の領域を超えて文字が入力されてしまう危険性があります。これをバッファオーバーフローといいます。

　なお、あまりにも危険性が大きいので、関数 gets を使おうとすると、
```
warning: this program uses gets(), which is unsafe.
```
　（警告：このプログラムは関数 gets を使っている。これは安全ではない。）
という警告が出る場合があります。

　なお、関数 gets とは違い、本書のサンプルプログラムで使っている関数 fgets は、バッファの大きさを正しく指定すれば、その指定した大きさを超えて入力を行うことはないので安全です。また、C11 では関数 gets_s という安全な標準ライブラリ関数が定義されています。

● 練習問題の解答

□ 問題 3-1 の解答　　　　　　　　　　　　　　　（問題は p. 91）

① 【×誤り】i という名前だからといって int 型とは限りません。変数の名前と型は無関係です。変数を見たら、変数の定義を見て型を確かめることが大切です。

② 【○正しい】x = x + 1; という文は、右辺の x + 1 という式の値（つまり 4）を左辺の変数 x に代入しますので、変数 x の値は 4 になります。代入文の右辺と左辺で同じ変数が出てきても問題はありません。

③ 【×誤り】"0" と書くと文字列になるので、コンパイル時にエラーになります。正しくは、
```
n = 0;
```
と書きます。

④ 【×誤り】m = nと書くと変数nの値を変数mに代入してしまいます。
正しくは、
    m == n
という式を書きます。

□ 問題 3-2 の解答　　　　　　　　　　　　　　　　　　　（問題は p. 91）

List A3-2　年齢の平均を求める（a0302.c）

```
 1: #include <stdio.h>
 2: #include <stdlib.h>
 3:
 4: #define BUFFER_SIZE 256
 5: #define NAME_SIZE 256
 6:
 7: int main(void);
 8: void get_line(char *buffer, int size);
 9:
10: #include <stdio.h>
11: #include <stdlib.h>
12:
13: int main(void)
14: {
15:     char name1[NAME_SIZE];
16:     char name2[NAME_SIZE];
17:     char buffer[BUFFER_SIZE];
18:     double age1, age2;
19:
20:     printf("2 人の平均年齢を計算します。\n");
21:
22:     printf("1 人目の名前を入力してください。\n");
23:     get_line(name1, NAME_SIZE);
24:     printf("%s さんの年齢を入力してください。\n", name1);
25:     get_line(buffer, BUFFER_SIZE);
26:     age1 = atoi(buffer);
27:
28:     printf("2 人目の名前を入力してください。\n");
29:     get_line(name2, NAME_SIZE);
30:     printf("%s さんの年齢を入力してください。\n", name2);
31:     get_line(buffer, BUFFER_SIZE);
32:     age2 = atoi(buffer);
33:
```

```
34:        printf("%s さんと %s さんの平均年齢は %0.1f 歳です。\n",
35:            name1, name2, (age1 + age2) / 2.0);
36:        return 0;
37:    }
38:
39:    void get_line(char *buffer, int size)
40:    {
41:        if (fgets(buffer, size, stdin) == NULL) {
42:            buffer[0] = '\0';
43:            return;
44:        }
45:
46:        for (int i = 0; i < size; i++) {
47:            if (buffer[i] == '\n') {
48:                buffer[i] = '\0';
49:                return;
50:            }
51:        }
52:    }
```

char 型の配列 name1 と name2 は 2 人の名前を格納するための変数です。それぞれ関数 get_line を使ってユーザに入力させます。配列 buffer はユーザが入力した年齢を表す文字列を一時的に格納しておくための変数です。文字列としての年齢を数値に変換するのは関数 atoi です。2 人分の年齢を数値として格納する変数は age1 と age2 です。この変数は定義を見ればわかるように double 型です。関数 atoi が返す値は int 型ですが、C 言語では、

```
age1 = atoi(buffer);
```

の代入の際に、変数 age1 に合わせて自動的に double 型に変換されます。

❖ちょっと一言❖　**関数 atof**

　文字列で表現された数を浮動小数点型に変換する標準ライブラリ関数 atof もあります。関数 atof は標準ヘッダ <stdlib.h> で宣言されていますので、使う場合には #include <stdlib.h> と書く必要があります。

第4章
if 文

▶この章で学ぶこと

この章では、
- if 文（イフ）
- if-else 文（イフ・エルス）

を使った**条件分岐**について学びます。

■ もしも

日本語の「もしも」

まずは日本語で考えてみましょう。
あなたは、朝、天気予報を聞いて、降水確率が 50％ 以上なら傘を持っていくとしましょう。このあなたの行動を整理すると次の「文章 A」のようになります。

> **文章 A**
> もしも 降水確率が 50% 以上である ならば、
>   傘を持っていく

　この文章 A のうち「降水確率が 50 % 以上である」の部分を**条件**といいます。また実際に「降水確率が 50 % 以上になる」ことを「**条件を満たす**」あるいは「**条件が成り立つ**」といいます。

　「もしも○○ならば●●する」という表現にあなたが慣れていたら、どんどん読み進んで構いません。でも、慣れていないなら、ちょっとここで一休みして、上の文章 A をゆっくり眺めてください。

　「もしも降水確率が 50 % 以上であるならば、傘を持っていく」という文章は何を主張しているのでしょうか。

- 「降水確率が 50 % 以上である」という条件が成り立っているかどうかを調べる。
- その条件が成り立っていれば「傘を持っていく」という行動を取る。

ということですね。

　それではこの「もしも○○ならば●●する」という文章を C 言語で表現します。

if 文

　C 言語には **if 文**という構文があり、これを使うと「もしも○○ならば●●する」という文章をプログラムで表現できます。先ほどの「もしも降水確率が 50 % 以上であるならば、傘を持っていく」をプログラムで書いてみましょう。変数 n が降水確率を表しているなら、次のようになります。

```
if (n >= 50) {
    printf("傘を持っていく\n");
}
```

　これは、if 文を説明するためのプログラムの断片ですから、これだけをコンパイルしてもエラーになります。ご注意ください。このプログラムの断片は「変数 n の値を参照し、その値がもしも 50 以上ならば、"傘を持っていく"と

いう文字列を表示して改行する」という動作をします。

まずは、このプログラムの断片をていねいに読んでいきましょう。

このプログラムの断片は次のような構造をしています。

```
if ( 条件式 ) {
    条件式の値が真のときの処理
}
```

初めに、if と書いてあります。これは英語で「もしも」の意味を持つ単語からできたキーワードです。if で始まるので「if 文」と呼ぶわけです。C 言語のコンパイラは、プログラムに書かれている if を見て「あ、if 文の始まりだな」と気がつくのです。

if の次に ( ) でくくった条件式を書きます。条件式というのは、評価して真か偽かを知るための式です。つまり、条件を表現した式ということです。条件式は必ず ( ) でくくらなくてはなりません。これは C 言語の仕様です。先ほどの降水確率の例でいうと、

```
n >= 50
```

の部分が条件式です。変数 n はここでは定義していませんが、int 型の変数として定義してあるものとしましょう。それでは >= は何でしょうか。

>= は、2 つの数を比較し、左辺が右辺以上ならば真になる比較演算子です。要するに、> と = という 2 文字を組み合わせて数学の ≧ を表現しているのです。

>= という比較演算子は、> = のように空白を入れてはいけません。>= と続けて書きます。

```
n >= 50
```

は「変数 n の値は 50 以上である」ときに真になる条件式です。

>= 以外にも、次のような比較演算子があります。演算子と優先度の一覧は「付録：演算子」(p. 443) にあります。

比較演算子

C言語	数学	意味
n == 50	$n = 50$	nが50に等しいなら真、それ以外なら偽
n != 50	$n \neq 50$	nが50に等しくないなら真、それ以外なら偽
n >= 50	$n \geq 50$	nが50以上なら真、それ以外なら偽
n <= 50	$n \leq 50$	nが50以下なら真、それ以外なら偽
n > 50	$n > 50$	nが50より大きいなら真、それ以外なら偽
n < 50	$n < 50$	nが50より小さいなら真、それ以外なら偽

この表で真や偽という表現が出てきました。条件が成り立つか成り立たないか、条件を満たすか満たさないか、それらを表すのに真か偽かという言い方をするのです。真と偽を合わせて真偽値といいます。

- 変数nの値が100のとき、条件式n >= 50の値は真となります。
- 変数nの値が49のとき、条件式n >= 50の値は偽となります。

ぜんぜん難しくないですよね。では、次はどうですか。

- 変数nの値が1のとき、条件式n != 0の値は真となります。
- 変数nの値が0のとき、条件式n != 0の値は偽となります。

大丈夫でしょうか。変数nの値が1のとき、変数nは0に等しくありません。だから、n != 0の値は真となります。だって、n != 0はnが0に等しくないときに真になるのですから。混乱している人はもう一度ゆっくり読んでくださいね。

さて、if文の説明に戻ります。カッコ( )でくくられた条件式の後には、ブレース{ }でくくられた処理がやってきます。

{ }は「条件式が真のときに行う処理の範囲」を示します。先ほどの降水確率の例でいいますと「傘を持っていく」というのが条件式が真のときに行う処理ですね。プログラムでは関数printfを使って「傘を持っていく」という文字列を表示しています。ブレースでくくってあるので、ここに処理を行うための文を何個でも書くことができます。たとえば、

```
if (n >= 50) {
    printf("傘を持っていく\n");
    printf("コートも忘れない\n");
    printf("雨にぬれないように\n");
}
```

と書くこともできます。この3つの文は変数nの値が50以上のときに実行されることになります。変数nの値が50よりも小さいなら、この3つの文はどれも実行されません。

if文は( )の中にある条件式を評価し、その値が真かどうかを調べ、もしも真なら、{ }の中を実行します。もしも偽なら、{ }の中は実行せず、次に進みます。

図に描くなら以下のようになるでしょう。

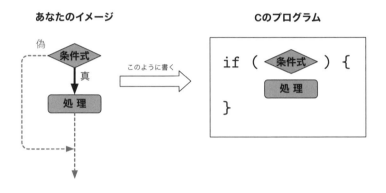

❖しっかり覚えよう❖　**if文の構造**

```
if ( 条件式 ) {
    条件式が真のときの処理
}
```

■ もしも…さもなくば

日本語の「もしも…さもなくば」

　今度は「さもなくば」について説明します。「もしも○○ならば●●する」という文章は○○という条件が成り立っていたら●●するというものでした。それでは、その条件が成り立っていなかったらどうなるでしょうか。

文章 B
　　もしも 降水確率が 50% 以上である ならば、
　　　　傘を持っていく
　　さもなくば、
　　　　傘を持っていかない

　「さもなくば」というのは「そうでなければ」という意味です。上の文章 B をゆっくり読んでください。ここに書かれているのは、

- 「降水確率が 50 % 以上である」という条件が成り立っているかどうかを調べる。
- その条件が成り立っていれば「傘を持っていく」という行動を取る。
- その条件が成り立っていなければ「傘を持っていかない」という行動を取る。

ということです。

　要するに文章 B は「降水確率が 50 % 以上である」という条件が成り立つかどうかに応じて、傘を持っていく／持っていかないという 2 つの道のうち 1 つを選択しているのです。

　ここは、非常に重要な点なのでもう一度いいましょう。あなたは道をずんずん歩いている。歩いているうちにドーンと条件にぶつかる。そして、

　　　この条件は成り立つか、成り立たないか

を調べます。もしも成り立つならば片方の道、成り立たないならば別の道へ進

む。「もしも○○ならば●●し、さもなくば■■する」というのはそういうことです。条件に応じて進む道が分かれるのです。**二者択一**(にしゃたくいつ)といってもいいですし、**条件分岐**(じょうけんぶんき)といってもいいでしょう。

if-else文

ではその二者択一をC言語で書いてみましょう。

```
if (n >= 50) {
    printf("傘を持っていく\n");
} else {
    printf("傘を持っていかない\n");
}
```

ここに登場する新しいキーワードはelse(エルス)です。これはまさに、日本語の「さもなくば」に相当します。ifの処理を書いた後にelseと書き、それに続けて{ }を書きます。ここには条件式の値が偽のときに行う処理を書きます。つまり、次のような構造です。

```
if ( 条件式 ) {
    条件式の値が真のときの処理A
} else {
    条件式の値が偽のときの処理B
}
```

処理Aは条件式の値が真のときに実行します。処理Bは条件式の値が偽のときに実行します。

条件が、成り立つと同時に成り立たない、ということはありません。条件式の値が、真であると同時に偽になる、ということはありません。ですから、**処理Aと処理Bの両方を実行することは絶対にない**といえます。

それから、条件が成り立つわけでもなく、成り立たないわけでもない、ということもありません。条件式の値が、真でもないと同時に偽でもない、ということはありません。ですから、**処理Aと処理Bのどちらか一方は絶対に実行する**といえます。

さあ、これが二者択一という意味です。2つの道のうち、どちらか1つだけが必ず実行される。両方を実行することや、どちらも実行しないことはありえない。図に描くなら以下のようになるでしょう。

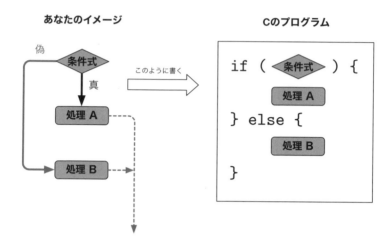

「もしも…ならば…さもなくば」に相当するif-else文について説明しました。

```
if (あなたは疲れている) {
    一休みする
} else {
    先を読み進む
}
```

❖しっかり覚えよう❖　**if-else文の構造**

```
if ( 条件式 ) {
    条件式の値が真のときの処理A
} else {
    条件式の値が偽のときの処理B
}
```

■ バリエーション

例：傘プログラム

List 4-1 は、降水確率を入力すると傘を持っていった方がいいかどうかを教えてくれるプログラムです。

List 4-1　傘プログラム (0401.c)

```c
 1: #include <stdio.h>
 2: #include <stdlib.h>
 3:
 4: #define BUFFER_SIZE 256
 5:
 6: int main(void);
 7: void get_line(char *buffer, int size);
 8:
 9: int main(void)
10: {
11:     char buffer[BUFFER_SIZE];
12:     int n;
13:
14:     printf("降水確率を入力してください。\n");
15:     get_line(buffer, BUFFER_SIZE);
16:     n = atoi(buffer);
17:     printf("降水確率は %d %% です。\n", n);
18:     if (n >= 50) {
19:         printf("傘を忘れずにね。\n");
20:     } else {
21:         printf("傘はいりません。\n");
22:     }
23:     printf("いってらっしゃい。\n");
24:
25:     return 0;
26: }
27:
28: void get_line(char *buffer, int size)
29: {
30:     if (fgets(buffer, size, stdin) == NULL) {
31:         buffer[0] = '\0';
32:         return;
33:     }
```

```
34:
35:         for (int i = 0; i < size; i++) {
36:             if (buffer[i] == '\n') {
37:                 buffer[i] = '\0';
38:                 return;
39:             }
40:         }
41:     }
```

今度は完全な 1 個のプログラムになっていますので、安心してコンパイルし、実行できます。List 4-1 では第 8 章で詳しく説明する「関数」をいくつか使っています。関数 get_line は文字列を入力する関数。関数 atoi は文字列を整数の値に変換する関数です。コンパイルした後、3 回実行した例は以下にあります。

List 4-1 の実行例

```
---- 1 回目の実行
降水確率を入力してください。
 50 
降水確率は 50 % です。
傘を忘れずにね。
いってらっしゃい。
---- 2 回目の実行
降水確率を入力してください。
 0 
降水確率は 0 % です。
傘はいりません。
いってらっしゃい。
---- 3 回目の実行
降水確率を入力してください。
 1500                 ............................................    異常な値を入力してみた
降水確率は 1500 % です。
傘を忘れずにね。
いってらっしゃい。
```

50 と入力すれば（そして最後にエンターキーを押せば）

　傘を忘れずにね。

と表示し、0と入力すれば

　　傘はいりません。

と表示します。けれども…あれれ、1500という異常な値を入力した場合、「降水確率は0から100までの範囲で入力してください」と親切に答えてはくれません。なぜか、

　　傘を忘れずにね。

と表示されます。これはなぜでしょうか。

　入力される数が降水確率であり、それは0以上100以下の値でなくてはならないなんてことをコンピュータは知りません。**コンピュータはプログラムに書かれていることしかできないということを覚えてください**。入力される数が0以上100以下の範囲でなくてはならない、というのはプログラムであるあなたが知っているだけのことで、それがプログラムとして書かれていない限り、コンピュータには理解されません。

　ですから「降水確率は1500%です。」などと平然と表示するのです。

　「傘を忘れずにね。」と表示されたのは、nが1500のとき、n >= 50 という条件式の値が真になるからです。

例：if文の連鎖

　List 4-1 では 1500% という異常な降水確率が許されてしまいました。この点を修正したのが List 4-2 です。

List 4-2　傘プログラムの修正（0402.c）

```
 1:  #include <stdio.h>
 2:  #include <stdlib.h>
 3:
 4:  #define BUFFER_SIZE 256
 5:
 6:  int main(void);
 7:  void get_line(char *buffer, int size);
 8:
 9:  int main(void)
10:  {
11:      char buffer[BUFFER_SIZE];
12:      int n;
13:
```

```
14:        printf("降水確率を入力してください。\n");
15:        get_line(buffer, BUFFER_SIZE);
16:        n = atoi(buffer);
17:        printf("降水確率は %d %% です。\n", n);
18:        if (n > 100) {
19:            printf("降水確率は 0 ～ 100 の間ですよ。\n");
20:        } else if (n >= 50) {
21:            printf("傘を忘れずにね。\n");
22:        } else {
23:            printf("傘はいりません。\n");
24:        }
25:        printf("いってらっしゃい。\n");
26:
27:        return 0;
28:    }
29:
30:    void get_line(char *buffer, int size)
31:    {
32:        if (fgets(buffer, size, stdin) == NULL) {
33:            buffer[0] = '\0';
34:            return;
35:        }
36:
37:        for (int i = 0; i < size; i++) {
38:            if (buffer[i] == '\n') {
39:                buffer[i] = '\0';
40:                return;
41:            }
42:        }
43:    }
```

ここでは、if ... else ... の else 以下にさらに if が続いています。18 ～ 24 行目を見てください。ここの構造を簡単に書くと、

```
if ( 条件式 1 ) {
    条件式 1 の値が真のときの処理 A
} else if ( 条件式 2 ) {
    条件式 1 の値は偽で、
    条件式 2 の値が真のときの処理 B
} else {
    条件式 1 の値は偽で、
    条件式 2 の値も偽のときの処理 C
}
```

ということになります。List 4-2 とよく見比べてください。

- 条件式 1 は n > 100 （18 行目）
- 条件式 2 は n >= 50 （20 行目）

ですね。

List 4-2 の動作を日本語で説明するならば、

降水確率が 100 ％ より大きいならば、
「降水確率は 0 〜 100 の間ですよ。」と表示する。
100 ％ 以下で 50 ％ 以上ならば、
「傘を忘れずにね。」と表示する。
50 ％ 未満ならば、
「傘はいりません。」と表示する。

となるでしょう。このプログラムはいわば三者択一といえますね。3 つのうちどれか 1 つが必ず実行されるからです。

人間ならば、降水確率は 0 ％ から 100 ％ の間であるなどということは常識です。けれどもコンピュータに常識を期待してはいけません。すべてきちんと明示的にプログラムに書かなくてはならないのです。

等号を入れるかどうか

重要な注意：条件を表す式を書く場合、等号（=）を入れるかどうかには細心の注意を払ってください。たとえば、

```
n > 100
n >= 100
```

という 2 つの式の違いはわかりますか。この 2 つはほとんど同じ意味になりますが、変数 n の値が 100 のときだけ違いが生じます。n の値が 100 のとき、n > 100 は偽で、n >= 100 は真です。

日本語で、この 2 つの条件はそれぞれ「より大きい」と「以上」と区別して呼ばれます。

n > 100   n は 100 より大きい $(n > 100)$
n >= 100 n は 100 以上 $(n \geq 100)$

条件式を見るときには等号が入っているかどうかに注意しましょう。また「より大きい」と「以上」は意識して使い分けるようにしましょう。同様に「より小さい（未満）」と「以下」も使い分けましょう。

これであなたは「18 歳未満お断り」を C 言語風に書くことができます。

```
if (年齢 < 18) {
    お断り
}
```

条件が 年齢 <= 18 ではないことを確認してください。

> ❖しっかり覚えよう❖　条件式を書くときは…
>
> 　条件式を書くときは、等号の有無を意識しよう。

例：「または」を表現するには

ところで、List 4-2 はこれで完全なのでしょうか。以下の実行例を見てください。

List 4-2 の実行例

```
---- 1 回目の実行
降水確率を入力してください。
1500
降水確率は 1500 % です。
降水確率は 0 〜 100 の間ですよ。
いってらっしゃい。
---- 2 回目の実行
降水確率を入力してください。
-10
降水確率は -10 % です。
傘はいりません。
いってらっしゃい。
```

この実行例を見ると、降水確率として 1500 を誤って入力してしまった場合、

確かに「降水確率は0〜100の間ですよ。」と正しく表示するようになりました。しかし、今度は-10を入力すると…やっぱりこのプログラムは平然と「傘はいりません。」なんておかしな表示をしてしまうのです。

降水確率が0から100までの範囲だってことはコンピュータは知りません。きちんとプログラムにそう書かなくてはなりません。List 4-2 はちゃんとそう書いたつもりだったのです。しかし、100より大きい場合のチェックは入っていましたが、0より小さい場合のチェックが抜けていたのでした。

コンピュータって、本当に融通がききませんね。プログラムを書くというのはこの融通のきかない相手であるコンピュータに、作業の手順や細かい条件を手とり足とり教えこむ作業に他なりません。慣れるまではなかなかたいへんな作業になりますが、一歩一歩進んでいきましょう。

さて、List 4-2 の問題点を片付けてしまいましょう。List 4-2 の問題点は何だったかというと、「降水確率が0より小さいときに、誤った入力であることをユーザに知らせてくれない」ということでした。降水確率を入力するときに手がすべったら1500や-10のような、ありえない値が入力されるかもしれません。プログラムはそれに対して適切なエラー処理を行う必要があります。「降水確率は0から100までの範囲ですよ。」とエラーメッセージを表示するのはエラー処理の一種といえます。

で、List 4-2 を修正したのが List 4-3 です。

List 4-3　傘プログラムの完成（0403.c）

```
 1:    #include <stdio.h>
 2:    #include <stdlib.h>
 3:
 4:    #define BUFFER_SIZE 256
 5:
 6:    int main(void);
 7:    void get_line(char *buffer, int size);
 8:
 9:    int main(void)
10:    {
11:        char buffer[BUFFER_SIZE];
12:        int n;
13:
14:        printf("降水確率を入力してください。\n");
15:        get_line(buffer, BUFFER_SIZE);
16:        n = atoi(buffer);
```

```
17:      printf("降水確率は %d %% です。\n", n);
18:      if (n < 0 || 100 < n) {
19:          printf("降水確率は 0 〜 100 の間ですよ。\n");
20:      } else if (n >= 50) {
21:          printf("傘を忘れずにね。\n");
22:      } else {
23:          printf("傘はいりません。\n");
24:      }
25:      printf("いってらっしゃい。\n");
26:
27:      return 0;
28: }
29:
30: void get_line(char *buffer, int size)
31: {
32:      if (fgets(buffer, size, stdin) == NULL) {
33:          buffer[0] = '\0';
34:          return;
35:      }
36:
37:      for (int i = 0; i < size; i++) {
38:          if (buffer[i] == '\n') {
39:            buffer[i] = '\0';
40:            return;
41:          }
42:      }
43: }
```

18 行目の条件式に注目しましょう。

```
if (n < 0 || 100 < n) {
```

これはいままで見た条件式と違う形をしています。この縦棒 2 つ（||）は、日本語でいえば「または」という意味を持つ演算子です。つまり、

```
n < 0 || 100 < n
```

は、日本語で読むと、

n は 0 より小さい、または、n は 100 より大きい

という意味の条件式になります。「または」というのは 2 つの条件式を結びつけ、その 2 つのうち、どちらか一方でも（両方でも）成り立っていればいい、

という新しい条件式を作る比較演算子なのです。

もっと正確にいいましょう。

```
if ( 条件式 1 || 条件式 2 ) {
    処理 A
} else {
    処理 B
}
```

という形の if 文の意味は、次のようになります。

条件式 1 の値が真
　　→　処理 A
条件式 1 の値は偽だけれど、条件式 2 の値が真
　　→　処理 A
条件式 1 の値が偽で、条件式 2 の値も偽
　　→　処理 B

つまり、次の if 文とまったく同じ意味を持っています。

```
if ( 条件式 1 ) {
    処理 A
} else if ( 条件式 2 ) {
    処理 A
} else {
    処理 B
}
```

縦棒（|）はバーティカルライン、パイプ記号、あるいはオアといいます。

また、縦棒2つ（||）の演算子は論理和やロジカル・オア（logical or）といいます。単に「または」と呼ぶ場合もよくあります。

あなたのイメージ

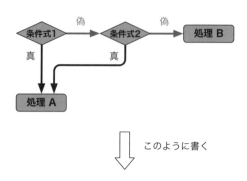

このように書く

Cのプログラム

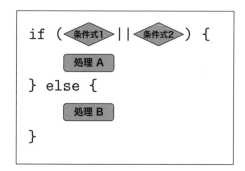

❖ちょっと一言❖　||とショートカット

条件式1 || 条件式2 で、条件式1が真の場合は要注意です。条件式1が真の場合は、そこで全体が真になることが確定します。ですから、条件式1が真ならば、条件式2はもう評価すらしません。

上の図で条件式1が真のときに、すぐに処理 A に流れていることを確認してください。

条件式2の評価を飛ばす（ショートカットする）ので、この振る舞いをショートカットと呼ぶことがあります。

List 4-3 の実行例を以下に示します。

List 4-3 の実行例

```
---- 1 回目の実行
降水確率を入力してください。
 1500
降水確率は 1500 % です。
降水確率は 0 ～ 100 の間ですよ。
いってらっしゃい。
---- 2 回目の実行
降水確率を入力してください。
 -10
降水確率は -10 % です。
降水確率は 0 ～ 100 の間ですよ。
いってらっしゃい。
---- 3 回目の実行
降水確率を入力してください。
 50
降水確率は 50 % です。
傘を忘れずにね。
いってらっしゃい。
```

「かつ」について

「または」の話が出てきたので、この機会に「かつ」についてもお話ししましょう。

「または」を表す演算子は || でしたが、「かつ」を表す演算子は && です。

```
if ( 条件式 1 && 条件式 2 ) {
    処理 A
} else {
    処理 B
}
```

という形の if 文の意味は、次のようになります。

条件式 1 の値が偽
　　→　処理 B
条件式 1 の値は真だけれど、条件式 2 の値が偽
　　→　処理 B
条件式 1 の値が真で、条件式 2 の値も真
　　→　処理 A

たとえば、int 型の変数 hour が現在何時であるかを表しているとしましょう。朝の 7 時なら変数 hour の値は 7 です。ここで、

```
6 <= hour && hour < 9
```

という式は日本語で読むと、

hour が 6 以上である、かつ、hour が 9 より小さい

となります。
もっとくだけていえば「現在は 6 時以上、9 時未満」という意味です。

```
if ( 条件式 1 && 条件式 2 ) {
    処理 A
} else {
    処理 B
}
```

という if 文は、

```
if ( 条件式 1 ) {
    if ( 条件式 2 ) {
        処理 A
    } else {
        処理 B
    }
} else {
    処理 B
}
```

とまったく同じ動作をします。

あなたのイメージ

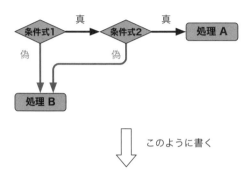

このように書く

Cのプログラム

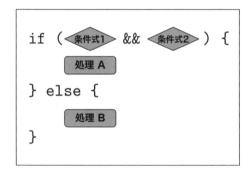

❖ちょっと一言❖　**&&とショートカット**

　条件式 1 && 条件式 2 で、条件式 1 が偽の場合は要注意です。条件式 1 が偽の場合は、そこで全体が偽になることが確定します。ですから、条件式 1 が偽ならば、条件式 2 はもう評価すらしません。
　上の図で条件式 1 が偽のときに、すぐに処理 B に流れていることを確認してください。
　条件式 2 の評価を飛ばす（ショートカットする）ので、この振る舞いをショートカットと呼ぶことがあります。

否定演算子！

「または」を表す演算子（||）と、「かつ」を表す演算子（&&）が出てきたので、もう一つだけお話しします。それは「〜ではない」を表す否定演算子（!）です。

たとえば、第7章では変数cが大文字であるかどうかを調べる関数isupper(c)が出てきます。isupper('A')は真で、isupper('a')は偽になります。変数cが大文字ではないことを表す条件式は、

```
!isupper(c)
```

と書くことになります。

また、たとえば次の条件式は「変数nの値が50に等しくない」ことを表します。

```
!(n == 50)
```

n == 50 という条件式は「変数nの値が50に等しい」ことを表します。ですから、これ全体をカッコでくくって、演算子!を前に付けた!(n == 50)は「変数nの値が50に等しくない」という意味になるのです。言い換えると、条件式!(n == 50)は条件式n != 50と同じ意味になります。

Q クイズ

変数nの値が50のとき、次のif文を実行すると、何を表示するでしょうか。もちろん、以下の文は関数mainの中に正しく置かれているものとします。

★クイズ1

```
if (n > 50 || n == 50) {
    printf("a\n");
} else {
    printf("b\n");
}
```

★クイズ 2

```
if (n > 50) {
    printf("A\n");
} else if (n < 50) {
    printf("B\n");
} else {
    printf("C\n");
}
```

A クイズの答え

☆クイズ 1 の答え

a と表示して改行されます。

変数 n の値が 50 のとき、条件式 n > 50 の値は偽ですが、条件式 n == 50 の値は真です。演算子 || でつながれた 2 つの条件式のうち後にある条件式の値が真なので、条件式 n > 50 || n == 50 の値は真になり、したがって printf("a\n"); を実行します。

条件式 n > 50 || n == 50 は、条件式 n >= 50 とまったく同じ意味です。

☆クイズ 2 の答え

c と表示して改行されます。

変数 n の値が 50 のとき、条件式 n > 50 と n < 50 の値はどちらも偽です。したがって、printf("C\n"); を実行します。

■ まちがい探し

List 4-4 のまちがい探しをしましょう。

List 4-4 まちがい探し (0404.c)

```
1:  #include <stdio.h>
2:  #include <stdlib.h>
3:
```

```
 4:   #define BUFFER_SIZE 256
 5:
 6:   int main(void);
 7:   void get_line(char *buffer, int size);
 8:
 9:   int main(void)
10:   {
11:       char buffer[BUFFER_SIZE];
12:       int n;
13:
14:       printf("降水確率を入力してください。\n");
15:       get_line(buffer, BUFFER_SIZE);
16:       n = atoi(buffer);
17:       printf("降水確率は %d %% です。\n", n);
18:       if (n < 0 || 100 < n) {
19:           printf("降水確率は 0 ～ 100 の間ですよ。\n");
20:       else if (n => 50) {
21:           printf("傘を忘れずにね。\n");
22:       else {
23:           printf("傘はいりません。\n");
24:       }
25:       printf("いってらっしゃい。\n");
26:
27:       return 0;
28:   }
29:
30:   void get_line(char *buffer, int size)
31:   {
32:       if (fgets(buffer, size, stdin) == NULL) {
33:           buffer[0] = '\0';
34:           return;
35:       }
36:
37:       for (int i = 0; i < size; i++) {
38:           if (buffer[i] == '\n') {
39:             buffer[i] = '\0';
40:             return;
41:           }
42:       }
43:   }
```

List 4-4 をコンパイルすると、たとえばこんなエラーメッセージが表示されます (コンパイラによって表示は異なります)。

List 4-4 のコンパイル例

```
0404.c:18:17: error: expected expression
    if (n < 0 | | 100 < n) {
                ^
0404.c:20:5: error: expected expression
    else if (n => 50) {
    ^
0404.c:43:2: error: expected '}'
}
 ^
0404.c:18:28: note: to match this '{'
    if (n < 0 | | 100 < n) {
                           ^
0404.c:43:2: error: expected '}'
}
 ^
0404.c:10:1: note: to match this '{'
{
^
4 errors generated.
```

わあ、こんなにエラーが出てしまった、とあわてる必要はありません。エラーメッセージを見るときにはどうするんでしたっけ。そうそう、**行番号を見るのです**。たくさんの表示が出ましたが、行番号を見てみると、18 行目、20 行目、それに 43 行目でしかエラーは出ていません。そこで、この 3 つの行に的をしぼって見ることにしましょう。

18 行目の「または」の演算子（||）の 2 つの縦棒（|）の間に空白が 1 つ紛れ込んでいます。「または」の演算子は 2 つの縦棒を空白を開けず、続けて書かなくてはなりません。

20 行目の else の直前にブレース閉じ（}）がありません。おっと、22 行目にも同じミスがありますね。

20 行目の「以上」の演算子（>=）の 2 つの記号の順序が逆になっています。

```
        >=    正しい
        =>    誤り
```

18 行目と 20 行目と 22 行目を直した時点で、コンパイルするとあら不思議、エラーは出なくなってしまいました。先ほどの 43 行目のエラーはどこへ行っ

てしまったのでしょうか。

　Cコンパイラはソースプログラムを初めから順番に読んで処理します。もし途中で{ }や( )の対応がおかしくなってくると、大量のエラーを吐き出します。それはちょうど服のボタンの掛け違えのようなものです。1つのボタンをまちがえただけで、それより後のボタンが全部ずれてしまうのです。ですから、もしあなたがプログラムをコンパイルしたときに、たくさんのエラーが出たとしてもあわてないようにしましょう。落ち着いてエラーメッセージの行番号を調べ、その行番号の少し手前からよく調べましょう。調べてもわからない部分があってもわかる限り修正を加え、再度コンパイルしましょう。

> ❖ちょっと一言❖　**エラーメッセージ**
>
> 　エラーメッセージが出てきて困ったときには、まずコンパイラのマニュアルや規格書を調べるようにしましょう。
> 　エラーメッセージをそのままネットで検索すると解決のヒントが見つかることがありますが、ネットで見つかる情報は玉石混交であり、まちがいも非常に多いものです。利用する際には十分な注意が必要です。得られたヒントをもとにして、規格書やマニュアルなどの信頼できる情報で調べ直すのはよい習慣です。

List 4-4 のまちがいを修正したものは List 4-3 になります。

■ もっと詳しく

▍ド・モルガンの法則

　この章ではいろんな条件式を学んできました。
　それでは「変数 x と変数 y の少なくともどちらか片方は 0 に等しくない」という条件はどのような式になりますか。
　「変数 x と変数 y の少なくともどちらか片方は 0 に等しくない」というのは、「変数 x は 0 に等しくない」または「変数 y は 0 に等しくない」ということですから、「または」を使って、

　　　x != 0 || y != 0

という条件式になります。

ところでまったく同じ条件を次のような条件式で表すこともできます。

  !(x == 0 && y == 0)

この条件式は、「変数xの値は0に等しい」かつ「変数yの値は0に等しい」……ということはない、という条件を表しています。

混乱してきましたか。それでは、整理しましょう。x == 0が真か偽か、y == 0が真か偽か、それらのすべてのパターンを表にしてみればいいのです！

x == 0	y == 0	x != 0 || y != 0	!(x == 0 && y == 0)
偽	偽	真	真
偽	真	真	真
真	偽	真	真
真	真	偽	偽

この表を見ると、変数xと変数yがどんな値を取ったとしても、

  x != 0 || y != 0
  !(x == 0 && y == 0)

という2つの条件式の真偽は、絶対に一致すると確信できます。

このような法則を一般にド・モルガンの法則といいます。PとQを条件式として、ド・モルガンの法則を使うと、

- !P || !Qは!(P && Q)と互いに置き換えられる
- !P && !Qは!(P || Q)と互いに置き換えられる

ことがわかります。プログラムで複雑な条件式を書くとき、ド・モルガンの法則を使って単純な条件式に書き換えることができるのです。

ド・モルガンの法則は論理学の法則ですが、プログラミングには数学的な考え方が役立つことがよくあります。拙著『プログラマの数学 第2版』ではそのような話題がたくさん出てきますので、ぜひお読みください（p. xx 参照）。

真偽値

この章では、真偽値をたくさん扱ってきましたね。

ところでコンピュータの中では真偽値をどのように扱っているのでしょうか。コンピュータが真や偽を扱うというと何だか深遠な気持ちになるかもしれませんが、メモリ上の特定の値を真だと決め、特定の値を偽であると決めるだ

けのことですから、単なる約束事にすぎません。

C言語の仕様では、

- 0以外の値を真とする
- 0を偽とする

となっています。

たとえば次のようなif-else文は、YESと表示します。1は0以外の値で、真だからです。

```
if (1) {
    printf("YES\n");
} else {
    printf("NO\n");
}
```

たとえば次のようなif-else文も、YESと表示します。123は0以外の値で、真だからです。

```
if (123) {
    printf("YES\n");
} else {
    printf("NO\n");
}
```

たとえば次のようなif-else文は、NOと表示します。0は偽と定められているからです。

```
if (0) {
    printf("YES\n");
} else {
    printf("NO\n");
}
```

❈ちょっと一言❈　**比較演算子の結果**

　比較演算子の結果は、真の場合には1という値になり、偽の場合には0という値になります。ただし、これを意識する必要はあまりありません。大事なのは「C言語では0以外は真」ということです。

▶この章で学んだこと

この章では、

- if文
- if-else文
- 条件
- 「または（||）」、「かつ（&&）」の演算子

などについて学びました。

次の章では、多くの処理から1つを選択する「switch文」を学びましょう。

◉ポイントのまとめ

- if文では、条件式の真のときだけ実行する処理を書けます。
    ```
    if ( 条件式 ) {
        条件式が真のときの処理
    }
    ```
- if-else文では、条件式の真偽に応じて実行する処理を書けます。
    ```
    if ( 条件式 ) {
        条件式の値が真のときの処理A
    } else {
        条件式の値が偽のときの処理B
    }
    ```
- 数の大きさを比較する >= などの比較演算子があります。
- 条件式が真となるのは、値が0以外のときです。
- 条件式が偽となるのは、値が0のときです。
- 大小の比較では等号の有無を意識しましょう。
- || は「または」を表します。
- && は「かつ」を表します。

● 練習問題

■ 問題 4-1　　　　　　　　　　　　　　　　　　　　（解答は p. 125）

次の文章のうち、正しいものに○、誤っているものに×を付けてください。

① 変数nの値が3のとき、n > 3は偽である。
② 「変数nの値は0以上20未満である」という条件式は0 <= n < 20と書ける。
③ 「変数xの値は3.14に等しい」という条件式はx = 3.14と書く。

■ 問題 4-2　　　　　　　　　　　　　　　　　　　　（解答は p. 125）

あいさつを表示するプログラムを書きましょう。

プログラムを起動すると、最初に「時刻を入力してください。」と改行付きで表示します。

そして、ユーザがキーボードから時刻を入力すると、以下の表に従ったあいさつを改行付きで表示して終了します。

　　　　　　　　午前中　　おはようございます。
　　　　　　　　正午　　　お昼です。
　　　　　　　　午後　　　こんにちは。
　　　　　　　　夜　　　　こんばんは。
　　　　　　　　それ以外　時刻の範囲を越えています。

ただし、入力する現在時刻は0から23までの「時」のみとし、

- 午前中は、0時から11時までの範囲
- 正午は、12時
- 午後は、13時から18時までの範囲
- 夜は、19時から23時までの範囲

とします。

　ヒント：List 4-3 を参考にして作りましょう。

■ 問題 4-3 (解答は p.128)

C言語では「0が偽」で「0以外の値は真」です。

このことを踏まえて、次の2つのif文が同じ動作をするかどうか答えてください。

ただし、変数xはint型の変数で、値がすでに代入されているものとします。

① 　　　　if (x) {
　　　　　　　　処理
　　　　　　}
② 　　　　if (x == 1) {
　　　　　　　　処理
　　　　　　}

● 練習問題の解答

□ 問題 4-1 の解答 (問題は p.124)

① 【○正しい】変数nの値が3ということは、n > 3という条件式は3 > 3を調べていることになります。これは成り立ちませんから偽で正しいです。

② 【×誤り】数学では$0 \leq n < 20$と書けますが、C言語では0 <= n < 20とは書けません。「変数nの値は0以上20未満である」を言い換えると「変数nの値は0以上である」かつ「変数nの値は20未満である」ということですから、正しい条件式は0 <= n && n < 20となります。これは、n >= 0 && n < 20と書いても構いません。

③ 【×誤り】x = 3.14と書くと代入になってしまいます。C言語では「等しい」を表す比較演算子は==ですので、x == 3.14と書きます。

□ 問題 4-2 の解答 (問題は p.124)

解答例は List A4-2 の通りです。

List A4-2　問題 4-2 の解答例（a0402.c）

```c
 1: #include <stdio.h>
 2: #include <stdlib.h>
 3:
 4: #define BUFFER_SIZE 256
 5:
 6: int main(void);
 7: void get_line(char *buffer, int size);
 8:
 9: int main(void)
10: {
11:     char buffer[BUFFER_SIZE];
12:     int hour;
13:
14:     printf("時刻を入力してください。\n");
15:     get_line(buffer, BUFFER_SIZE);
16:     hour = atoi(buffer);
17:     if (hour < 0 || 24 <= hour) {
18:         printf("時刻の範囲を越えています。\n");
19:     } else if (hour <= 11) {
20:         printf("おはようございます。\n");
21:     } else if (hour == 12) {
22:         printf("お昼です。\n");
23:     } else if (hour <= 18) {
24:         printf("こんにちは。\n");
25:     } else {
26:         printf("こんばんは。\n");
27:     }
28:
29:     return 0;
30: }
31:
32: void get_line(char *buffer, int size)
33: {
34:     if (fgets(buffer, size, stdin) == NULL) {
35:         buffer[0] = '\0';
36:         return;
37:     }
38:
39:     for (int i = 0; i < size; i++) {
40:         if (buffer[i] == '\n') {
41:             buffer[i] = '\0';
42:             return;
43:         }
```

```
44:        }
45:  }
```

　条件式の書き方は一通りではありませんから、List A4-2 と一字一句同じである必要はありません。まったく異なる書き方でもまったく同じ動作をするプログラムを書くことができます。大切なところは、**境界値とその前後をチェック**することです。つまりこの問題でいうならば、境界値とその前後、すなわち、-1, 0, 11, 12, 13, 18, 19, 23, 24 という値をチェックすることが大事です。

> ❖ちょっと一言❖　**たった 1 つの違いでも危険**
>
> 🔒 セキュリティを意識しよう
>
> 　条件式で等号の有無を意識したときもそうでしたが、たった 1 個ずれただけでもプログラムの振る舞いは大きく変わり、思わぬセキュリティホールを作る場合があります。プログラムを作るときには「たった 1 つの違いだから大丈夫だろう」という意識ではいけません。

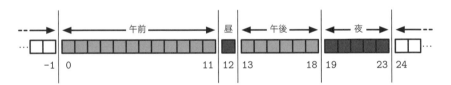

境界値とその前後をチェック

境界値とその前後をチェックした実行例

```
$ ./a0402
時刻を入力してください。
-1
時刻の範囲を越えています。
$ ./a0402
時刻を入力してください。
0
おはようございます。
$ ./a0402
```

```
時刻を入力してください。
11
おはようございます。
$ ./a0402
時刻を入力してください。
12
お昼です。
$ ./a0402
時刻を入力してください。
13
こんにちは。
$ ./a0402
時刻を入力してください。
18
こんにちは。
$ ./a0402
時刻を入力してください。
19
こんばんは。
$ ./a0402
時刻を入力してください。
23
こんばんは。
$ ./a0402
時刻を入力してください。
24
時刻の範囲を越えています。
```

□ 問題 4-3 の解答　　　　　　　　　　　　（問題は p. 125）

次の 2 つの if 文は同じ動作になるとはいえません。

①
```
if (x) {
    処理
}
```

②
```
if (x == 1) {
    処理
}
```

①の処理を実行するのは、変数 x の値が 0 以外のときです。たとえば、変数 x の値が 1 でも 2 でも 100 でも処理を実行します。

それに対して②の処理を実行するのは変数 x の値が 1 のときだけです。たとえば、変数 x の値が 2 や 100 のときには処理は実行されません。

❖ちょっと一言❖　**真偽値同士を比較しない**

この問題からもわかるように、変数 x の値が真であるかどうかを調べるのに、以下のようなプログラムを書くのは危険です。

（危険なプログラム）
```
#define TRUE 1

...

if (x == TRUE) {
    ...
}
```
x の値がたとえば 2 という真の値でも、x == TRUE という条件式は偽になってしまうからです。

C 言語では、真偽値を取るもの同士が等しいかどうかを調べるプログラムは、信頼性が低くなります。

◇ ESCR R2.2.1

❖ちょっと一言❖　**代表的な真偽値**

代表的な真偽値として、標準ヘッダ <stdbool.h> には、true と false というマクロが定義されています。これは真偽値を返す関数の戻り値として利用できます。もちろんこの場合でも、以下のように真偽値を比較するプログラムを書くのは危険です。

（危険なプログラム）
```
#include <stdbool.h>

if (x == true) {
    ...
}
```

第5章
switch文

▶この章で学ぶこと

この章では多くの選択肢から1つを選んで実行するswitch文を学びます。

■ 多方向分岐

日本語の多方向分岐

　飲み物の自動販売機の前であなたは迷っています。コーヒーにしようか、ミルクティにしようか、それとも…。お金を自動販売機に入れて、目の前に並んだボタンのどれかをポンと押せば、目的の飲み物がガシャンと出てきます。あなたは多くの飲み物のうち、1つを選択したのです。
　また、クイズ番組を見ていると、こんな問題がよく出されます。

　　　次のうち正解はどれでしょう。
　　　① コーヒー
　　　② ミルクティ
　　　③ どちらでもない

解答者は示された3つの選択候補から、1つを選択して答えるのです。このような選択をする問題は学校のテストにもよく登場します。

考えてみると、私たちの毎日は選択で満ちています。本屋さんに行こうか図書館に行こうか。本屋さんに行くのに電車で行こうかバスにしようか。本屋さんに並んだたくさんの本の中からどれを選ぼうか。たくさんある章のうちどれを初めに読もうか…。私たちの目の前には多くの選択肢が示され、私たちは絶え間なくそのうちの1つを選択しているといえるでしょう。

if文による多方向分岐

まず、次のプログラムの断片を読んでください。これは何をしているプログラムでしょうか。nはint型の変数として定義されているとします。

```c
if (n == 1) {
    printf("コーヒーです。\n");
} else if (n == 2) {
    printf("ミルクティです。\n");
} else {
    printf("どちらでもありません。\n");
}
```

第4章でif文をしっかり学んだなら、このプログラムの断片はすぐに読めますね。もしも、変数nの値が1ならば、「コーヒーです。」と表示します。もしも、変数nの値が2ならば、「ミルクティです。」と表示します。もしも、変数nの値がそれ以外ならば、「どちらでもありません。」と表示します。

つまり、変数nの値に応じて、3つある処理のうち1つだけを実行することになります。

switch文による多方向分岐

C言語には、多くの選択肢から1つを選んで実行するための専用の構文が用意されています。それが、switch文です。先ほどif文で書いたプログラムの断片をswitch文で書き直しましょう。

```c
switch (n) {
case 1:
    printf("コーヒーです。\n");
    break;
```

```
    case 2:
        printf("ミルクティです。\n");
        break;

    default:
        printf("どちらでもありません。\n");
        break;
}
```

先ほどのif文とよく比較しましょう。変数nはどこに書いてありますか。また、変数nの値が1のとき、2のとき、それ以外のときの処理はどのように書いてありますか。じっくり観察してください。

switch文の構造

switch文の構造を細かく見ていきましょう。

```
switch ( 整数式 ) {
case 定数式1:
    処理1
    break;

case 定数式2:
    処理2
    break;

default:
    処理3
    break;
}
```

まず最初にswitchと書かれています。入れたり切ったりするスイッチというより、チャンネルのように複数のものから1つを選択するスイッチの方がswitch文のイメージに近いでしょう。switchは「複数の処理のうちから1つを選択する」という構文を作るためのキーワードです。switchという語で始まるので、この構文のことを「switch文」といいます。

switchの後には( )でくくられた部分が出てきます。ここには1つの整数式を書きます。先ほどの例ではint型の変数nになっていました。

( )の次にあるのが{ }でくくられた部分です。この範囲に書かれているのは、選択候補たちとそれぞれの処理です。クイズで、

① コーヒー
② ミルクティ
③ どちらでもない

と選択候補を示すのと同じように、switch文でも「これらのうち、どれかを選択」という選択候補を示すのです。

● case **ラベル**

一つ一つの選択候補の前にはcase(ケイス)と書きます。これは「場合」という意味の英単語から作られたキーワードです。caseの後には整数の定数式を書いて、コロン（:）を書きます。セミコロン（;）ではなくコロン（:）であることに注意してください。

このcase 1:やcase 2:のことをcase ラベルといいます。

● default **ラベル**

case 1: ……, case 2: ……と来て、最後の選択候補にはdefault(デフォルト)と書かれています。デフォルトという用語は日本語に訳すのはちょっと難しいですが、直訳すれば「暗黙の場合」となります。要するに「いままで1つ1つ挙げた場合のどれでもなかったら」という意味です。本章の冒頭に挙げたクイズでいえば「③どちらでもない」と同じことです。switch文のdefaultは、if文でいうelseに相当するといってもいいでしょう。defaultの次にもコロン（:）を忘れないようにします。

default:のことをdefault ラベルといいます。

● break **文**

caseラベルや、default ラベルの後には、その選択候補が選ばれた場合の処理を書きます。ここにはC言語の文を書くことができます。たとえば関数printfを呼び出すこともできますし、for文やif文を書くこともできます。そして、処理の最後にはbreak;というbreak(ブレーク)文を書きます。switch文の中にbreak文があると、switch文の実行はそこで中断（ブレーク）して、switch文の次の文にジャンプします。

ややこしいので、図を見ましょう。変数nの値に応じたswitch文の処理の流れは次のようになります。

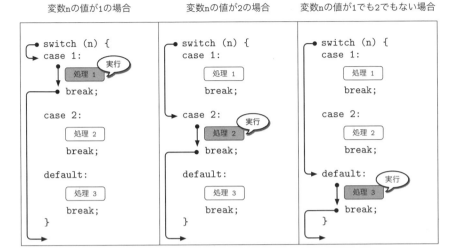

変数nの値による処理の流れを比べる

　switch文を実行すると、まず( )でくくられた整数式を計算して値を求めます。これを整数式の評価といいます。整数式の値、つまり計算の結果に応じて適切なcase ラベルやdefault ラベルへ、以下のようにジャンプします。

- もしも整数式の値が定数式 1 の値に等しければ、
  case 1: というcase ラベルにジャンプして、処理 1 を実行します。
- もしも整数式の値が定数式 2 の値に等しければ、
  case 2: というcase ラベルにジャンプして、処理 2 を実行します。
- もしも整数式の値がどちらにも等しくなければ、
  default ラベルにジャンプして、処理 3 を実行します。

　このように、switch文は**整数式の値に応じて複数の処理から 1 つを選択して実行**します。ですから、1 つのswitch文で、同じ定数式を持ったcase ラベルを 2 個以上書いてはいけません。なぜなら、どちらのcase ラベルにジャンプしたらいいか決まらなくなってしまうからです。

　同じように、1 つのswitch文で、default ラベルを 2 個以上書いてはいけません。

　同じ定数式を持ったcase ラベルがあったり、default ラベルが 2 個以上あったりすると、コンパイルエラーになります。

※ちょっと一言※ 式の評価

第3章でもお話ししましたが、大事なことなのでもう一度。C言語では、2+3のような式を計算して5という値を求めることを**評価**といいます。変数nが1つでも式ですから、変数nを参照してその値を得ることも評価といえます。

switch文の処理の流れ

ここまでプログラムの断片を見てきました。ここで、コンパイルできる形にした完全なプログラムを示します。先ほどのプログラムの断片を関数mainの中に組み込み、変数n の値は人間がキーボードから入力したものになります。

List 5-1　コーヒープログラム（0501.c）

```
 1:  #include <stdio.h>
 2:  #include <stdlib.h>
 3:
 4:  #define BUFFER_SIZE 256
 5:
 6:  int main(void);
 7:  void get_line(char *buffer, int size);
 8:
 9:  int main(void)
10:  {
11:      char buffer[BUFFER_SIZE];
12:      int n;
13:
14:      printf("あなたの好きな飲み物は？\n");
15:      printf("1 コーヒー\n");
16:      printf("2 ミルクティ\n");
17:      printf("3 どちらでもない\n");
18:      get_line(buffer, BUFFER_SIZE);
19:      n = atoi(buffer);
20:      switch (n) {
21:      case 1:
22:          printf("コーヒーです。\n");
23:          break;
24:
25:      case 2:
26:          printf("ミルクティです。\n");
27:          break;
28:
```

```
29:        default:
30:            printf("どちらでもありません。\n");
31:            break;
32:        }
33:
34:        return 0;
35:    }
36:
37:    void get_line(char *buffer, int size)
38:    {
39:        if (fgets(buffer, size, stdin) == NULL) {
40:            buffer[0] = '\0';
41:            return;
42:        }
43:
44:        for (int i = 0; i < size; i++) {
45:            if (buffer[i] == '\n') {
46:                buffer[i] = '\0';
47:                return;
48:            }
49:        }
50:    }
```

14～17行目で、「あなたの好きな飲み物は？」と表示し、食べ物の選択肢を表示します。コーヒーとミルクティだけですが、例題ということで我慢してください。

18行目で関数get_lineを呼び出し、39行目の関数fgetsで、キー入力待ちになります。ここであなたが1や2や3を入力してエンターキーを打ちます。

19行目の関数atoiは、キーから入力された文字列をint型の値に変換します。その戻り値をint型の変数nに代入します。

20～32行目は先ほどまで読んでいたswitch文そのままですね。あなたが入力した数字はいまや変数nに代入されています。

<u>変数nの値が1に等しい場合</u>には、21行目のcase 1:から23行目のbreak;までが実行されます。このとき画面には「コーヒーです。」と表示されます。

<u>変数nの値が2に等しい場合</u>には、25行目のcase 2:から27行目のbreak;までが実行されます。このとき画面には「ミルクティです。」と表示されます。

<u>変数nの値が1にも2にも等しくない場合</u>には、29行目のdefault:から31行目のbreak;までが実行されます。このとき画面には「どちらでもあ

りません。」と表示されます。

　重要な注意： default 以降の文を実行するのは変数nの値が3に等しいときだけではありません。もちろん3に等しいときには実行されますが、それだけでなく、0でも4でも100でも、とにかくcase ラベルに書かれていない値ならなんでも、default ラベル以降の文を実行するのです。

❖ **しっかり覚えよう** ❖　　**switch文の構造**

```
switch ( 整数式 ) {
case 定数式1:
    処理1
    break;

case 定数式2:
    処理2
    break;

default:
    処理3
    break;
}
```

■ バリエーション

▍例：文字による分岐

　List 5-2 は、文字の値を使って分岐するswitch文の例です。
　やっていることは List 5-1 と変わりませんが、好物を選択するときに 1, 2, 3 ではなく、a, b, c を使っています。

List 5-2　文字による分岐（0502.c）

```
 1:   #include <stdio.h>
 2:   #include <stdlib.h>
 3:
 4:   int main(void);
 5:
 6:   int main(void)
 7:   {
 8:       char c;
 9:
10:       printf("あなたの好きな飲み物は？\n");
11:       printf("a  コーヒー\n");
12:       printf("b  ミルクティ\n");
13:       printf("c  どちらでもない\n");
14:       c = getchar();
15:       switch (c) {
16:       case 'a':
17:           printf("コーヒーです。\n");
18:           break;
19:
20:       case 'b':
21:           printf("ミルクティです。\n");
22:           break;
23:
24:       default:
25:           printf("どちらでもありません。\n");
26:           break;
27:       }
28:
29:       return 0;
30:   }
```

16行目と20行目に書かれたcase ラベルを見てください。

 case 'a':

と

 case 'b':

となっていますね。caseの後にchar型の文字定数 'a' と 'b' が書かれています。char型の文字定数ですから、一重引用符（'）でくくられた文字が書かれ

ています。一重引用符（'）はシングル・クォーテーションマーク、シングル・クォート、アポストロフィともいいます。

> ❖ちょっと一言❖　**文字列定数と文字定数**
>
> 　文字列定数は二重引用符（"）でくくりますが、文字定数は一重引用符（'）でくくります。
> 　文字定数は'A'や'3'のように書けば、そのままAや3という文字を表します。バックスラッシュ（\）を使うと、以下のように特別な文字を表すことができます。
> 　'\\'　　　バックスラッシュ
> 　'\''　　　一重引用符
> 　'\n'　　　改行
> 　'\0'　　　ナル文字（文字列の終わりを表す）

例：break文のない例

List 5-3 は入力された大文字と小文字を区別せず、aまたはAのとき「コーヒーです。」、bまたはBのとき「ミルクティです。」、それ以外のとき「どちらでもありません。」を表示するプログラムです。

List 5-3　break文のない例（0503.c）

```
 1: #include <stdio.h>
 2: #include <stdlib.h>
 3:
 4: int main(void);
 5:
 6: int main(void)
 7: {
 8:     char c;
 9:
10:     printf("あなたの好きな飲み物は？\n");
11:     printf("a コーヒー\n");
12:     printf("b ミルクティ\n");
13:     printf("c どちらでもない\n");
14:     c = getchar();
15:     switch (c) {
16:     case 'a': // FALL THROUGH
17:     case 'A':
18:         printf("コーヒーです。\n");
```

```
19:            break;
20:
21:        case 'b': // FALL THROUGH
22:        case 'B':
23:            printf("ミルクティです。\n");
24:            break;
25:
26:        default:
27:            printf("どちらでもありません。\n");
28:            break;
29:        }
30:
31:        return 0;
32:    }
```

List 5-3 では、case 'a': と case 'A': という 2 つの case ラベルが続けて書かれており、途中に break 文がありません。このように複数の case ラベルを続けて書くと、変数 c の値が 'a' でも 'A' でも同じ処理が行われます。

> ※ちょっと一言※　FALL THROUGH を書く
>
> 16 行目と 21 行目には、
>
> 　// FALL THROUGH
>
> というコメントが入っています。fall through というのは、「突き抜けて落ちる」という意味の英語です。このようなコメントを入れておくと、プログラマが break 文を書き忘れたのではなく、意図的に書かなかったということがソースコード上で明確になり、保守性が高まります。
>
> 　　　　　　　　　　　　　　　　　　　　　　　　　　　◇ ESCR M3.1.4

定数

switch 文の中の case の後には「整数の定数式」を書くという表現が出てきました (p. 134)。ここで、定数式について少しお話ししましょう。

定数には次のようなものがあります。123 と書けば、int 型の整数です。L を付けて 123456789L と書けば long 型の整数になります。整数の頭に 0x を付けると、16 進法扱いになります。たとえば 0x10 と書くことは 16 と書くことと同じですし、0xff は 255 と書くのと同じです。0x を付けると 16 進法ですが、0 を付けると 8 進法で書いたものとして扱われます。たとえば、033 と書くと、

0x1bや27と書いたのと同じで、値は27に等しくなります。「付録：0から255までの整数」(p.434) に数の表を示します。

1.23と書けばdouble型の定数になります。それでは'a'は何でしょう。はい、シングルクォート（'）でくくられているので文字定数ですね。"a"のようにダブルクォート（"）でくくれば文字列定数になります。

これらの定数を組み合わせると定数式が作れます。たとえば1 + 2 + 3は定数式でその値は6です。でも、変数xを含んだx + 1 + 2は定数式ではありません。定数式は、コンパイルする時点で値が決まります。式1 + 2 + 3はコンパイルする時点で値が決まりますが、式x + 1 + 2はコンパイルする時点では値は決まりません。この式を評価する時点での変数xの値によって式の値が変化します。

> ❖ちょっと一言❖　const について
>
> C99 では、変数のように名前を持つ定数も定義できます。たとえば、
> ```
> const int x = 123;
> ```
> のようにconstを使って定義すると、xは123というint型の値を持つ定数になります。この場合xに再度代入することはできません。constはconstant（定数）から作られたキーワードです。

case ラベルの順序と default ラベル

ここまでの説明で、caseラベルの順序はいつも1と2や'a'と'b'のように整然と並んでいました。しかし、文法的にはswitch文の中のcaseラベルの順序はどうでも構いません。また、caseラベルに書く定数値は1, 100, 3000のような飛び飛びの値でも構いません。

また、文法的にはdefaultラベルがなくても構いません。しかし、危険防止のため、defaultラベルは必ず書く方がいいでしょう。

たとえば、変数modeの値で処理を分岐させるとします。変数modeの値は「絶対に」1, 2, 3の値のいずれかになるとしましょう。するとswitch文は、次のようになります。

```
switch (mode) {
case 1:
    処理1
    break;
```

```
    case 2:
        処理 2
        break;

    case 3:
        処理 3
        break;
    }
```

このように default ラベルがなくても文法的には正しい switch 文です。けれどもプログラムの他の部分に万一バグ（誤り）があって、変数 mode の値が 4 だったとしましょう。すると、この switch 文では処理 1, 2, 3 のどれも実行されず、しかも変数 mode が 4 という異常な値を取っていることも明らかになりません。人知れずスルッと過ぎてしまいます。それよりも、default ラベルを付けて、

```
switch (mode) {
case 1:
    処理 1
    break;

case 2:
    処理 2
    break;

case 3:
    処理 3
    break;

default:
    printf("エラー：変数 mode の値が異常 (%d)\n", mode);
    break;
}
```

としておいた方が安全です。変数 mode の値が異常なら、画面に警告が表示されるので誤りを早めに検出できるからです。

　プログラムを書くときにはこのような工夫が必要です。文法的に正しいだけ

ではなく、誤りを早めに検出できるプログラムを作るのは大事なことです。

> ❖ちょっと一言❖　NOT REACHED **を書く**
>
> 　switch文を書くときには、default ラベルは必ず書いておきましょう。それは、あとからプログラムを読んだ人が「これはdefault ラベルを書き忘れているのだろうか」と悩む場合があるからです。何も処理を書きたくないという場合には、
>
> 　　default:
> 　　　　// NOT REACHED
> 　　　　break;
>
> のように書いておく方法があります。こうすればプログラムを読んだ人が悩まず、プログラムの信頼性が高まります。not reached（ノット・リーチド）というのは「ここには到達しない」という意味です。
>
> ◇ ESCR R3.5.2

▶この章で学んだこと

この章では、

- switch文
- case ラベルと default ラベル
- break文

について学びました。
　if文とswitch文は複数の処理から 1 つを選ぶ構文でした。次の章では、1つの処理を何度も繰り返して実行する構文「for文」を学びましょう。

◉ポイントのまとめ

- switch文は整数式の値に応じた多方向分岐を行います。
- case ラベルと default ラベルを使って処理を書きます。
- break文の書き忘れに注意しましょう。

● 練習問題

■ 問題 5-1　　　　　　　　　　　　　　　　　　（解答は p.148）

標準入力（キーボード）から0, 1, ..., 6の数字を入力すると、その数字に応じて「日曜日」「月曜日」…「土曜日」と表示して終了するプログラムを作ってください。0, 1, ..., 6以外の入力があった場合には「0～6の範囲で入力してください。」と表示するものとします。
期待する実行例は次の通りです。

期待する実行例

```
---- 1回目の実行
曜日を 0 ～ 6 の範囲で入力してください。
 3    .......................................................  3と入力した
水曜日   ..............................   3に対応する「水曜日」が表示される

---- 2回目の実行
曜日を 0 ～ 6 の範囲で入力してください。
 7    .......................................................  7と入力した
0 ～ 6 の範囲で入力してください。   ............................  7は範囲外
```

■ 問題 5-2　　　　　　　　　　　　　　　　　　（解答は p.152）

List E5-2 をコンパイルして実行すると、何を表示しますか。

List E5-2　　何を表示しますか (e0502.c)

```c
1:  #include <stdio.h>
2:
3:  int main(void);
4:
5:  int main(void)
6:  {
7:      int n = 1;
8:
9:      switch (2 * n + 1) {
```

```
 10:        case 0:
 11:            printf("ゼロ\n");
 12:            break;
 13:
 14:        case 1:
 15:            printf("イチ\n");
 16:            break;
 17:
 18:        case 2:
 19:            printf("ニイ\n");
 20:            break;
 21:
 22:        case 3:
 23:            printf("サン\n");
 24:            break;
 25:
 26:        default:
 27:            printf("それ以外\n");
 28:            break;
 29:        }
 30:
 31:        return 0;
 32:    }
```

■ 問題 5-3 (解答は p. 153)

List E5-3 をコンパイルして実行すると、何を表示しますか。

List E5-3 何を表示しますか (e0503.c)

```
  1:    #include <stdio.h>
  2:
  3:    int main(void);
  4:
  5:    int main(void)
  6:    {
  7:        int n = -1;
  8:
  9:        switch (n * n + 1) {
 10:        case 1:
 11:            if (n > 0) {
```

```
12:            printf("A\n");
13:        } else {
14:            printf("B\n");
15:        }
16:        break;
17:
18:    case 2:
19:        if (n > 0) {
20:            printf("C\n");
21:        } else {
22:            printf("D\n");
23:        }
24:        break;
25:
26:    default:
27:        printf("E\n");
28:        break;
29:    }
30:
31:    return 0;
32: }
```

■ 問題 5-4 (解答は p. 153)

List E5-4 は、aやAが入力されたときには「コーヒーです。」と表示し、bやBが入力されたときには「ミルクティです。」と表示し、どちらでもないときには「どちらでもありません。」と表示するプログラムのつもりです。

でも、List E5-4 にはまちがいが4つあります。見つけましょう。

List E5-4 まちがい探し (e0504.c)

```
1: #include <stdio.h>
2: #include <stdlib.h>
3:
4: int main(void);
5:
6: int main(void)
7: {
8:     char c;
9:
```

```
10:        printf("あなたの好きな飲み物は？\n");
11:        printf("a  コーヒー\n");
12:        printf("b  ミルクティ\n");
13:        printf("c  どちらでもない\n");
14:        c = getchar();
15:        switch (c) {
16:        case 'a';
17:        case 'A':
18:            printf("コーヒーです。\n");
19:
20:        case 'a':
21:        case 'B':
22:            printf("ミルクティです。\n");
23:            break;
24:
25:        defoult:
26:            printf("どちらでもありません。\n");
27:            break;
28:        }
29:
30:        return 0;
31:    }
```

● 練習問題の解答

□ 問題 5-1 の解答　　　　　　　　　　　　　　　　（問題は p. 145）

3 種類の解答を示します。

- List A5-1a は switch 文を使ったもの、
- List A5-1b は if 文を使ったもの、
- List A5-1c は第 9 章で学ぶ「配列」と第 11 章で学ぶ「ポインタ」を使ったものです。

List A5-1a　問題 5-1 の解答（switch 文）　(a0501a.c)

```
1:  #include <stdio.h>
2:  #include <stdlib.h>
```

```
 3:
 4: #define BUFFER_SIZE 256
 5:
 6: int main(void);
 7: void get_line(char *buffer, int size);
 8:
 9: int main(void)
10: {
11:     char buffer[BUFFER_SIZE];
12:
13:     printf("曜日を 0 ～ 6 の範囲で入力してください。\n");
14:     get_line(buffer, BUFFER_SIZE);
15:     switch (atoi(buffer)) {
16:     case 0:
17:         printf("日曜日\n");
18:         break;
19:
20:     case 1:
21:         printf("月曜日\n");
22:         break;
23:
24:     case 2:
25:         printf("火曜日\n");
26:         break;
27:
28:     case 3:
29:         printf("水曜日\n");
30:         break;
31:
32:     case 4:
33:         printf("木曜日\n");
34:         break;
35:
36:     case 5:
37:         printf("金曜日\n");
38:         break;
39:
40:     case 6:
41:         printf("土曜日\n");
42:         break;
43:
44:     default:
45:         printf("0 ～ 6 の範囲で入力してください。\n");
46:         break;
47:     }
```

```
48:     return 0;
49: }
50:
51: void get_line(char *buffer, int size)
52: {
53:     if (fgets(buffer, size, stdin) == NULL) {
54:         buffer[0] = '\0';
55:         return;
56:     }
57:
58:     for (int i = 0; i < size; i++) {
59:         if (buffer[i] == '\n') {
60:             buffer[i] = '\0';
61:             return;
62:         }
63:     }
64: }
```

List A5-1b　問題 5-1 の解答（if文）（a0501b.c）

```
 1: #include <stdio.h>
 2: #include <stdlib.h>
 3:
 4: #define BUFFER_SIZE 256
 5:
 6: int main(void);
 7: void get_line(char *buffer, int size);
 8:
 9: int main(void)
10: {
11:     char buffer[BUFFER_SIZE];
12:     int n;
13:
14:     printf("曜日を 0 ～ 6 の範囲で入力してください。\n");
15:     get_line(buffer, BUFFER_SIZE);
16:     n = atoi(buffer);
17:     if (n == 0) {
18:         printf("日曜日\n");
19:     } else if (n == 1) {
20:         printf("月曜日\n");
21:     } else if (n == 2) {
```

```
22:         printf("火曜日\n");
23:     } else if (n == 3) {
24:         printf("水曜日\n");
25:     } else if (n == 4) {
26:         printf("木曜日\n");
27:     } else if (n == 5) {
28:         printf("金曜日\n");
29:     } else if (n == 6) {
30:         printf("土曜日\n");
31:     } else {
32:         printf("0 〜 6 の範囲で入力してください。\n");
33:     }
34:     return 0;
35: }
36:
37: void get_line(char *buffer, int size)
38: {
39:     if (fgets(buffer, size, stdin) == NULL) {
40:         buffer[0] = '\0';
41:         return;
42:     }
43:
44:     for (int i = 0; i < size; i++) {
45:         if (buffer[i] == '\n') {
46:             buffer[i] = '\0';
47:             return;
48:         }
49:     }
50: }
```

List A5-1c　問題 5-1 の解答（配列とポインタ）(a0501c.c)

```
1: #include <stdio.h>
2: #include <stdlib.h>
3:
4: #define BUFFER_SIZE 256
5:
6: // 番号と曜日の対応表
7: char *week[] = {
8:     "日曜日", "月曜日", "火曜日", "水曜日", "木曜日", "金曜日", "土曜日"
9: };
```

```
10:
11:    int main(void);
12:    void get_line(char *buffer, int size);
13:
14:    int main(void)
15:    {
16:        char buffer[BUFFER_SIZE];
17:        int n;
18:
19:        printf("曜日を 0 ～ 6 の範囲で入力してください。\n");
20:        get_line(buffer, BUFFER_SIZE);
21:        n = atoi(buffer);
22:        if (0 <= n && n <= 6) {
23:            printf("%s\n", week[n]);
24:        } else {
25:            printf("0 ～ 6 の範囲で入力してください。\n");
26:        }
27:        return 0;
28:    }
29:
30:    void get_line(char *buffer, int size)
31:    {
32:        if (fgets(buffer, size, stdin) == NULL) {
33:            buffer[0] = '\0';
34:            return;
35:        }
36:
37:        for (int i = 0; i < size; i++) {
38:            if (buffer[i] == '\n') {
39:                buffer[i] = '\0';
40:                return;
41:            }
42:        }
43:    }
```

☐ 問題 5-2 の解答 (問題は p. 145)

「サン」と表示して改行します。

このswitch文では2 * n + 1という整数式の値に応じてジャンプします。変数nの値は1に等しいので、式 2 * n + 1 の値は3に等しくなります。case

ラベルを調べると、case 3: がありますので、そこにジャンプし、関数 printf が「サン」という文字列を表示して改行します。

□ 問題 5-3 の解答　　　　　　　　　　　　　　（問題は p. 146）

「D」と表示して改行します。
　この switch 文では n * n + 1 という整数式の値に応じてジャンプします。変数 n の値は -1 に等しいので、式 n * n + 1 の値は (-1) * (-1) + 1 を評価した 2 に等しくなります。case ラベルを調べると、case 2: がありますので、そこにジャンプします。
　ジャンプした先にあるのは、if 文です。
　if 文の条件は n > 0 です。先ほど n * n + 1 という式を評価しましたが、変数 n の値は変わりません。変数 n の値は -1 に等しいままですから、条件 n > 0 は成り立ちません。したがって else の方へ行き、D と表示されます。

□ 問題 5-4 の解答　　　　　　　　　　　　　　（問題は p. 147）

List E5-4 のまちがいは次の通りです。

① 16 行目。case 'a' の後に来るべきコロン（:）がセミコロン（;）になっています。
② 19 行目。break 文が抜けています。break が抜けていると、処理はそこで中断しませんから、もし a や A を入力した場合、画面には
　　　コーヒーです。
　　　ミルクティです。
と 2 行表示してしまいます。
③ 20 行目。case 'b' と書くべきところに case 'a' と書かれています。1 つの switch 文の中に同じ定数値を持つ case ラベルがあってはいけません。
④ 25 行目。default のつづりがまちがっています。

　C のコンパイラは①と③のまちがいは見つけてくれますが、②と④のまちがいは見つけてくれませんので十分注意しましょう。特に②の break 文忘れは要注意です。④についてはコンパイラが警告を出す場合もあります。
　修正したものを List A5-4 に示します。

List A5-4　まちがいを直した (a0504.c)

```c
 1:  #include <stdio.h>
 2:  #include <stdlib.h>
 3:
 4:  int main(void);
 5:
 6:  int main(void)
 7:  {
 8:      char c;
 9:
10:      printf("あなたの好きな飲み物は？\n");
11:      printf("a コーヒー\n");
12:      printf("b ミルクティ\n");
13:      printf("c どちらでもない\n");
14:      c = getchar();
15:      switch (c) {
16:      case 'a':
17:      case 'A':
18:          printf("コーヒーです。\n");
19:          break;
20:      case 'b':
21:      case 'B':
22:          printf("ミルクティです。\n");
23:          break;
24:
25:      default:
26:          printf("どちらでもありません。\n");
27:          break;
28:      }
29:
30:      return 0;
31:  }
```

19行目と20行目の間に空行を入れても構いません。

第6章
for文

▶この章で学ぶこと

この章では、for文を使った繰り返し処理について学びます。

■ 繰り返し

日常生活の中の繰り返し

　私たちは毎日似たような生活を送っています。朝に目をさまし、朝食を食べ、学校や会社に出かけ、帰ってきてから夕食を食べ、眠りにつく。これで1日が終わる。夜が来てまた朝が来る。目をさまし、朝食を食べ、学校や会社に出かけ…。

　考えてみると、私たちの毎日にはそれほど大きな違いはありません。毎日似たような行動の繰り返しなのです。けれども、もちろん毎日まったく同じことをしているわけでもありません。雨が降る日には傘を持っていくでしょうし、お腹の調子が悪くて寝込んでしまうこともあるでしょう。毎日は似た行動の繰り返しですけれど、その日その日によって違うこともやっているのです。

世の中を見回すと、繰り返しはあちこちに見られます。四季が巡ってくるのも、駅まで歩く足取りも、心臓の鼓動も、太陽の動き・星の歩みも、すべて繰り返しではありませんか。

■ 順番に0，1，2を表示する

| printfの繰り返し

さて、そろそろC言語に入っていきましょう。まず、List 6-1を読んでください。これは何をしているプログラムでしょうか。

List 6-1　順番に0，1，2を表示する（0601.c）

```
 1:  #include <stdio.h>
 2:
 3:  int main(void);
 4:
 5:  int main(void)
 6:  {
 7:      printf("%d\n", 0);
 8:      printf("%d\n", 1);
 9:      printf("%d\n", 2);
10:      printf("end\n");
11:      return 0;
12:  }
```

関数printfはこれまで何度も使ってきましたから、もうおなじみですね。関数printfは引数で与えられた文字列を表示するもので、その中に%dが書かれていたら、その部分を対応する引数の整数値で置き換えてくれます。

　　printf("%d\n", 0);

という文の第1引数は"%d\n"です。書式文字列 %dは0という整数値を表示するために使われ、最後の\nは改行を表しています。

ですから、List 6-1をコンパイルして実行すると、順番に0, 1, 2を改行付きで表示し、最後にendを改行付きで表示することになります。

List 6-1 の実行結果

```
0
1
2
end
```

for 文による繰り返し

いま読んだ List 6-1 は C 言語として正しいプログラムです。でも、もしも 0, 1, 2 という 3 つの数ではなく、0, 1, 2, ..., 999 という 1000 個の数を表示させるとしたら困ってしまいます。1000 個も printf を書くなんてたいへんですからね。

似たような処理を繰り返すときのために、C 言語には for 文という構文があります。

List 6-2 は、先ほどの List 6-1 とまったく同じ表示を行うプログラムを for 文を使って書いたものです。

List 6-2 for 文を使って、順番に 0, 1, 2 を表示する (0602.c)

```c
 1:  #include <stdio.h>
 2:
 3:  int main(void);
 4:
 5:  int main(void)
 6:  {
 7:      int i;
 8:
 9:      for (i = 0; i < 3; i++) {
10:          printf("%d\n", i);
11:      }
12:      printf("end\n");
13:      return 0;
14:  }
```

List 6-1 では、数を表示するための関数 printf は 3 個登場しました。しかし List 6-2 では、数を表示するための関数 printf はたった 1 個、10 行目にしか

登場していません。その代わりそのprintfの前にfor (i = 0; i < 3; i++) {という部分があります。これが繰り返しを作り出しているところです。

> ❖しっかり覚えよう❖　for文で0，1，2を表示する
> ```
> for (i = 0; i < 3; i++) {
>     printf("%d\n", i);
> }
> ```

for文の構造

List 6-2のプログラムを細かく見てみましょう。List 6-2のプログラムのfor以下のところは次のような構造になっています。

```
for ( 初期化; 条件式; 次の一歩 ) {
    繰り返す処理
}
```

まず最初にforと書かれています。これは英語で「…の間」という意味の単語ですが、C言語では「条件式が真の間繰り返す」という構文を作るキーワードになっています。forという語で始まるのでこの構文は「for文」といいます。

forの後には( )でくくられた部分が出てきます。ここには、初期化、条件式、次の一歩という3つの部分が2つのセミコロン（;）で区切られて書かれています。List 6-2を見ながら、順に説明しましょう。

初期化（i = 0）は、繰り返しを始める前にたった一度だけ評価する部分です。ここでは、繰り返しを始める準備を行います。List 6-2の初期化ではi = 0という代入式で、変数iに0を代入しています。この部分は、繰り返しを始める前に一度だけ評価します。

条件式（i < 3）は、繰り返しを続けるかどうか判断するための条件式を書く部分です。ここに書いた条件式が真の間は繰り返しが続きます。言い換えれば、ここに書いた条件式を評価したときに偽だったら、繰り返しは終わります。List 6-2ではi < 3という条件式が書いてありますから、変数iの値が3未満（2以下）の間繰り返すことになります。変数iの値が3以上になったら繰

り返しは終わります。

　次の一歩（i++）は、繰り返す処理が1回分終わった後にいつも実行されます。ここには繰り返しを次に進めるための処理を書きます。List 6-2 では i++ です。これは「変数 i の値を1増やす」という処理です。変数 i の値が0だったら1になりますし、i の値が1だったら2になるのです。

　さて、for（初期化；条件式；次の一歩）という部分の次に{ }でくくられた部分があります。ここは繰り返す処理を書くところです。このカッコの使い方は、if 文と似ていますね。if 文は

```
if ( 条件式 ) {
    条件式の値が真のときの処理
}
```

という形で、for 文は

```
for ( 初期化; 条件式; 次の一歩 ) {
    繰り返す処理
}
```

という形です。if 文は条件式が真のとき{ }でくくられた部分を実行します。for 文は条件式が真の間{ }でくくられた部分を繰り返して実行します。

　セミコロンはここでは区切りとして使いますので、初期化の終わりと条件式の終わりには付けますが、「次の一歩」の後には付けません。

❖ しっかり覚えよう ❖　　for 文の構造

```
for ( 初期化; 条件式; 次の一歩 ) {
    繰り返す処理
}
```

---

for 文の動作を調べよう

　さて、for 文の構造を説明しましたが、初めはきっと頭がごちゃごちゃすることと思います。私が C 言語を初めて学んだときはそうでした。私が for 文の構造を理解したのは、自分で紙に for 文の動作を1つ1つ書いたときでし

た。そこで以下では List 6-2 の 7 〜 12 行目にある for 文の動作を 1 つ 1 つ書き上げて追っていきましょう。

```
 7  int i;
 8
 9  for (i = 0; i < 3; i++) {
10      printf("%d\n", i);
11  }
12  printf("end\n");
```

7 行目。

```
int i;
```

これは int 型の変数 i を定義している部分です。これ以降、List 6-2 の中では 4 箇所に i が登場しますが、それはすべてここで定義した変数 i と同じ変数です。

8 行目は空行です。

9 行目。いよいよ for 文が始まります。

```
for (i = 0; i < 3; i++) {
```

まず変数 i に 0 を代入します（i = 0）。これは for 文の「初期化」の部分です。

【変数 i の値が 0 の時代】

次に変数 i の値が 3 より小さいかどうかを調べます（i < 3）。これが「条件式」のチェックです。先ほど i に 0 を代入したばかりですから、変数 i の値は 0 で、当然ながら 3 より小さいですね。ですからこの条件式の値は真になります。そこで以降の「繰り返す処理」を実行しにいきます。

10 行目。ここが { } でくくられた「繰り返す処理」です。

```
printf("%d\n", i);
```

関数 printf の第 1 引数は "%d\n" です。%d は int 型の値を表示する印でしたから、対応する変数 i の値を参照しましょう。現在、変数 i の値は何になっていますか。ええと、i という名前の箱にはさっき入れた 0 がまだ入っていますね。値は 0 です。したがって 10 行目を実行すると、関数 printf は 0 を表示して改行します。

さて、これで繰り返す処理は実行し終えました。今度は「次の一歩」の評価です。ここで制御は9行目に戻ります。「次の一歩」すなわち

    i++

を評価します。この++は変数の値を1増やす演算子ですから、変数iの値は0から1に変わります。

【変数iの値が1の時代】
　もう一度「条件式」を調べにいきます。変数iの値はいまや1になっています。条件式 i < 3 が真になるかどうかを調べるため、iの値1を3と比較しましょう。1は3より小さいですから、条件式 i < 3 は真です。もう一度10行目の「繰り返す処理」を実行しましょう。
　先ほどと同じく、

    printf("%d\n", i);

を実行するわけですが、今度は先ほどと違い、変数iの値は1になっています。したがって関数printfは1を改行付きで表示することになります。
　さて、これで繰り返す処理は実行し終えました。今度はまた「次の一歩」の実行です。ここで制御はまたまた9行目に戻り、「次の一歩」すなわち、

    i++

を評価します。これで変数iの値は2になります。

【変数iの値が2の時代】
　またまた「条件式」を調べにいきます。条件式 i < 3 が真になるかどうかを調べるため、iの値2を3と比較しましょう。2は3より小さいので i < 3 は真です。10行目を実行しましょう。関数printfは2を改行付きで表示します。「次の一歩」で変数iの値は3になります。

【変数iの値が3の時代】
　変数iの値は3です。「条件式」を調べにいくと、iの値が3なので、条件式 i < 3 はようやく偽になりました。**条件式を評価したときに偽ならば、for文の繰り返しは終了します。**これでやっと9〜11行目のfor文が終了し、12行目に制御が移ります。

12行目。これは関数printfの呼び出しです。

```
printf("end\n");
```

これで関数printfはendと改行を表示します。そして最後にreturn文を実行し、関数mainが終わり、プログラムが終了します。

結局、このプログラムは0, 1, 2までの整数を改行付きで表示し、最後にendを改行付きで表示したことになります。

ふう。お疲れさま。for文の動作の流れはわかりましたか。ここは重要な点なので、根気よく追ってください。まだよくわからない場合には、以下の図を見てください。

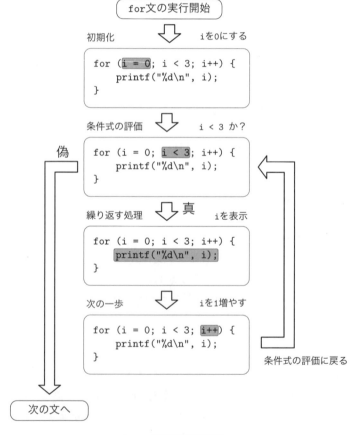

for文の動作の流れ

```
 7  int i;                        ①
 8
 9  for (i = 0; i < 3; i++) {      ②   ④   ⑥   ⑧
10      printf("%d\n", i);         ③   ⑤   ⑦
11  }
12  printf("end\n");                            ⑨
```

まちがいやすいところ

for文でまちがいやすいところをピックアップします。

「条件式」は「繰り返す処理」の前に評価する

for文の条件式は繰り返す処理の「前」に評価します。List 6-2でいえば、i < 3の比較はprintf("%d\n", i);の実行「前」に行うことになります。したがって、この関数printfを実行するときは、条件式 i < 3は必ず真になっています。

「次の一歩」は「繰り返す処理」の後に評価する

for文の「次の一歩」は繰り返す処理の「後」に評価します。List 6-2でいえば、i++の評価はprintf("%d\n", i);を実行した「後」に行われます。したがって、関数printfが表示するのは0からであって、1からではないことがわかります。

Q クイズ

List 6-2のfor文の動きを理解したかどうか、クイズに挑戦しましょう。

★クイズ1

List 6-2で、printf("%d\n", i);という文は何回実行しましたか。

★クイズ2

List 6-2で、「条件式」 i < 3は何回評価しましたか。

★クイズ3

List 6-2 で、「次の一歩」 i++ は何回評価しましたか。

★クイズ4

List 6-2 で、printf("end\n"); という文が実行されたときの変数 i の値は何でしょうか。

A クイズの答え

☆クイズ1の答え

printf("%d\n", i); という文は3回実行しました。
0, 1, 2という3個の数を表示しているのですから、3回実行しています。

☆クイズ2の答え

「条件式」 i < 3 は4回評価しました。
いいですか、3回ではないですよ。i < 3 の評価は4回です。数えてみましょう。

- 変数iの値が0に等しいとき……1回目
- 変数iの値が1に等しいとき……2回目
- 変数iの値が2に等しいとき……3回目
- 変数iの値が3に等しいとき……4回目

確かに4回ですね。変数iの値が0, 1, 2のとき（初めの3回）は、条件式は真です。そしてiの値が3のとき（4回目）、条件式が偽になってfor文の実行が終わるのです。

☆クイズ3の答え

「次の一歩」 i++ は3回評価しました。
さあ、混乱してませんか。大丈夫ですか。数えてみましょう。

- 変数iの値が0→1に増加…1回目

- 変数iの値が1→2に増加…2回目
- 変数iの値が2→3に増加…3回目

確かに3回ですね。変数iの値が3になり、条件式 i < 3 が偽になると、「次の一歩」であるi++はもう評価しません。

☆クイズ4の答え

変数iの値は3になっています。

最後のi++;で変数iは2から3に代わり、条件式 i < 3 は偽になり、for文が終わります。その後変数iには何も代入していないし、++もしていませんから、変数iの値は3のままです。

ところでC99では、for文の初期化の部分にintという型名を書き、変数定義ができます。

```
for (int i = 0; i < 3; i++) {
    printf("%d\n", i);
}
```

初期化の部分にint i = 0と書かれていますね。このように書くと「このfor文はループカウンタとしてiを使っている」ことが明確になって読みやすくなります。ただし、このようにすると、変数iはfor文の外で使うことはできなくなります。

> ※ちょっと一言※　**ループカウンタに浮動小数点型の変数は使わない**
>
> ループカウンタというのは繰り返しの回数を数えている変数のことです。ループカウンタはint型などの整数型を使いましょう。
> double型などの浮動小数点型をループカウンタに使うと、誤差が累積して意図しない結果になることがあるからです。たとえば、次のプログラムは100000回ではなく100001回の繰り返しになってしまいます。
> ```
> for (double i = 0.0; i < 1.0; i += 0.00001) {
>     ここに書いた処理は100001回繰り返してしまう
> }
> ```
> 浮動小数点型をループカウンタに使うと、信頼性が低下します。
>
> ◇ ESCR R2.1.2

for文はらせん階段のようなもの

私はfor文を考えるとき「ああ、これはらせん階段みたいだなあ」と思います。らせん階段って知っていますよね。高い塔のまわりを朝顔のつるのように巻き付いている階段です。

らせん階段に足をかけ、階段を昇って塔をぐるりと一巡りすると、さっきと同じ位置に来たように見えるけれど、実は1段階上がっているのです。ぐる、ぐる、ぐる、と回っていくたびに、上へ、上へ、上へと進んでいきます。気がつくと塔のてっぺんまで昇っている…これがらせん階段です。

for文も同じですね。初期化はらせん階段に足をかけ始めたようなものです。塔のてっぺんにたどりついたかどうかを調べているのが条件式チェックの部分。繰り返す処理を終えて、次の一歩をすませると、また条件式チェックにやってきます。ぐるりと一巡りしてさっきと同じ位置に来たように見えるけれど、実は変数iの値は1増えているのです。ぐる、ぐる、ぐる、と回っていくたびに、i++, i++, i++と増えていきます。気がつくとiは3になっていて、繰り返しは終わる…これがfor文なのです。

for文では繰り返しの処理をぐるぐる回っているといってもいいでしょう。実際、for文のことをforループと呼ぶ人もいます。ループ（loop）とはぐるぐる回ることです。

らせん階段を昇る気持ちが伝わりましたか。

らせん階段のようなfor文

■ バリエーション

例：繰り返す処理を増やす

まずは、List 6-3 を読んでください。

List 6-3　二乗と三乗の計算 (0603.c)

```c
1:  #include <stdio.h>
2:
3:  int main(void);
4:
5:  int main(void)
6:  {
7:      for (int i = 0; i < 10; i++) {
8:          printf("%d の二乗は %d で、", i, i * i);
9:          printf("三乗は %d です。\n", i * i * i);
10:     }
11:     return 0;
12: }
```

List 6-3 では、繰り返す処理の内容 8 〜 9 行目で関数 printf を 2 回実行しています。if 文のときと同様に、{ } でくくられている部分にはいくらでもたくさんの処理を書くことができます。——正確にいえば、いくらでもたくさんの文を書くことができます。List 6-3 の実行結果は以下のようになります。

List 6-3 の実行結果

```
0 の二乗は 0 で、三乗は 0 です。
1 の二乗は 1 で、三乗は 1 です。
2 の二乗は 4 で、三乗は 8 です。
3 の二乗は 9 で、三乗は 27 です。
4 の二乗は 16 で、三乗は 64 です。
5 の二乗は 25 で、三乗は 125 です。
6 の二乗は 36 で、三乗は 216 です。
7 の二乗は 49 で、三乗は 343 です。
8 の二乗は 64 で、三乗は 512 です。
9 の二乗は 81 で、三乗は 729 です。
```

このfor文はiが0,1,2,...,9の範囲で繰り返し、そのそれぞれの繰り返し処理の中で関数printfは2回ずつ呼ばれています。しかし、List 6-3の実行結果では表示は20行ではなく10行になっています。理由はわかりますね。2つあるprintfのうち、初めのprintfの第1引数、

"%d の二乗は %d で、"

という部分の最後に改行を表す\nが入っていないからです。プログラムの上では2つのprintfに分かれていますが、表示の上では二乗の表示と三乗の表示は1行になるのです。

例：二重のfor文

{ }でくくられている部分にはいくらでもたくさんの文を書けます。ですから、for文の{ }の中にもう1つ別のfor文を入れることもできます。List 6-4がその例です。

List 6-4 グラフの表示 (0604.c)

```
 1:   #include <stdio.h>
 2:
 3:   int main(void);
 4:
 5:   int main(void)
 6:   {
 7:       for (int i = 0; i < 10; i++) {
 8:           printf("%d ", i);
 9:           for (int j = 0; j < i; j++) {
10:               printf("*");
11:           }
12:           printf("\n");
13:       }
14:       return 0;
15:   }
```

これは非常に簡単な棒グラフを書くプログラムで、以下の実行結果でわかるように、0, 1, 2, ..., 9までのそれぞれの個数の*を横に並べて表示します。

List 6-4 の実行結果

```
0
1 *
2 **
3 ***
4 ****
5 *****
6 ******
7 *******
8 ********
9 *********
```

さあ、List 6-4 を解読しましょう。ごちゃごちゃしているように見えますが、落ち着いて読めばちゃんと理解できるはずですので、めげずに頑張りましょう。List 6-4 の構造は次のようになっています。

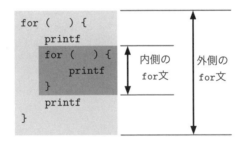

List 6-4 の構造

まず外側の for 文があります。その中の繰り返す処理は 3 つあって、その 3 つとは printf, for, printf です。内側の for 文の中の繰り返す処理（文）は 1 つあって、それは printf です。…これが List 6-4 の大雑把な構造です。いいですか。for 文はその中の繰り返す処理にどんなものが含まれているかなんて気にしません。printf だろうが、for だろうが、ただ機械的に繰り返すだけです。

ここで処理の区分けがはっきりするように、**字下げ**が行われていることにはもう気づいていますね。List 6-4 の 7 行目よりは 8 行目、9 行目、11 行目、

12行目は少し右に寄っていて、10行目はさらに右に寄っています。これが字下げです。字下げによって、for文の繰り返す処理がどこであるかわかりやすくなっています。

字下げはCコンパイラのためではなく、プログラムを読む人間のためのものです。字下げをしてもしなくてもプログラムの動作にはまったく影響を与えません。字下げはインデント（indent）またはインデンテーションともいいます。字下げには、スペース（空白）キーかタブキーを使います。

❈ちょっと一言❈　**オートインデント**

プログラマ向けのエディタにはオートインデント（自動インデント）と呼ばれる機能があります。この機能をオンにすると、自動的に適切なインデントが付くようになります。

❈ちょっと一言❈　**コーディングスタイルの統一**

字下げをどのようにするか、ブレースをどこに書くかなどを一般にコーディングスタイルといいます。コーディングスタイルを統一すると、読みやすさが向上し、保守性が高くなります。コーディングスタイルを「どのようにするか」がしばしばプログラマの間で論争になりますが、最も重要なポイントは「統一する」ところにあります。プロジェクトでコーディングスタイルを決定し、統一することは非常に大切です。またそのためにソースプログラムのスタイルを合わせるツールをチームで定めることも有用です。

◇ ESCR M4.1.1

さてList 6-4を詳細に見てみましょう。大きな（外側の）for文は変数iが0, 1, 2, ..., 9まで10回繰り返します。それでは小さな（内側の）for文はどうでしょう。

```
    for (int j = 0; j < i; j++) {
```

for文の見方はいつも一緒です。初期化、条件式、次の一歩、これがそれぞれ何であるかを確認しましょう。

初期化はj = 0です。jって何でしょう。変数を見たら、変数の定義を見て型を確かめることが大切です。jはint型の変数です。外側のfor文が変数iを使ってループしたのに対して、内側のfor文は別の変数jを使ってループするのです。

条件式はj < iです。これは「変数jの値が変数iの値より小さい」という条件式ですね。「以下」ではなく「より小さい」ですよ。

次の一歩はj++です。これは簡単ですね。変数jの値を1増やすのです。

さあ、以上のことから何がわかったでしょうか。外側のfor文と比較して考えてみましょう。外側のfor文は、

```
for (int i = 0; i < 10; i++) {
```

で、iが0, 1, 2, ..., 9と変化する繰り返しを作っていました。内側のfor文は

```
for (int j = 0; j < i; j++) {
```

ですから、jが0, 1, ..., i-1と変化する繰り返しを作るのです。

変数jが0からi-1まで変化するということは、**内側のfor文の繰り返し回数は、そのときの変数iの値で決まる**ということになります。外側のfor文の繰り返し回数は10回（0から9まで）と固定していました。これに対して、内側のfor文の繰り返し回数は固定していないのです。

ここでちょっと視点を変えて、List 6-4の実行結果をもう一度見ましょう。

List 6-4 の実行結果

```
0
1 *
2 **
3 ***
4 ****
5 *****
6 ******
7 *******
8 ********
9 *********
```

外側のfor文の繰り返しでiの値が0から10まで変化することは、表示する行の繰り返しに反映されています。つまり、外側のらせん階段を回るたびに、1行表示されています。

それに対して、内側のfor文の繰り返しでjの値が0からi-1まで変化することは、表示する*の繰り返しに反映されています。つまり、内側のらせん階段を回るたびに、*が1個表示されているのです。

二重のfor文が登場するとき、必ず二重の繰り返し構造が登場します。List 6-4でいうなら、*を繰り返し表示して1行が作られ、その行を繰り返し表示する、という二重の繰り返しのことです。

例：コマンドライン引数の表示

List 6-5は、コマンドラインの引数を表示するプログラムです。

List 6-5 コマンドラインの引数表示（06arg.c）

```
 1: #include <stdio.h>
 2:
 3: int main(int argc, char *argv[]);
 4:
 5: int main(int argc, char *argv[])
 6: {
 7:     printf("argc の値は %d です。\n", argc);
 8:     for (int i = 0; i < argc; i++) {
 9:         printf("argv[%d] の値は \"%s\" です。\n", i, argv[i]);
10:     }
11:     return 0;
12: }
```

このプログラムは以下のように動かします。

　　　（UNIX系）　　　　　　　　　　（Windows）

　　　$ ./06arg This is good　　　　C:\work> 06arg This is good

すると、次のように表示されます。

実行結果

```
argc の値は 4 です。
argv[0] の値は "./06arg" です。
argv[1] の値は "This" です。
argv[2] の値は "is" です。
argv[3] の値は "good" です。
```

つまり、コマンドラインからあなたが入力した文字列を表示するのです。

06arg.cは、あなたがコマンド引数を必要とするツールを作るときの簡単なサンプルになります。

関数mainの引数argcとargv

List 6-5を見てください。これまで引数がなかった関数mainに、

  int main(int argc , char *argv [])

という引数が付いています。

 argcはint型の変数で、このプログラムを起動したときにコマンドラインで与えた文字列の個数を示します。コマンドラインで与えた文字列というのは、コマンド名とコマンド引数のことです。

 引数で与えられた変数argvはchar *型の配列の先頭要素のアドレスです。ここでは、コマンドラインで与えた複数の文字列の最初を指しています。char *型については第11章「ポインタ」でお話しします。ここでは、コマンドを起動したとき、

  argv[0]　にはコマンド名
  argv[1]　には1個目のコマンド引数
  argv[2]　には2個目のコマンド引数
  ...
  argv[argc - 1]には最後の引数
  argv[argc]　にはNULLという値

が自動的に入るということを覚えておいてください。06arg.cではargvの内容をfor文とprintfを使って表示しています。

■ もっと詳しく

❘ ブレース{ }を使ってブロック化しよう

 ブレース｛ ｝の話をします。C言語では｛ ｝は処理のまとまりを表すのに使われます。関数mainの処理内容は、

  int main(void)
  {
    処理
  }

とくくられますし、if文やfor文でも

```
if (条件式) {
    処理
}
```

や、

```
for (初期化; 条件式; 次の一歩) {
    繰り返す処理
}
```

と表されます。いずれも処理をまとめるのに { } が使われていますね。関数の { } は必ず必要ですが、if文やfor文の { } は場合によっては省略できます。それは処理が1つの文のときです。たとえば次のように書けます。

```
if (n >= 50)
    printf("傘を持っていく\n");
```

このプログラムの断片の動作は次とまったく同じです。

```
if (n >= 50) {
    printf("傘を持っていく\n");
}
```

同じように、for文でも { } を省略できます。

```
for (int i = 0; i < 10; i++)
    printf("%d\n", i);
```

これは次とまったく同じです。

```
for (int i = 0; i < 10; i++) {
    printf("%d\n", i);
}
```

処理の内容が複数の文になるときには、{ } は省略できません。たとえば次のような場合は { } は絶対に必要です。

```
if (n >= 50) {
    printf("傘は必要\n");
    printf("レインコートも\n");
}
```

```
for (int i = 0; i < 10; i++) {
    printf("%d", i);
    printf("\n");
}
```

　実は{ }は複数の文を集めて1つの文（複合文）を作る記号なのです。文法的にいえば、ifやforの後には1つの文しか来ることができず、複数の文を書きたいときには{ }でくくってやって1つの文にする必要があるのです。もちろん1つの文のときに{ }でくくってもまちがいではありませんので、{ }でくくるようにした方が安全です。

> ※ちょっと一言※　**いつも{ }を書いておこう**
>
> 　プログラムは修正を繰り返すものです。最初に書いたときには繰り返す処理が1つの文だとしても、修正しているうちに複数の文にする必要が出てくるかもしれません。いつも{ }を書いておく方が保守性がよくなります。
>
> ◇ ESCR M2.1.2

変数のスコープ

　C99では、次のようにfor文の初期化のところで変数iの定義を行うことができます。

```
for (int i = 0; i < 3; i++) {
    printf("%d\n", i);
}
```

　しかし、for文が終わった後で変数iの値を表示しようとするとコンパイルエラーになります。

```
for (int i = 0; i < 3; i++) {
    printf("%d\n", i);
}
printf("%d\n", i);  ←ここでコンパイルエラー
```

　これは、変数iがfor文の中で定義されているため、for文の外では使えないからです。これは不便になったわけではありません。変数iが使える範囲がこのfor文に限定されるので、影響範囲が明確になったということです。これはプログラムで思わぬミスを防ぐ効果があります。

ある変数の名前が使える有効範囲のことをその変数の**スコープ**といいます。for 文の初期化のところで定義した変数のスコープはその for 文の中だけになります。

> ※ちょっと一言※　**ブロックスコープとファイルスコープ**
>
> 　{ }でくくられた範囲（ブロック）の中で変数を定義した場合、その変数はそのブロックの中でのみ有効になります。これを**ブロックスコープ**といいます。
> 　またブロックの外で変数を定義した場合、その変数はその箇所より後のファイル内すべてで有効になります。これを**ファイルスコープ**といいます。

▶この章で学んだこと

この章では、for 文を通して「繰り返し」を学びました。

次の章でも「繰り返し」を学びます。今度は while 文という構文です。

●ポイントのまとめ

- for 文は、繰り返しを行う構文で、次のように書きます。
  ```
  for (初期化; 条件式; 次の一歩) {
      繰り返す処理
  }
  ```
- for 文の初期化ではループカウンタに使う変数の定義を行うことができます。
  ```
  for (int i = 0; i < 3; i++) {
      ...
  }
  ```
- for 文の繰り返す処理の中でさらに for 文を使うこともできます。
- プログラムを見やすくするために字下げ（インデンテーション）を行います。
- コマンドラインで与えられた文字列は、関数 main の引数で得られます。
  ```
  int main(int argc, char *argv[])
  ```

● 練習問題

■ 問題 6-1
(解答は p. 179)

次の for 文について書かれた文章のうち、正しいものに○、誤っているものに×を付けてください。

```
for (int i = 0; i < 3; i++) {
    printf("%d\n", i);
}
```

① 0, 1, 2, 3 という数字が改行付きで表示される。
② i < 3 という式は 3 回評価される。
③ i++ という式は 3 回評価される。
④ 関数 printf は 3 回実行される。

■ 問題 6-2
(解答は p. 179)

List 6-3 と List 6-4 を参考にして、0, 1, 2, …, 9 の二乗のグラフを描くプログラムを作ってください。期待する実行結果は次の通りです。

期待する実行結果

```
0
1 *
2 ****
3 *********
4 ****************
5 *************************
6 ************************************
7 *************************************************
8 ****************************************************************
9 *********************************************************************************
```

■ 問題 6-3　　　　　　　　　　　　　　　　　　　　（解答は p. 180）

　p. 168 の「グラフの表示」プログラム List 6-4 を、List E6-3 のように書いてしまったとします。まちがいを探してください。

List E6-3　まちがい探し（e0603.c）

```
 1: #include <stdio.h>
 2:
 3: int main(void);
 4:
 5: int main(void)
 6: {
 7:     int i, j;
 8:
 9:     for (i = 0; i < 10; i++) {
10:         printf("%d ", i);
11:         for (i = 0; j < i; i++) {
12:             printf("*");
13:         }
14:         printf("\n");
15:     }
16:     return 0;
17: }
```

■ 問題 6-4　　　　　　　　　　　　　　　　　　　　（解答は p. 182）

以下のような九九の表を作るプログラムを書いてください。

九九の表

```
  | 1  2  3  4  5  6  7  8  9
 -+--------------------------
 1| 1  2  3  4  5  6  7  8  9
 2| 2  4  6  8 10 12 14 16 18
 3| 3  6  9 12 15 18 21 24 27
 4| 4  8 12 16 20 24 28 32 36
 5| 5 10 15 20 25 30 35 40 45
 6| 6 12 18 24 30 36 42 48 54
```

```
7|   7 14 21 28 35 42 49 56 63
8|   8 16 24 32 40 48 56 64 72
9|   9 18 27 36 45 54 63 72 81
```

● 練習問題の解答

□ 問題 6-1 の解答　　　　　　　　　　　　　　　　　　（問題は p. 177）

① 【×誤り】この for 文では 3 は表示されません。
② 【×誤り】この for 文では i < 3 は 4 回評価されます。
③ 【○正しい】
④ 【○正しい】

□ 問題 6-2 の解答　　　　　　　　　　　　　　　　　　（問題は p. 177）

List A6-2　問題 6-2 の解答（a0602.c）

```c
 1:  #include <stdio.h>
 2:
 3:  int main(void);
 4:
 5:  int main(void)
 6:  {
 7:      for (int i = 0; i < 10; i++) {
 8:          printf("%d ", i);
 9:          for (int j = 0; j < i * i; j++) {
10:              printf("*");
11:          }
12:          printf("\n");
13:      }
14:      return 0;
15:  }
```

for 文の中の条件式に注意しましょう。List 6-4 では j < i が条件式でした

が、List A6-2 では j < i * i になっています。この条件式はどういう意味でしょうか。

- List 6-4 では「変数 j が i より小さい間繰り返す」つまり「j が 0, 1, 2, ... i-1 までの i 回繰り返す」のに対し、
- List A6-2 では「変数 j が i*i より小さい間繰り返す」つまり「j が 0, 1, 2, ..., i*i-1 までの i*i 回繰り返す」のです。

j が i*i 回繰り返して * という文字列を表示するので、二乗のグラフになるわけです。

□ 問題 6-3 の解答　　　　　　　　　　　　　　　　（問題は p.178）

List E6-3 のまちがいは 11 行目の

```
for ( i = 0; j < i; i ++) {
```

にあります。j と書くべきところが 2 箇所 i になっています。正しくはこうです。

```
for ( j = 0; j < i; j ++) {
```

ところで、まちがいを含んだまま List E6-3 をコンパイルしても、エラーにならず実行ファイルはできてしまいます。これを実行するとどうなるのでしょうか。結果は以下のようになります。

無理に List E6-3 を実行した結果

```
0
1
1
1
1
1
1
1
1
1
1
^C     ................    表示が止まらないので CTRL+C でプログラムを中断した
```

内側のループの初期化でi = 0が評価されます（11行目）ので、外側のループの条件式i < 10は永久に真のままです。外側のループの「次の一歩」でせっかくiが1増えても、また内側のループの初期化でiが0に戻されてしまうからです。したがっていつまでたってもこのプログラムは終了しません。いわゆる無限(むげん)ループに陥っているのです。このときは CTRL+C（CTRLキーを押しながらCを押す）を入力しましょう。表示を行っているときなら、これでプログラムは終了してくれます。一般的にCTRL+Cを何回か実行してもプログラムが終了しないとき、Windowsのコマンドプロンプトならウィンドウを閉じて強制終了しなくてはなりません。UNIX系OSではkillコマンドを使ってプロセスを殺す必要があるでしょう。

❖ちょっと一言❖　**無限ループの危険性**

[Om] セキュリティを意識しよう

変数名をちょっとまちがうだけで、プログラムの動作が永遠に終わらなくなるというのは恐いことですね。List E6-3は小さなプログラムですから、すぐにまちがいが見つかります。でも、無限ループに陥る部分が大きなプログラムに紛れていたらなかなか見つかりません。手元のパソコン上で動かしていたらキーボードを操作して止めることができますが、ロケットに乗って宇宙の果てにあるプログラムが無限ループに陥ったらたいへん困った事態になるでしょう。プログラムではちょっとしたまちがいでも大きな問題になることがあるのです。

正しいプログラムは List A6-3a です。

List A6-3a　問題6-3のまちがいを修正したプログラム (a0603a.c)

```
 1:  #include <stdio.h>
 2:
 3:  int main(void);
 4:
 5:  int main(void)
 6:  {
 7:      int i, j;
 8:
 9:      for (i = 0; i < 10; i++) {
10:          printf("%d ", i);
11:          for (j = 0; j < i; j++) {
12:              printf("*");
13:          }
```

```
14:        printf("\n");
15:     }
16:     return 0;
17: }
```

また、List A6-3b のようにループカウンタ i と j を for 文の初期化のところで定義するのもいい方法です。

List A6-3b　問題 6-3 のまちがいを修正したプログラム（別解）（a0603b.c)

```
 1: #include <stdio.h>
 2:
 3: int main(void);
 4:
 5: int main(void)
 6: {
 7:     for ( int i = 0 ; i < 10; i++) {
 8:         printf("%d ", i);
 9:         for ( int j = 0 ; j < i; j++) {
10:             printf("*");
11:         }
12:         printf("\n");
13:     }
14:     return 0;
15: }
```

問題 6-4 の解答　　　　　　　　　　　　　　　（問題は p. 178）

List A6-4 のようになります。

List A6-4　九九の表を作るプログラム（a0604.c)

```
 1: #include <stdio.h>
 2:
 3: int main(void);
 4:
 5: int main(void)
 6: {
```

```
 7:      printf(" |");
 8:      for (int x = 1; x <= 9; x++) {
 9:          printf("%3d", x);
10:      }
11:      printf("\n");
12:
13:      printf("-+");
14:      for (int x = 1; x <= 9; x++) {
15:          printf("---");
16:      }
17:      printf("\n");
18:
19:      for (int y = 1; y <= 9; y++) {
20:          printf("%d|", y);
21:          for (int x = 1; x <= 9; x++) {
22:              printf("%3d", x * y);
23:          }
24:          printf("\n");
25:      }
26:
27:      return 0;
28:  }
```

List A6-4 では、for文のループに使っている変数を1以上9以下の範囲でループさせています。

第7章
while文

▶この章で学ぶこと

　この章ではwhile文(ホワイル)について学びます。while文はある処理を繰り返したいときに使う構文です。「繰り返し」といえばfor文を思い出しますね。for文とwhile文の違いについても後でお話しします。

■ while文

while文の構造

while文の構造は次のようになっています。

```
while ( 条件式 ) {
    繰り返す処理
}
```

　まず最初にwhileと書かれています。英語のwhileは「…の間」という意味で、C言語のwhileは「ある条件式を満たす間繰り返す」という構文を作るキーワードです。whileという語で始まるのでこの構文を「while文」といい

ます。if 文が if で始まり、switch 文が switch で始まり、for 文が for で始まるのと同じです。

while の後には、繰り返しを続けるかどうかを判断する「条件式」を ( ) でくくって書きます。「条件式」の後には「繰り返す処理」を { } でくくって書きます。while 文では条件式の値が真である限り「繰り返す処理」を実行するのです。

以上が while 文の構造です。

❖しっかり覚えよう❖　**while文の構造**

```
while ( 条件式 ) {
    繰り返す処理
}
```

❖ちょっと一言❖　**真偽値**

第 6 章でもお話ししましたが、念のためもう一度。C 言語での条件式は、評価したときに「真」になるか「偽」になるかが重要です。
C 言語では、
- 1 や -1 や 123 のように、0 以外ならば真
- 0 ならば偽

となります。

while 文を読む

while 文の構造がわかったところで、プログラムの例を見てみましょう。List 7-1 は何をするプログラムですか。

List 7-1　while文の例（0701.c）

```
1:  #include <stdio.h>
2:
3:  int main(void);
4:
```

```
 5:    int main(void)
 6:    {
 7:        int i = 0;
 8:
 9:        while (i < 3) {
10:            printf("%d\n", i);
11:            i++;
12:        }
13:        printf("end\n");
14:
15:        return 0;
16:    }
```

List 7-1 の while 文は 9 ～ 12 行目にあります。

while 文を読むときには、条件式をしっかり読みます。List 7-1 に書かれた while 文の条件式は何でしょう。そう、カッコでくくられている部分、

```
i < 3
```

ですね。この条件式の値は、変数 i の値が 3 よりも小さいときに真になります。

条件式がわかったところで、繰り返す処理を読みましょう。繰り返す処理は { } でくくられている以下の部分です。

```
printf("%d\n", i);
i++;
```

繰り返す処理は、この 2 つの文です。関数 printf はもうすっかりおなじみです。書式文字列の中に %d が入っていますから、変数 i の値を整数として表示します。

次の i++; という文は、変数 i の値を 1 増加させるという処理を行います。

それでは List 7-1 が何をやっているか順を追って読みましょう。

List 7-1 を静的に読む

復習を兼ねて、List 7-1 を 1 行ずつ読んでいきましょう。ただし、空行はいちいち説明しません。

1 行目。

```
#include <stdio.h>
```

これは、標準ヘッダ<stdio.h>を取り込むプリプロセッサの命令で、関数printfを使うために書く必要があります。
　3行目。

```
  int main(void);
```

これは、関数mainの宣言です。関数mainを引数がなく（void）、戻り値の型がintである関数であると宣言しています。
　5行目。ここから、関数mainの定義が始まります。
　6行目。この{から16行目の}までが関数mainの本体です。
　7行目。

```
    int i = 0;
```

変数iの定義。0で初期化します。型はint型です。
　9行目。while文が始まります。変数iが3より小さい間、以下の処理を繰り返せという意味になります。この行の{に対応する}は12行目にあります。
　10行目。繰り返しの内容その1です。関数printfを使って変数iを整数として表示して改行します。
　11行目。繰り返しの内容その2です。変数iの値を1増加させます。
　12行目。9行目の{に対応する}で、while文の終わりを示します。
　13行目。while文はすでに終わり、endと改行を表示する関数printfの呼び出しを行う文です。
　15行目。関数mainの正常終了を表す0を戻り値とするreturn文です。
　16行目。6行目の{に対応する}で関数mainの定義が終わります。

　ふう、お疲れさま。1行1行プログラムを追っていくのはめんどうでしょうか。けれど、習いたてのときはこのように1行1行追っていくのも大切な練習です。まず、自分が学んだことの復習になります。それから、自分の書いたプログラムをじっくり読むというのは、プログラムのバグを取る王道です。ですから、プログラムを読む練習は絶対に必要です。プログラムの字面に慣れること。その意味を説明できること。そこで使われている文法事項を理解していること。まちがいを見つけて修正できること。これらのことはプログラムを書く人にとって必須です。
　英語を学ぶのと似ていますね。アルファベットを知らずに英語を書くことはできません。文の意味を説明できずに英語を読むことはできません。文法事項

も理解できなければ正確さに欠けることがあるでしょう。スペルミスや構文のミスは致命的です。英語もC言語も根気が大事なのです。

List 7-1 を動的に読む

先ほどは、List 7-1 を書かれている通りに1行ずつ「静的」に読みました。今度は「動的」に読んでみましょう。すなわち、プログラムが実際に動いたときのようすを追っていくということです。いわばプログラムをスローモーションで動かすのです。

```
 7  int i = 0;                    ①
 8
 9  while (i < 3) {               ②  ⑤  ⑧  ⑪
10      printf("%d\n", i);        ③  ⑥  ⑨
11      i++;                      ④  ⑦  ⑩
12  }
13  printf("end\n");                              ⑫
```

7行目で変数iを定義し、0で初期化します（①）。

【変数iの値が0の時代】②～④

9行目。i < 3という式を評価して、変数iの値が3より小さいかどうかを調べます。変数iは0で初期化されたばかりですから、変数iの値は0で、当然ながら3より小さいですね。ですから、条件式i < 3の値は真になり、この条件を満たします。そこで、以降の「繰り返す処理」を実行しにいきます。

10行目。関数printfで変数iの値すなわち0を表示します。

11行目。演算子++は変数の値を1増やすものでしたから、ここで変数iの値は0から1に変わります。

【変数iの値が1の時代】⑤～⑦

9行目。もう一度i < 3という式を評価します。変数iの値はいまや1になっています。これを3と比較しましょう。やはり、変数iの値はまだ3より小さいですね。したがって、条件式i < 3の値は真です。そこで、以降の「繰り返す処理」をまた実行しましょう。

10行目。関数printfで変数iの値すなわち1を表示します。

11行目。ここで変数iの値は1から2に変わります。

【変数iの値が2の時代】⑧〜⑩

9行目。またまたi < 3という式を評価します。変数iの値2を3と比較しましょう。まだまだ変数iの値は3より小さいですね。したがって、条件式i < 3の値は真です。そこで、以降の「繰り返す処理」を実行しましょう。

10行目。関数printfで変数iの値すなわち2を表示します。

11行目。ここで変数iの値は2から3に変わります。

【変数iの値が3の時代】⑪

9行目。またまたまたi < 3という式を評価します。変数iの値3を3と比較しましょう。ようやく、条件式i < 3の値が偽になりました。**条件式の値が偽になったら、繰り返しは終了します。**

これでやっと9〜12行目のwhile文が終了し、13行目に制御が移ります。

13行目。関数printfで画面にendを表示します。

15行目。return文を実行して関数mainから戻り、プログラムは終了。

結局のところ0, 1, 2を改行付きで表示し、最後にendを改行付きで表示しました。List 7-1の実行結果は次の通りです。

List 7-1 の実行例

```
0
1
2
end
```

for文とwhile文の比較

while文とfor文はどちらも繰り返しに使う構文ですから、両者を比較しましょう。for文とwhile文を比較した図を次に示します。

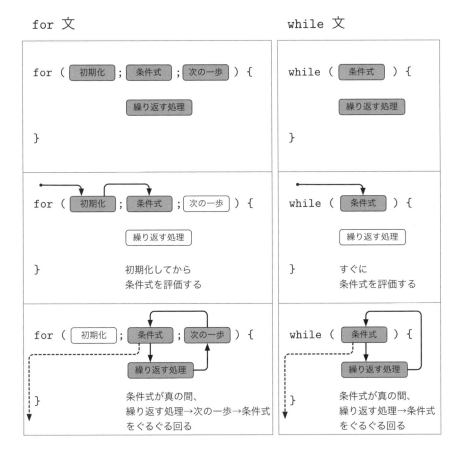

for文とwhile文の比較

for文ではまず「初期化」を行ってから「条件式」を評価しましたが、while文には「初期化」の部分がありませんから、いきなり「条件式」を評価します。

for文では、条件式の値が真ならば、「繰り返す処理」を実行し、「次の一歩」を実行し、それから「条件式」を評価しに戻ります。これに対してwhile文には「次の一歩」の部分がありませんから、「繰り返す処理」を実行した後、すぐにまた「条件式」を評価しに戻ります。

つまりwhile文では、

- 「条件式」の評価
- 「繰り返す処理」の実行

という2つを繰り返していることになります。

■ バリエーション

┃例：ピリオドが入力されるまで繰り返す

List 7-2 を読みましょう。特に while 文の条件式をしっかり読みます。

List 7-2　while文の例 (0702.c)

```
 1: #include <stdio.h>
 2:
 3: int main(void);
 4:
 5: int main(void)
 6: {
 7:     int c;
 8:
 9:     c = getchar();
10:     while (c != '.') {
11:         printf("'%c'\n", c);
12:         c = getchar();
13:     }
14:
15:     return 0;
16: }
```

List 7-2 に書かれた while 文の条件式は何でしょう。そう、10 行目でカッコでくくられている部分、

```
c != '.'
```

ですね。この条件式は、変数 c の値がピリオド (.) という文字定数と等しくないときに真になります。比較演算子 != は「左辺と右辺は等しくない」ときに真になるもので、数学の「$\neq$」に相当します。比較演算子の一覧は p.98 にあります。

List 7-2 の while 文の動作を言葉で説明すると、

> 変数 c の値がピリオドでない間、処理を繰り返す

となります。このくらいの説明文なら、while 文の条件式、つまり List 7-2 の 10 行目を読んだだけで書くことができますね。この説明文は List 7-2 の概略を次のように捉え、while 文の条件式をクローズアップしています。

```
while (c != '.') {
    繰り返す処理
}
```

条件式はわかりました。それでは繰り返す処理を読みましょう。List 7-2 の while 文で、繰り返す処理は { } でくくられている以下の部分です。

```
printf("'%c'\n", c);
c = getchar();
```

関数 printf の書式文字列の中に %c が入っていますから、変数 c の値を文字として表示します。次の getchar は文字を 1 文字、標準入力（通常はキーボード）から得る関数です。簡単にいえば、あなたがキーボードを打ったとき、その文字が関数 getchar の戻り値となります。

たとえば、あなたがキーボードから A という文字を入力したとしましょう。そうすると、

```
c = getchar();
```

という文は、

```
c = 'A';
```

という代入文と同じことになります。いいですか。キーボードが打たれないとき、getchar は入力待ちになり、キーボードが打たれるのを待ちます。

実行例は次の通りです。

List 7-2 の実行例

```
'e'
'l'
'l'
'o'
$ ./0702 ..................................................  2回目の実行
This is a pen.  .....................  キーボードから入力してエンターキー
'T'
'h'
'i'
's'
' '
'i'
's'
' '
'a'
' '
'p'
'e'
'n'
```

キーボードから入力された文字列を''付きで表示しなおし、改行をしています。Hが入力されたら'H'で、eが入力されたら'e'という具合です。スペースもちゃんと1文字として扱われ' 'と表示されます。スペースは目に見えませんが、立派な1文字です。

最後のピリオド（'.'）が表示されていないことに注意！ 先ほどのwhile文は、

```
while (c != '.') {...
```

でした。変数cの値、つまり入力された文字がピリオドでない間だけ繰り返します。入力された文字が'.'だったら、関数printfは実行されません。ですから、ピリオドは表示されないのです。

例：条件式の中にgetcharを含める

次の例です。List 7-3 を見てください。これは何をしているプログラムだと思いますか。

List 7-3　条件式の中に getchar を含める（0703.c）

```
 1:  #include <stdio.h>
 2:
 3:  int main(void);
 4:
 5:  int main(void)
 6:  {
 7:      int c;
 8:
 9:      while ((c = getchar()) != '.') {
10:          printf("'%c'\n", c);
11:      }
12:
13:      return 0;
14:  }
```

　List 7-3 は List 7-2 とまったく同じ動作をしますが、プログラムの書き方がちょっと違います。List 7-3 では while 文の条件式の中に getchar を埋め込んでいます。条件式を比較しましょう。
　List 7-2 では、

　　c != '.'

が条件式でした。List 7-3 では、

　　(c = getchar()) != '.'

が条件式になっています。さあ、この 2 つの式の違いを見つけてください。それとも違いを見つけるより似ている部分を見つけた方がいいかな。上の 2 つの条件式はどちらも、

　　何か != '.'

という形をしていることに気がつきましたか。List 7-2 では「何か」は変数 c であり、List 7-3 では「何か」は式 (c = getchar()) ですね。
　まず、C 言語では、

　　c = getchar()

という代入は式として値を持つことができます。どういうことか説明しましょ

う（ややこしいけど、頑張って！）。
　キーボードからAという文字を入力すると、

```
getchar()
```

は 'A' という値を持ちます。これはいいですね。
　それで、

```
c = getchar();
```

という文を実行すると、変数cにその値 'A' が代入されます。これも、いいですね。
　ところで、この文からセミコロンを取った式、

```
c = getchar()
```

これ自身も 'A' という値を持つのです。
　「式が値を持つ」というのがわかりにくいでしょうか。たとえば、

```
1 + 2
```

という式は3という値を持ちますね。あるいは変数nの値が100のとき、

```
n * 2
```

という式は200という値を持ちますよね。それとまったく同じ意味で、

```
c = getchar()
```

という式は 'A' という値を持つのです。
　ですから、List 7-3 の while 文に戻って、

```
(c = getchar()) != '.'
```

という式は、次のような意味になります。

　① 標準入力から1文字得る
　② その文字を変数cに代入する
　③ そしてその値が文字 '.' と等しいかどうかを調べる

　カッコがどこに入っているか十分に注意しましょう。

```
(c = getchar()) != '.'      （正しい）
```

```
        c = getchar() != '.'     (誤り)
```

この2つの式はまったく意味が異なります。誤っている方の式は次の式と同じ意味を持ちます。

```
        c = (getchar() != '.')   (期待外れ)
```

こんなことになってしまうのは、代入演算子（=）の優先度が、等値演算子（!=）の優先度よりも低いからです。加算演算子（+）の優先度が、乗算演算子（*）の優先度よりも低いために乗算を先に行うのと同じように、代入（=）よりも比較（!=）の方を先に行ってしまうのです。

どうしても加算を先にしたいときにカッコを使って、

```
        (1 + 2) * 3
```

のように書くのと同じように、

```
        (c = getchar()) != '.'
```

と書くのです。

while 文の条件式は式をカッコでくくりますから、結局 List 7-3 の、

```
        while ((c = getchar()) != '.') {
```

という書き方になります。

めんどうなように見えますが、実はこういう書き方はＣ言語でときどき用いられます。あなたが無理にこのような書き方をする必要はありませんが、将来あなたが他の人の書いたＣ言語のプログラムを読むことになったら、List 7-3 のような形式の while 文に出会うことがあるかもしれませんので注意してください。

もう一言だけ。List 7-2 の while 文では、繰り返す処理の中に getchar が入っています。ココです。

```
        c = getchar();
        while (c != '.') {
            printf("'%c'\n", c);
            c = getchar();   ←ココ
        }
```

それに対して、List 7-3 の while 文では入っていません。この違いの理由は

わかりますね。

```
while ((c = getchar()) != '.') {
    printf("'%c'\n", c);
}
```

List 7-3 では条件式を評価するときに「次の1文字を得る」という処理がgetcharによって行われますので、わざわざ繰り返す処理のところにgetcharを入れる必要がないのです。

例：入力を出力にコピーする

次の例を見ましょう。List 7-4 は何をしているプログラムだと思いますか。

List 7-4 入力を出力にコピーする (0704.c)

```
 1: #include <stdio.h>
 2:
 3: int main(void);
 4:
 5: int main(void)
 6: {
 7:     int c;
 8:
 9:     while ((c = getchar()) != EOF) {
10:         putchar(c);
11:     }
12:
13:     return 0;
14: }
```

List 7-4 は List 7-3 にそっくりですね。違いは次の通りです。

① 条件式に EOF というものがある。
② putchar が使われている。

EOF は、ファイルの終わりを示す特別な文字です。ファイルの終わり、つまり End Of File の頭文字をとったシンボルです。EOF は 'A' や '0' や '.' といった普通の文字とはどれとも等しくない特別な文字です。つまり List 7-4 の while 文は「入力された文字がファイルの終わり（EOF）でない間、次の処理

を繰り返す」ことがわかります。もっと平たくいえば、「EOFまで繰り返せ」となります。

※ちょっと一言※　EOF

　ファイルの終わりを表すEOFは、標準ヘッダ<stdio.h>でマクロ定義されている定数です。通常はint型の-1と定義されています。

※ちょっと一言※　**char型ではなくint型を使う理由**

　変数cをchar型ではなくint型として定義する理由は、正しくEOFを取り扱えるようにするためです。もしも変数cをchar型で定義してしまうと、入力に'\xFF'という文字が来たときに、最上位ビットの符号拡張が起きて-1すなわちEOFと等しくなり、そこでファイルの終わりだと判断し、ファイルが尻切れになってしまいます。

　関数putcharは何でしょうか。関数getcharがget character（ゲット キャラクタ）（文字を得る）であるのに対し、putcharはput character（プット キャラクタ）（文字を出す）です。

```
putchar(c);
```

という文は、char型の変数cの値を標準出力（普通は画面）に出すことになります。要は、

```
printf("%c", c);
```

と同じことですね。putcharも小さなツール類ではよく使われる関数です。
　結局List 7-4は「標準入力から文字を得て、それを標準出力に出すという処理をファイルの終わりまで繰り返す」プログラムです。
　言葉で説明するのはもどかしいものです。実行例を見ましょう。

List 7-4 の実行例

```
$  ./0704                ............................................  プログラムを実行する
Hello.                   ............................................  キーボードから入力
Hello.                   ............................................  同じ内容を表示
Good.                    ............................................  キーボードから入力
Good.                    ............................................  同じ内容を表示
```

```
CTRL+D                ........................  CTRL+Dで終了（WindowsならCTRL+Z）
$ cat lorem.txt
           ...............  ファイルを表示（Windowsならcatのかわりにtypeを使う）
Lorem ipsum dolor sit amet, consectetur adipiscing elit, sed
do eiusmod tempor incididunt ut labore et dolore magna aliqua.
Ut enim ad minim veniam, quis nostrud exercitation ullamco
laboris nisi ut aliquip ex ea commodo consequat. Duis aute
irure dolor in reprehenderit in voluptate velit esse cillum
dolore eu fugiat nulla pariatur. Excepteur sint occaecat
cupidatat non proident, sunt in culpa qui officia deserunt mollit
anim id est laborum.

$ ./0704 < lorem.txt      ........................  標準入力にファイルを指定
                   .....................................  ファイルの内容を表示
Lorem ipsum dolor sit amet, consectetur adipiscing elit, sed
do eiusmod tempor incididunt ut labore et dolore magna aliqua.
Ut enim ad minim veniam, quis nostrud exercitation ullamco
laboris nisi ut aliquip ex ea commodo consequat. Duis aute
irure dolor in reprehenderit in voluptate velit esse cillum
dolore eu fugiat nulla pariatur. Excepteur sint occaecat
cupidatat non proident, sunt in culpa qui officia deserunt mollit
anim id est laborum.

$ ./0704 < lorem.txt > copy0704.txt   .....  標準出力にもファイルを指定
$ cat copy0704.txt
       ........  出力したファイルを表示（Windowsならcatのかわりにtypeを使う）
Lorem ipsum dolor sit amet, consectetur adipiscing elit, sed
do eiusmod tempor incididunt ut labore et dolore magna aliqua.
Ut enim ad minim veniam, quis nostrud exercitation ullamco
laboris nisi ut aliquip ex ea commodo consequat. Duis aute
irure dolor in reprehenderit in voluptate velit esse cillum
dolore eu fugiat nulla pariatur. Excepteur sint occaecat
cupidatat non proident, sunt in culpa qui officia deserunt mollit
anim id est laborum.
```

　List 7-4 をコンパイルして実行すると、キー入力待ちになります。List 7-2 のときと同じように、Hello. と入力すると、オウム返しに Hello. と表示されます。List 7-2 とは異なり、ピリオド（.）を入力してもプログラムは終わりません。さらにキー入力待ちになります。これは、List 7-2 と List 7-4 では while 文の条件式が異なるからです。

キーボードからEOFに相当する文字を与えるためには工夫が必要です。Windowsの場合にはCTRLキーを押しながら英文字のZキーを押し（これをCTRL+Zや^Zのように書きます）て、エンターキーを打つと、やっと終了します。UNIX系OSの場合には（端末の設定によりますが）、CTRL+Dを押すとプログラムが終了します。

　List 7-4の実行結果の続きを見てください。キーボードからユーザが入力するのではなく、lorem.txtという名前のファイルから入力する方法を示しています。

　プログラムを起動するとき、次のように記号<を使うと、**標準入力がファイルに切り替わります**。記号<の次に書いたファイルの内容があたかもキーボードから入力されたかのように処理されます。

```
(UNIX系)                    (Windows)
$ ./0704 < lorem.txt        C:\work> 0704 < lorem.txt
         ────────                     ────────
          入力                          入力
```

　これは多くのOSが提供している機能で、標準入力のリダイレクト（redirect）といいます。

　またさらに、次のように記号>を使うと、今度は標準出力がファイルに切り替わります。これは標準出力のリダイレクトといいます。このようにすると、画面に表示される内容が記号>の次に書いたファイルの中に書き込まれるのです。

```
(UNIX系)
$ ./0704 < lorem.txt > copy0704.txt
         ────────── ──────────────
            入力          出力

(Windows)
C:\work> 0704 < lorem.txt > copy0704.txt
              ────────── ──────────────
                  入力         出力
```

　もしそのファイルが存在しなかったら、新たにそのファイルを作ります。List 7-4の実行例でいえば、ファイルcopy0704.txtはプログラムを実行した時点で作られます。これでファイルlorem.txtがファイルcopy0704.txtにコピーされたことになります。

　「あ、そうか。ファイルのコピーって、こうやっているんだ」　はい、その通りです。私たちが使っているOSでファイルをコピーするときに動いているプログラムは、私たちが作ったList 7-4よりもずっと高機能で高速ですが、やっ

ていることは本質的には同じです。

> ❖ちょっと一言❖　**テキストファイルとバイナリファイル**
>
> ただし、私たちの作った List 7-4 ではエディタで読めるようなテキストファイルはコピーできますが、実行ファイルのようなバイナリファイルは正しくコピーできません。

例：大文字を小文字に変換する

次の例を見てみましょう。List 7-5 は何をするプログラムですか。

List 7-5　大文字を小文字に変換する（0705.c）

```
 1:  #include <stdio.h>
 2:  #include <ctype.h>
 3:
 4:  int main(void);
 5:
 6:  int main(void)
 7:  {
 8:      int c;
 9:
10:      while ((c = getchar()) != EOF) {
11:          if (isupper(c)) {
12:              c = tolower(c);
13:          }
14:          putchar(c);
15:      }
16:
17:      return 0;
18:  }
```

List 7-5 は、List 7-4 のような単純にコピーするプログラムではなく、もしも英語の大文字（AからZまで）がやってきたら、小文字（aからzまで）に変換するプログラムです。
　ここの条件式、

```
if (isupper(c)) { ...
```

に登場する関数 isupper はcが英語の大文字（つまり'A'から'Z'まで）ならば真を返すものです。また関数 tolower は引数で与えられた文字を小文字に変換するものです。この if 文によって、「大文字なら小文字に変換し、それ以外なら何もしない」という処理になっているのです。で、その後は何ごともなかったかのように putchar(c) しておしまい。

実行例は次のようになります。

List 7-5 の実行例

```
$ cat 0705-input.txt              ………………………… ファイルの内容を確認
This is Japan.
That is USA.

$ ./0705 < 0705-input.txt         ………………………… プログラムの実行
this is japan.
that is usa.
                                  ………………………… 大文字が小文字に変換された
```

ところで2行目の、

　　#include <ctype.h>

に気がつきましたか。標準ヘッダ <ctype.h> は文字を扱うときに使う（#include する）ヘッダファイルです。isupper や tolower の他にこの中には次のものが定義されています。

標準ヘッダ<ctype.h>で定義されている主な関数（マクロ）

int isalpha(int c)	cがアルファベットなら真
int isupper(int c)	cが大文字なら真
int islower(int c)	cが小文字なら真
int isdigit(int c)	cが10進数字（0123456789）なら真
int isxdigit(int c)	cが16進文字（0123456789abcdefABCDEF）なら真
int isalnum(int c)	cがisalphaまたはisdigitなら真
int isspace(int c)	cが空白文字なら真
int isprint(int c)	cが表示文字なら真
int ispunct(int c)	cが区切り文字なら真
int tolower(int c)	cが大文字なら小文字に変換（それ以外はそのまま）
int toupper(int c)	cが小文字なら大文字に変換（それ以外はそのまま）

❖ちょっと一言❖ 　大文字・小文字

　関数isupperで正しく判断したり、関数tolowerで正しく変換できるのは、引数cが0以上255以下の範囲か、EOFに等しいときだけです。それ以外の値に対する振る舞いはC99では未定義で、コンパイラに依存します。
　多くの場合、関数isupperや関数tolowerなどで処理を行うのは、入力が1バイトで表現できる文字についてだけです。日本語入力ソフトを使って入力する、いわゆる全角の「Ａ」や「ｂ」などは扱いません。

例：行数を数える

List 7-6 はファイルの行数を数えます。

List 7-6　ファイルの行数を数える (0706.c)

```
 1:  #include <stdio.h>
 2:
 3:  int main(void);
 4:
 5:  int main(void)
 6:  {
 7:      int c;
 8:      long lines = 0L;
 9:
10:      while ((c = getchar()) != EOF) {
11:          if (c == '\n') {
12:              lines++;
13:          }
14:      }
15:      printf("Lines = %ld\n", lines);
16:
17:      return 0;
18:  }
```

実行例を次に示します。

List 7-6 の実行例

```
$ cat lorem.txt           ............   ファイルlorem.txtの表示（8 行ある）
Lorem ipsum dolor sit amet, consectetur adipiscing elit, sed
do eiusmod tempor incididunt ut labore et dolore magna aliqua.
Ut enim ad minim veniam, quis nostrud exercitation ullamco
laboris nisi ut aliquip ex ea commodo consequat.  Duis aute
irure dolor in reprehenderit in voluptate velit esse cillum
dolore eu fugiat nulla pariatur.  Excepteur sint occaecat
cupidatat non proident, sunt in culpa qui officia deserunt mollit
anim id est laborum.

$ ./0706 < lorem.txt      ...   lorem.txtを標準入力に与えてプログラムを実行
Lines = 8                 ................................   行数を表示する
```

「行の数」=「改行の数」であることを利用しています。改行？ そう、改行は '\n' でしたね。11 行目の if 文

```
    if (c == '\n') { ...
```

は「入力した文字が改行なら…」という条件を表します。

行数を数える変数は lines です。「変数を見たらその定義を見よ」という鉄則に従って変数定義を見ましょう。あ、新しい型が登場しましたね。List 7-6 の 8 行目です。

```
    long lines = 0L;
```

long（ロング）というのは文字通り「長い整数」を表すための型です。long int と書いても構いませんが、通常は long と書きます。long 型は int 型で表せないほど広い範囲の整数を扱うときに使います。ここでは行数を表すために long 型を使いました。

int 型や long 型が具体的にどれほどの範囲を表すかは、コンパイラによって異なります。たとえば、筆者の環境では、

- int 型は約 −21 億 4748 万〜約 +21 億 4748 万の整数
- long 型は約 −922 京 3372 兆〜約 +922 京 3372 兆の整数

になります。C99 では、long long int 型も定義されており、コンパイラによっては long 型よりも多くの整数を扱える場合があります。

各整数型が扱える正確な値の範囲は標準ヘッダ <limits.h> に定義されています。たとえば次に示す List 7-7 のようなプログラムを使って自分で調べることができます。ここでは文字列を 22 文字で揃えて表示するために %22s という書式文字列を使っています。その他にも、表示する型に合わせて %u, %ld, %lu, %lld, %llu という書式文字列を使っています。

List 7-7 整数で表すことのできる範囲を表示する (07limit.c)

```
 1: #include <stdio.h>
 2: #include <limits.h>
 3:
 4: int main(void)
 5: {
 6:     printf("%22s 型は %d 以上 %d 以下\n",
 7:         "char",
 8:         CHAR_MIN,
 9:         CHAR_MAX);
10:
11:     printf("%22s 型は %d 以上 %d 以下\n",
12:         "signed char",
13:         SCHAR_MIN,
14:         SCHAR_MAX);
15:
16:     printf("%22s 型は %u 以上 %u 以下\n",
17:         "unsigned char",
18:         0,
19:         UCHAR_MAX);
20:
21:     printf("%22s 型は %d 以上 %d 以下\n",
22:         "short int",
23:         SHRT_MIN,
24:         SHRT_MAX);
25:
26:     printf("%22s 型は %u 以上 %u 以下\n",
27:         "unsigned short int",
28:         0,
29:         USHRT_MAX);
30:
31:     printf("%22s 型は %d 以上 %d 以下\n",
32:         "int",
33:         INT_MIN,
34:         INT_MAX);
35:
```

```
36:         printf("%22s 型は %u 以上 %u 以下\n",
37:             "unsigned int",
38:             0,
39:             UINT_MAX);
40:
41:         printf("%22s 型は %ld 以上 %ld 以下\n",
42:             "long int",
43:             LONG_MIN,
44:             LONG_MAX);
45:
46:         printf("%22s 型は %lu 以上 %lu 以下\n",
47:             "unsigned long int",
48:             0UL,
49:             ULONG_MAX);
50:
51:         printf("%22s 型は %lld 以上 %lld 以下\n",
52:             "long long int",
53:             LLONG_MIN,
54:             LLONG_MAX);
55:
56:         printf("%22s 型は %llu 以上 %llu 以下\n",
57:             "unsigned long long int",
58:             0ULL,
59:             ULLONG_MAX);
60:
61:         return 0;
62:     }
```

List 7-7 の実行例

```
                  char 型は -128 以上 127 以下
           signed char 型は -128 以上 127 以下
         unsigned char 型は 0 以上 255 以下
             short int 型は -32768 以上 32767 以下
    unsigned short int 型は 0 以上 65535 以下
                   int 型は -2147483648 以上 2147483647 以下
          unsigned int 型は 0 以上 4294967295 以下
              long int 型は -9223372036854775808 以上 9223372036854775807 以下
     unsigned long int 型は 0 以上 18446744073709551615 以下
         long long int 型は -9223372036854775808 以上 9223372036854775807 以下
unsigned long long int 型は 0 以上 18446744073709551615 以下
```

第2章でオーバーフローについてお話ししたときにも触れましたが、プログラマにとって適切な型の選択は重要です (p.48)。自分が使っているコンパイラが扱える型の範囲はよく知っておきましょう。

break 文

繰り返しを中断する仕組みとして、break 文が用意されています。

while 文の中で break 文を実行すると、その場所からいきなり while 文の次の処理にジャンプします。たとえば、以下のプログラムで if 文の条件式が真ならば break 文を実行します。そうすると、処理 X を飛ばしていきなり処理 Y へジャンプすることになります。

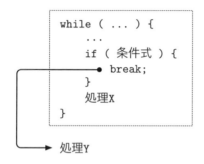

二重ループになっている場合、break 文は最も内側のループだけを中断します。たとえば以下のプログラムでは、条件式が真のとき、break 文を実行すると処理 X を飛ばして、処理 Y へジャンプします。

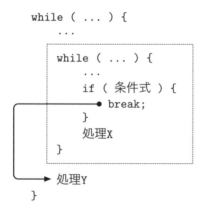

break文はfor文の中でも使えます。たとえば、以下のプログラムでif文の条件式が真だったら、break文を実行します。そうすると、変数iの値がまだ100未満であってもそこで処理Xを飛ばしていきなり処理Yへジャンプします。

```
for (int i = 0; i < 100; i++) {
    ...
    if ( 条件式 ) {
        break;
    }
    処理X
}
処理Y
```

do-while文

　while文と似た動作をするdo-while文という構文があります。違いはたった1つだけ。while文は繰り返す処理を始める前に条件式を評価して真偽を調べますが、do-while文は繰り返す処理を1回実行してから、条件式を評価します。つまり、こういうことです。

- while文…0回以上の繰り返し
- do-while文…1回以上の繰り返し

do-while文は、

```
do {
    繰り返す処理
} while ( 条件式 );
```

のように書きます。

Q クイズ

　以下に示すwhile文がどのような動きをするか、簡単に答えてください。while文は適切に関数mainに書かれているものとします。またn--に出てくる--は変数nの値を1減らす演算子です。

★クイズ1

```
int i = 0;
while (i < 3) {
    printf("%d\n", i);
}
```

★クイズ2

```
int n = 3;
while (n > 0) {
    printf("%d\n", n);
    n--;
}
```

★クイズ3

```
char c = getchar();
while (c != ' ') {
    putchar(c);
    c = getchar();
}
```

★クイズ4

```
char c = getchar();
while (c == ' ') {
    c = getchar();
}
```

A クイズの答え

☆クイズ1の答え

このプログラムは、0を改行付きで永遠に表示し続けます。

```
int i = 0;
while (i < 3) {
```

```
    printf("%d\n", i);
}
```

いかがですか。正解できましたか。繰り返す処理の中に i++; という文が書かれていませんので、変数 i の値はずっと 0 のままです。したがって条件式 i < 3 は永遠に真となり、この while 文は無限ループとなってしまいます。

以下のように書けば、0, 1, 2 を改行付きで表示して while 文を終了します。

```
int i = 0;
while (i < 3) {
    printf("%d\n", i);
    i++;
}
```

☆クイズ 2 の答え

このプログラムは、3, 2, 1 を改行付きで表示して while 文を終了します。

```
int n = 3;
while (n > 0) {
    printf("%d\n", n);
    n--;
}
```

これは難しくありませんね。ポイントは「この while 文は 0 は表示しない」という点です。繰り返しの条件式が n > 0 ですから、変数 n の値が 0 なら繰り返す処理は実行しません。「等号の有無は要注意」でしたね。

☆クイズ 3 の答え

このプログラムは、スペース（' '）が入力されるまで、標準入力から文字を受け取って表示します。このプログラムはスペースは表示しません。

```
char c = getchar();
while (c != ' ') {
    putchar(c);
    c = getchar();
}
```

☆クイズ4の答え

このプログラムは、スペース（' '）が入力され続けている間、標準入力から文字を受け取ります（表示はしません）。言い換えるなら、このwhile文は、「連続するスペースを読み飛ばす」処理を行います。

```
char c = getchar();
while (c == ' ') {
    c = getchar();
}
```

■ もっと詳しく

if文とwhile文の関係

if文と while文の関係について考察しましょう。

先ほどp.190でfor文とwhile文を比較しました。今度は視点を変えて、if文と while文とを比較します。

if文は次のような形です。

```
if ( 条件式 ) {
    処理
}
```

これに対してwhile文は次のような形です。

```
while ( 条件式 ) {
    処理
}
```

最初のキーワードがifになっているかwhileになっているかの違い以外はまったく同じ形ですね。

もし、条件式の値が偽のとき、if文も while文も「処理」の部分は実行されません。条件式の値が偽のときは、if文と while文はまったく同じ動作をするのです。

また、もし条件式が真の場合でも、「処理」を1回実行した後に「条件式」が偽になるなら、そのときも if文と while文はまったく同じ動作をします。

例をあげましょう。次のプログラムの断片はGUARDがifでもwhileでもプログラムとして同じ動作をします。x <= 100のときは何も実行されず、x > 100のときはx = 100;が実行されます。

```
GUARD (x > 100) {
    x = 100;
}
```

すなわち、if文は繰り返さないwhile文であり、while文はif文の繰り返しであるということができるでしょう。あるいは0回、1回の繰り返しまではif文とwhile文は同じ動作ということもできます。

if文とwhile文が似ている動作をするということは覚えていて損はありません。ちなみに、私はなぜGUARD（ガード）という言葉を使ったのでしょう。それはx = 100;という文がx > 100という条件式によって守られている（ガードされている）ことを表現したかったからです。GUARDの部分がifであってもwhileであっても、とにかく、以下のプログラムで「処理」を実行するとき、その瞬間は必ず「条件式」の値は真になっています。

```
GUARD ( 条件式 ) {
    処理
}
```

このことはとても重要なことなのでしっかり理解してください。「もしも条件式が真になっていたら処理を行う」という順方向の思考だけではなく、「いまこの処理を行おうとしているのだから、さっきの条件式は真になっているはずだ」という逆方向の思考も身につけておきましょう。

もう少し深みに入っていきます。次のプログラムの無駄な部分がわかりますか。

```
if (i < 100) {
    while (i < 100) {
        処理
    }
}
```

上のプログラムで、while文全体がif文でくくられていますが、これは無駄です。なぜなら中のwhile文がif文の役割を兼ねているからです。処理の内容が何であるかにはまったく関係なく、外側のif文は必要がありません。

次のプログラムも無駄がありますね。この場合も、if 文は不要です。

```
while (i < 100) {
    if (i < 100) {
        処理
    }
}
```

つまり、どちらの場合も、以下のように書くだけですむということです。

```
while (i < 100) {
    処理
}
```

▶この章で学んだこと

この章では、while 文について学びました。

私たちはこれまで、if 文と switch 文による**条件分岐**、それに for 文と while 文による**繰り返し**を学んだことになりますね。条件分岐と繰り返し。この 2 つはプログラミングの基本です。ぜひしっかりと身につけてください。

次の章では関数の作り方について学びます。これまでのレッスンでも、main や printf や atoi といった関数が登場してきました。いよいよ自分で関数を作るステップまで来たのです。これまでは main 関数の上でちまちまとやってきましたが、今度は本格的なプログラミングの第一歩を踏み出すことになります。

●ポイントのまとめ

- while 文は、繰り返しを行う構文で、次のように書きます。
    ```
    while ( 条件式 ) {
        繰り返す処理
    }
    ```
- == は等しいことを表す比較演算子です。
- != は等しくないことを表す比較演算子です。
- 関数 getchar は標準入力から 1 文字を入力します。
- 関数 putchar は標準出力へ 1 文字を出力します。

- 標準ヘッダ <ctype.h> には、関数 isupper や関数 tolower など、文字を処理する関数が宣言されています。
- 標準ヘッダ <limits.h> には、型が表す数の範囲が書かれています。
- long 型は長い整数を表す型です。
- break 文は繰り返しを中断する構文です。
- do-while 文は 1 回以上の繰り返しを行う構文です。

● 練習問題

■ 問題 7-1　　　　　　　　　　　　　　　　　　　　（解答は p. 217）

次の while 文について書かれた文章のうち、正しいものに○、誤っているものに×を付けてください。

```
int n = 3;

while (n > 0) {
    printf("%d\n", n);
    n--;
}
```

① 3, 2, 1, 0 という数字が改行付きで表示される。
② n--; という文は 3 回実行される。
③ 関数 printf は 3 回実行される。

■ 問題 7-2　　　　　　　　　　　　　　　　　　　　（解答は p. 217）

List E7-2 に示すプログラムを、for 文を使わず、while 文を使うように修正してください。もちろん同じ動作をしなくてはなりません。

List E7-2　　while文で書き直しましょう (e0702.c)

```
1:  #include <stdio.h>
2:
3:  int main(void);
4:
```

```
 5:    int main(void)
 6:    {
 7:        for (int i = 0; i < 10; i++) {
 8:            printf("%d: ", i);
 9:            for (int j = 0; j < i; j++) {
10:                putchar('*');
11:            }
12:            printf("\n");
13:        }
14:        return 0;
15:    }
```

■ 問題 7-3   (解答は p. 218)

　標準入力から複数行の英文字列を入力すると、文字種ごとに何文字あるか数えるプログラムを作ってください。文字種は、

- uppercase（大文字）— 関数 isupper を真にする文字
- lowercase（小文字）— 関数 islower を真にする文字
- alphabet（アルファベット）— 関数 isalpha を真にする文字
- space（スペース）— 関数 isspace を真にする文字

とします。ただし、ASCII の範囲外の文字（たとえば日本語など）は入力されないと仮定して構いません。
　実行例を以下に示します。

文字種を数えるプログラムの実行例

```
$ cat a0703-input.txt              ················ 入力ファイルの表示
This is the input file.
This is a test file.

$ ./a0703 < a0703-input.txt        ···································· 実行
uppercase:  2                      ············ 文字種ごとに文字数を表示する
lowercase: 31
alphabet: 33
space:    10
```

● 練習問題の解答

□ 問題 7-1 の解答　　　　　　　　　　　　　　（問題は p. 215）

① 【×誤り】このプログラムで0は表示されません。
② 【○正しい】
③ 【○正しい】

□ 問題 7-2 の解答　　　　　　　　　　　　　　（問題は p. 215）

解答は List A7-2 です。

List A7-2　　while文で書き直した（a0702.c）

```
 1: #include <stdio.h>
 2:
 3: int main(void);
 4:
 5: int main(void)
 6: {
 7:     int i = 0;
 8:     while (i < 10) {
 9:         int j = 0;
10:         printf("%d: ", i);
11:         while (j < i) {
12:             putchar('*');
13:             j++;
14:         }
15:         printf("\n");
16:         i++;
17:     }
18:     return 0;
19: }
```

実行結果は次のようになります。

List A7-2 の実行結果（List E7-2 の実行結果も同じ）

```
0:
1: *
2: **
3: ***
4: ****
5: *****
6: ******
7: *******
8: ********
9: *********
```

◻ 問題 7-3 の解答   （問題は p. 216）

List A7-3　問題 7-3 の解答 (a0703.c)

```
 1: #include <stdio.h>
 2: #include <ctype.h>
 3:
 4: int main(void);
 5:
 6: int main(void)
 7: {
 8:     int c;
 9:     long upper = 0L;
10:     long lower = 0L;
11:     long alpha = 0L;
12:     long space = 0L;
13:
14:     while ((c = getchar()) != EOF) {
15:         if (isupper(c)) {
16:             upper++;
17:         }
18:         if (islower(c)) {
19:             lower++;
20:         }
21:         if (isalpha(c)) {
22:             alpha++;
23:         }
```

```
24:            if (isspace(c)) {
25:                space++;
26:            }
27:        }
28:        printf("uppercase: %ld\n", upper);
29:        printf("lowercase: %ld\n", lower);
30:        printf("alphabet: %ld\n", alpha);
31:        printf("space: %ld\n", space);
32:        return 0;
33:    }
```

特に、以下の点に注意してください。

List A7-3 では1つも else を使っていません。その理由は、ある1つの文字 c が、複数の条件を同時に満たす場合があるからです。たとえば、大文字の英文字である 'A' を考えましょう。isupper('A') と isalpha('A') はどちらも真になります。したがって List A7-3 の変数のうち、upper と alpha の2つの変数を ++ しなければならないのです。もし、List A7-3 に else が入っていて、以下のようになっていたとしましょう。これでは、1文字ごとに upper, lower, alpha, space のどれか1つだけが ++ されることになってしまいます。

```
(正しく数えられない)
if (isupper(c)) {
    upper++;
} else if (islower(c)) {
    lower++;
} else if (isalpha(c)) {
    alpha++;
} else if (isspace(c)) {
    space++;
}
```

たとえば変数 c の値が 'A' のとき、upper++; だけが実行され、alpha++; は実行されません。else の有無で大きな違いになりますから注意してくださいね。

第8章
関数

▶この章で学ぶこと

　この章では、まとまった処理を行うための関数(かんすう)について学びます。この章には新しい用語がたくさん登場します。でも、一歩一歩ていねいに進めば必ず理解できることですから、がんばってマスターしましょう。それでは、スタート！

■ 関数

関数とは何か

　これまでのレッスンで、私たちは関数 atoi や関数 printf や関数 rand を使ってきました。特に関数 printf には本当にお世話になってますね。これらの関数を振り返って、関数とは何かを整理します。

関数 atoi の例
　関数 atoi の例を考えましょう。いま、

```
n = atoi("100");
```

という文があったとします。nがint型の変数だとすると、この文は、"100"という文字列を100という整数値に変換し、変数nに代入するという処理を行います。このとき、関数に渡される文字列"100"を引数といい、関数から戻ってくる整数値100を戻り値といいます。またこの一連の処理のことを関数atoiを呼び出すといいます。

関数printfの例

関数printfの例も見てみましょう。

```
printf("Answer=%d\n", n);
```

この文では、関数printfを呼び出しています。引数は2つあります。

- 1つ目の引数は、書式文字列 "Answer=%d\n"
- 2つ目の引数は、int型の変数n

関数printfは、与えられた引数を書式文字列に従って表示する処理を行います。関数printfの戻り値は表示した文字数になります（エラーならEOFという値）。

関数randの例

関数randも使いました（p. 85のList 3-7）。

```
n = rand();
```

この文では関数randを呼び出して、その戻り値を変数nに代入しています。randは呼び出すごとに擬似乱数（ランダムな数）を返す処理を行います。ですから、変数nにどんな値が代入されるかはわかりません。引数の個数は0個です。

　ここまでの話をまとめて表現するなら「関数とは、名前がついていて、0個以上の引数を持ち、0個か1個の戻り値を持ち、呼び出すとまとまった処理を行ってくれるプログラムの一部分」となるでしょう。

　これまで私たちはいくつかの関数を使ってきました。関数を呼び出してばかりいたわけですね。これからは、関数を作ることになります。あなたが名前を決め、引数を決め、戻り値を決め、どんな処理を行うかを決めるのです。

■ 和を求める関数を作る

　これから私たちはC言語で関数を作ります。例として「2つの数を足し合わせる関数」を作ることにしましょう。要するに「和を求める関数」です。
　「2と3の和を求めたいなら2+3と計算すればいい。そんなあたりまえの話をするのか」といいたくなるかもしれません。でもここでは、

- 関数を作るには、何を決める必要があるか
- 関数を作るには、プログラムに何を書けばいいのか
- 関数はどのように動くのか

ということをお話ししたいので、やさしい例で進みましょう。

int型の値2つを足し合わせる

　List 8-1を見てください。これは、int型の値2つを足し合わせるプログラムです。

List 8-1　int型の値2つを足し合わせるプログラム (0801.c)

```
 1: #include <stdio.h>
 2:
 3: int main(void);
 4:
 5: int main(void)
 6: {
 7:     int x = 100;
 8:     int y = 20;
 9:     int z = x + y;
10:     printf("%d + %d を計算すると %d になります。\n", x, y, z);
11:     return 0;
12: }
```

　このプログラムで和を求める計算を行っているのは、9行目ですね。
　実行結果は次の通りです。

List 8-1 の実行結果

```
100 + 20 を計算すると 120 になります。
```

ここまではまったく難しくありません。

int 型の値 2 つを関数 add を使って足し合わせる

ここで、話は関数に移ります。List 8-2 を見てください。これは、関数 add を使って int 型の値 2 つを足し合わせるプログラムです。

List 8-2 int 型の値 2 つを関数 add を使って足し合わせる (0802.c)

```c
 1: #include <stdio.h>
 2:
 3: int main(void);
 4: int add(int a, int b);
 5:
 6: int add(int a, int b)
 7: {
 8:     int c = a + b;
 9:     return c;
10: }
11:
12: int main(void)
13: {
14:     int x = 100;
15:     int y = 20;
16:     int z = add(x, y);
17:     printf("%d + %d を計算すると %d になります。\n", x, y, z);
18:     return 0;
19: }
```

実行結果は次の通りです。

List 8-2 の実行結果

```
100 + 20 を計算すると 120 になります。
```

List 8-1 と List 8-2 はまったく同じ動作をするプログラムですが、List 8-2 では関数 add を使って和を求める計算を行っています。その点だけが違います。

List 8-2 を静的に読む

まずは List 8-2 を静的に――つまり何が書かれているかを――読んでみましょう。特に関数 add に関わる部分に注目します。

- 4 行目は、**関数 add の宣言**です。
- 6 〜 10 行目は、**関数 add の定義**です。
- そして、16 行目は**関数 add の呼び出し**です。

①関数の宣言と、②関数の定義と、③関数の呼び出し。これらを理解するのがこの章の目標になります。

① 関数の宣言

List 8-2 の 4 行目にはこう書いてあります。

```
int add(int a, int b);
```

これは**関数 add の宣言**です。

関数の宣言というのは、コンパイラに対して「関数 add は int 型の引数を 2 個持っていて、戻り値の型は int 型だよ！」と伝えるためのものです。「この関数はこういうものだよ！」とコンパイラに対して宣言しているわけですね。

このような関数の宣言のことを**関数プロトタイプ**や**プロトタイプ宣言**といいます。関数の宣言は、関数を定義したり、関数を呼び出したりするよりも前の方（つまり、ソースファイルの上の方）に書きます。コンパイラに前もって伝えておくためです。

関数の宣言には、戻り値の型、名前、引数の型と名前を順番に書き、最後にセミコロン ; を書きます。

関数の宣言

❖ちょっと一言❖　**宣言とヘッダ**

関数の宣言は、ソースファイルの中にあるとは限りません。コンパイラが前もって読めればいいので、ヘッダに書かれていることもよくあります。たとえば、関数 printf の関数宣言は標準ヘッダ <stdio.h> に書かれており、関数 atoi や関数 rand の関数宣言は標準ヘッダ <stdlib.h> に書かれています。

② **関数の定義**

List 8-2 の 6 〜 10 行目にはこう書いてあります。

```
int add(int a, int b)
{
    int c = a + b;
    return c;
}
```

これが関数 add の定義です。

最初の行、

```
int add(int a, int b)
```

は関数の宣言にそっくりですが、関数の定義ではセミコロン（;）は付けません。よく見てください。

- 戻り値の型（ここでは int）を書く
- 関数の名前（ここでは add）を書く
- 引数の型と名前（ここでは int a と int b）をコンマ（,）区切りで書き、( ) でくくる

という形式になっています。

関数は呼び出して使いますから、そのためには名前をつけておく必要があります。add というのは「加える」という意味です。関数の名前はプログラマが考える部分になります。

関数 add の引数は 2 つ書いてあります。int a と int b ですね。この書き方は変数の定義と似ています。似ているのも道理、引数は変数の一種だからです。

❖ちょっと一言❖ 引数の読み方

引数は普通「ひきすう」と読みます。「いんすう」とは読みません。おそらく因数分解の因数と混同しないための工夫ではないでしょうか。

List 8-2 の 7 〜 10 行目で { } でくくられた部分、すなわち、

```
{
    int c = a + b;
    return c;
}
```

には、関数 add が行う処理の内容を書きます。ここには C 言語の文を並べることになります。この部分を関数の**本体**といいます。

ここで、

```
return c;
```

と書かれています。これは return 文（リターン）という新しい構文です。

英語の return は「戻る」や「帰る」という意味で、C 言語では「戻り値を持って関数の呼び出し元へ帰る」という処理を表すキーワードです。return の次に来る式の値が、その関数の戻り値です。ここでは、c という変数の値が関数 add の戻り値になります。

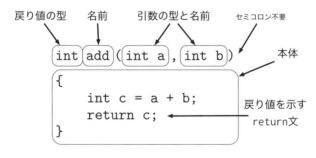

関数の定義

③ 関数の呼び出し

List 8-2 の 16 行目にはこう書いてあります。

```
    int z = add(x, y);
```

この行は関数mainの中に書かれています。これが**関数addの呼び出し**です。

　関数の呼び出しでは、先ほど定義しておいた関数を使うことになります。変数xの値と変数yの値を関数addに与え、関数addのreturn文の戻り値を変数zに代入しています。

　以上が、List 8-2 に書かれた関数の宣言、関数の定義、そして関数の呼び出しです。

List 8-2 を動的に読む

　さて、ここまで List 8-2 を静的に読んできましたが、まだ関数についてもやもやしていると思います。足し算をしているのはわかっても、引数や戻り値や型がごちゃごちゃしていることでしょう。

　そこで今度は List 8-2 を動的に——つまりどんな動きをするかを——図示しましょう。この図では、関数 main が関数 add を呼び出し、和の計算を行い、関数 add から戻り値を持って戻ってくるようすを描きました。よく調べてみましょう。①, ②, ③, ④の順に読んでください。

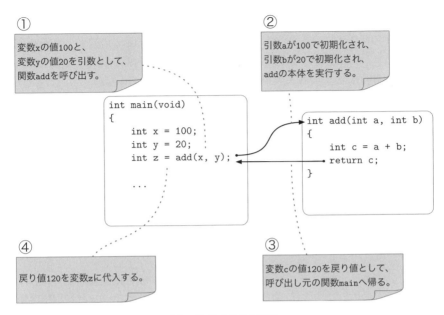

List 8-2 を動的に読む

どうして関数にするのか

「まあ、わかったよ。関数を定義して呼び出す方法については何とかわかったさ。でもね、どうしてこんなめんどうなことをするんだろう。List 8-1 と List 8-2 が同じ動作をするのなら、List 8-1 のままでいいじゃん。関数なんてややこしいものを作らなくても…」

もしかしたら、読者のあなたはそう考えるかもしれません。あなたは正しいです。確かに「2つの数を足す」だけの処理を行うのに、いちいち関数を作って呼び出す必要はまったくありません。関数はもっと複雑でまとまった処理を行うのがふつうです。

私たちは本書の第 0 章から printf という関数を使ってきました。関数 printf は便利ですよね。書式文字列の中に %d と書けば整数の値を表示してくれるし、%f と書けば浮動小数点の値を表示してくれますから。ところで便利な関数 printf がいったいどのように作られているか知っていますか。いいえ、私たちは printf がどのように作られているかは知りません。私たちが知っているのは printf をどのように使うかだけです。

でも、もちろん関数printfが何もないところからわいて出たわけではありません。プログラマの誰かがエディタを使って関数printfの宣言と定義を書いたのです。私たちはありがたいことに、その定義の内容を知らなくても関数printfを使うことができます。関数って便利だと思いませんか。

> ❖ちょっと一言❖　**「関数を作る」と「関数を使う」**
>
> - 「関数を作る」は、関数の定義を書くことに相当します。
> - 「関数を使う」は、関数の呼び出しを書くことを意味します。
>
> 関数の宣言は、関数の定義と呼び出しのいずれでも必要です。

> ❖ちょっと一言❖　**オープンソース**
>
> 現代では多くのプログラムのソースコードがオープンソースとして公開されています。それはプログラムの動作を調べたり、バグを取ったりする際に、ソースコードが**自由に読める状態**になっていることがたいへん重要だからです。

■ バリエーション

例：戻り値がない関数

List 8-3 を読んでください。関数の宣言・定義・呼び出しがどこにあるかを読みとってみましょう。

List 8-3　**1本だけのグラフ表示**（0803.c）

```
 1: #include <stdio.h>
 2:
 3: void print_graph(int x);
 4: int main(void);
 5:
 6: void print_graph(int x)
 7: {
 8:     for (int i = 0; i < x; i++) {
 9:         printf("*");
10:     }
```

```
11:        printf("\n");
12:    }
13:
14:    int main(void)
15:    {
16:        print_graph(10);
17:        return 0;
18:    }
```

List 8-3 の実行結果

```
**********
```

List 8-3 のプログラムには 2 つの関数が定義されています。1 つは print_graph、もう 1 つは main です。いいですね。

関数 print_graph の宣言は 3 行目、定義は 6 ～ 12 行目、呼び出しは 16 行目です。

関数 main の宣言は 4 行目、定義は 14 ～ 18 行目、呼び出しは…ここには書いてありません。C ではプログラムを動かし始めたときに自動的に main が呼び出されるようになっており、List 8-3 の中には main の呼び出しは書かれていません。

関数 print_graph を見てみましょう。関数の名前の中に _ が含まれています。_ は下線（アンダーライン、アンダースコア）といい、C 言語では名前に使うことができます。関数の名前は次の 63 文字で作ります。

A B C D E F G H I J K L M N O P Q R S T U V W X Y Z
a b c d e f g h i j k l m n o p q r s t u v w x y z
0 1 2 3 4 5 6 7 8 9
_

ただし、数字 0123456789 は関数の名前の 1 文字目に使うことはできません。つまり、print3 という名前の関数なら作れますが、3print という名前の関数は作れません。

❖ちょっと一言❖　**下線（_）で始まる名前は定義しない**

　下線（_）で始まる名前の一部はC言語の仕様で予約済みになっているので、関数や変数の名前を定義するときには使わないようにしましょう。途中に使うのは構いません。

◇ ESCR M1.7.3

❖ちょっと一言❖　**関数名に日本語を使うかどうか**

　コンパイラによっては関数名や変数名に日本語を使うこともできます。しかし、使用できないコンパイラもあるので、不用意に使うと移植性が低くなります。
　プロジェクトでプログラムを作る際には、識別子（関数名や変数名など）、コメント、文字列定数にどんな文字の使用を許すかを規定しましょう。

◇ ESCR P1.2.1

　関数の名前はあなたが自由につけて構いません。プログラマは関数の名付け親なのです。たとえば print_graph の代わりに printgraph や pg や veryverylongname のようにつけても、C言語の文法的には構いません。しかし print-graph としてはいけません。関数の名前にはマイナス（-）を含めることができないからです。print-graph と書くと、コンパイラは変数 print と関数 graph の引き算だと考える可能性があります。下線は2つ以上の単語を並べるときによく使われます。下線を使わず PrintGraph のように大文字小文字を混ぜる流儀もあります。

　関数の名前はよく考えてつけましょう。考えるのがめんどうくさいとき、あまり意味のない xxxx のような名前をつけてしまいがちですが、それはよくありません。その関数が何をするものかをふまえて名前を考えるように心がけましょう。

　関数の名前のつけ方や、読みやすいプログラムの書き方については、ダスティン・ボズウェルとトレバー・フォシェの『リーダブルコード』という本がお勧めです（p. xx 参照）。

❖ちょっと一言❖　**名前のつけ方を統一する**

　関数の名前に限りませんが、プログラミングで名前は重要です。あなたが個人でプログラムを作るときも、プロジェクトでプログラムを作るときも、名前に関する規約（命名規約）を定め、それに従うようにしましょう。名前のつけ方が統一されていると、プログラムの保守性が高まります。

◇ ESCR M4.3.1

List 8-3 に話を戻しましょう。List 8-3 の関数 print_graph の引数は x です。関数 print_graph は、引数 x で指定された個数のアスタリスク（*）を表示して、改行する処理を行います。この例のように、関数の本体には、C 言語の文を自由に書くことができます。List 8-3 では for 文が使われていますね。

ところで、関数 print_graph の中には return 文が登場していません。関数 print_graph は * という文字を表示するための関数で、List 8-2 の関数 add のように値を計算するためのものではありません。そういうときには**戻り値のない関数**を作ることもできるのです。return 文がなくても、関数の本体に書かれた文をすべて実行し終えたら、自動的に関数の呼び出し元に帰ります。戻り値のない関数の途中で呼び出し元に帰りたいときには、

    return;

と書きます。

戻り値のない関数は、戻り値の型として void と書きます。void は英語で「無効の」「空いた」「空の」という意味を持つ言葉です。C 言語では void は、int や char や double と同じ「型」を表すキーワードです。

もう 1 つここで大切な話をします。それは**局所変数**です。List 8-3 の関数 print_graph の中に登場する変数 i は、この関数の中でだけ（もっと正確にはこの for 文でだけ）使える変数です。このように、プログラムのある部分でだけ使用できる変数を局所変数といいます。この変数 i は、グラフに使う文字 * を表示するために for 文で使われています。たとえ他の関数の中で同じ名前の変数 i を定義していたとしても、関数 print_graph の中の変数 i とは無関係です。プログラムの他の部分がどうなっていようとも、ここに書かれた変数 i の意味は変わりません。他の部分を気にしなくてもいいというのは、プログラムを書いたり直したりするときにとてもありがたいことです。

古いコンパイラでは、局所変数を定義するのに関数の本体をくくっている {の直後や、ブロック開始の直後で定義する必要がありました。しかし C99 では、関数の途中でも局所変数を定義できます。以下の例では変数 c を関数の途中で定義し、初期化しています。

```c
int add_int(int a, int b)
{
    printf("a = %d\n", a);
    printf("b = %d\n", b);

    int c = a + b;

    printf("c = %d\n", c);

    return c;
}
```

例：引数の数を変える

関数を作る別の例です。List 8-4 は累乗(るいじょう)を計算するプログラムになります。

List 8-4　引数が 2 つの関数 (0804.c)

```c
 1: #include <stdio.h>
 2:
 3: int get_power(int x, int n);
 4: int main(void);
 5:
 6: // x の n 乗の計算
 7: int get_power(int x, int n)
 8: {
 9:     int y = 1;
10:     for (int i = 0; i < n; i++) {
11:         y *= x;
12:     }
13:     return y;
14: }
15:
16: int main(void)
17: {
18:     printf("%d\n", get_power(8, 2));
19:     return 0;
20: }
```

2^3 つまり 2 の三乗は、2 を 3 個掛けて、

$$2^3 = \underbrace{2 \times 2 \times 2}_{3 \text{ 個}} = 8$$

です。4^2 つまり 4 の二乗は、4 を 2 個掛けて、

$$4^2 = \underbrace{4 \times 4}_{2 \text{ 個}} = 16$$

です。このように x の n 乗を求める計算を累乗の計算といいます。n が 0 のときは累乗は 1 と定義されています。List 8-4 の中で定義されている関数 get_power はその累乗を計算します。

List 8-4 の実行結果

```
64
```

7 ～ 14 行目が関数 get_power の定義です。関数 get_power には引数が 2 つあります。

```
int get_power(int x, int n)
```

1 つ目の引数 int x と、2 つ目の引数 int n の間はコンマ（,）で区切られます。関数の引数はいくつあっても構いません。変数定義のときには、int x, y; という書き方で、2 個目の変数の型を省略できましたが、関数の引数では 1 つ 1 つ型を書く必要があります。つまり、

```
int get_power(int x, n)      (誤り)
```

と書くことはできません。

関数 get_power の定義では、for 文を使って、引数 x を n 個分掛け合わせています。関数 get_power で、変数 y を 1 で初期化している点にも注意してください。この初期化がないと累乗は正しく計算できません。またこれで、引数 n が 0 のときに累乗の答えは正しく 1 になります。

■ もっと詳しく

引数の評価順序は決まっていない

関数を呼び出すときには、まず引数をすべて評価します。たとえば、

```
printf("%d, %d\n", x, y);
```

のような文があったら、xとyという2つの式を評価することになります。しかし、引数をどのような順序で評価するか（評価順序）は、仕様で決められていません。

以下の文は、評価順序が変わったら結果が変わるという悪い例です。

```
int n = 0;
printf("%d, %d\n", n++, n); // 悪い例
```

このプログラムは、n++を先に評価するコンパイラでは0, 1と表示し、nを先に評価するコンパイラでは「0, 0」と表示することになります。このようなプログラムを書いては信頼性が低下してしまいます。

◇ ESCR R3.6.1

期待する表示が「0, 1」ならたとえば、

```
int n = 0;
printf("%d, %d\n", n, n + 1);
n++;
```

とします。

期待する表示が「0, 0」ならたとえば、

```
int n = 0;
printf("%d, %d\n", n, n);
n++;
```

とします。

printfの宣言と定義はどこにあるか

関数では宣言・定義・呼び出しが大切という話をしてきました。

関数printfの宣言は、標準ヘッダ<stdio.h>の中に書かれています。私た

ちは関数 printf を使うときに必ず、ソースコードの初めの方に、

    #include <stdio.h>

と書きました。#include は、ヘッダファイルを読み込むプリプロセッサの命令です。プログラマが #include を書くことで、コンパイラは必要なヘッダファイルを読み込み、関数 printf の宣言を知ることができるのです。

では、関数 printf の**定義**はどこにあるのでしょうか。それは場合によります。開発環境を整えたときに標準ライブラリ関数のソースコードがインストールされる場合もありますし、ソースコードはインストールされず、コンパイラがリンクできるライブラリの形としてインストールされる場合もあります。

分割コンパイルと関数の宣言

C 言語のコンパイラは**分割コンパイル**をサポートしています。分割コンパイルとは、複数のソースファイル（file1.c, file2.c, file3.c, ...）を別々にコンパイルし、最後にそれをライブラリなどといっしょにリンクして、1 つの実行ファイルを作るという開発方法のことです。

分割コンパイルを行うと、ソースファイルを別々に編集しやすくなりますので、複数人での開発が楽になります。

関数 printf のような標準ライブラリ関数自体、分割コンパイルの恩恵を受けています。世界のどこかにいるプログラマの P さんが、printf という関数の定義を printf.c のようなソースファイルに書き、コンパイルしてライブラリの形にしました。そしてあなたは、printf という関数の呼び出しを hello.c のようなソースファイルに書き、コンパイルしてライブラリとリンクして実行ファイルを作りました。分割してコンパイルしていますね。

分割コンパイルして開発を行うとき、大切なのがヘッダファイルです。P さんが定義した関数 printf と、あなたが呼び出そうとしている関数 printf は果たして同じ関数の宣言になっているでしょうか。引数や戻り値の型は一致しているでしょうか。

ヘッダファイルの中に関数の宣言を置き、P さんとあなたが共通のヘッダファイルを使えば、関数の定義と、関数の呼び出しとに不整合がないことが保証できます。

もう少し具体的にお話ししましょう。

私たちは標準入力から 1 行文字列を受け取るために、関数 get_line を作り、使ってきました。簡単のためにソースファイル中に関数 get_line の宣言と定

義の両方を書いてきましたが、ここで分割コンパイルのためにファイルを分離してみましょう。それが、List 8-5a, List 8-5b, List 8-5c です。

　List 8-5a は、関数 get_line の宣言が書かれたヘッダファイル get_line.h です。

　List 8-5b は、関数 get_line の定義が書かれたソースファイル get_line.c です。

　そして List 8-5c は、関数 get_line の呼び出しが書かれたソースファイル 0805.c です。

List 8-5a　関数 get_line の宣言が書かれたヘッダファイル (get_line.h)

```
1:  void get_line(char *buffer, int size);
```

List 8-5b　関数 get_line の定義が書かれたソースファイル (get_line.c)

```
 1:  #include <stdio.h>
 2:
 3:  #include "get_line.h"
 4:
 5:  void get_line(char *buffer, int size)
 6:  {
 7:      if (fgets(buffer, size, stdin) == NULL) {
 8:          buffer[0] = '\0';
 9:          return;
10:      }
11:
12:      for (int i = 0; i < size; i++) {
13:          if (buffer[i] == '\n') {
14:              buffer[i] = '\0';
15:              return;
16:          }
17:      }
18:  }
```

List 8-5c　関数 get_line の呼び出しが書かれたソースファイル (0805.c)

```
 1:  #include <stdio.h>
 2:  #include <stdlib.h>
 3:
 4:  #include "get_line.h"
 5:
 6:  #define BUFFER_SIZE 256
 7:
 8:  int main(void);
 9:
10:  int main(void)
11:  {
12:      char buffer[BUFFER_SIZE];
13:
14:      printf("あなたの名前を入力してください。\n");
15:      get_line(buffer, BUFFER_SIZE);
16:      printf("%s さん、こんにちは。\n", buffer);
17:
18:      return 0;
19:  }
```

分割コンパイルと実行例（UNIX 系の場合）

```
$ gcc -c -o get_line.o get_line.c    .. -c オプションを付けてコンパイル
$ ls get_line.o           ............ オブジェクトファイル get_line.o ができたか
get_line.o                ............ オブジェクトファイル get_line.o ができた
$ gcc -c -o 0805.o 0805.c             .. -c オプションを付けてコンパイル
$ ls 0805.o               ............ オブジェクトファイル 0805.o ができたか
0805.o                    ............ オブジェクトファイル 0805.o ができた
$ gcc -o 0805 0805.o get_line.o       ............ すべてをリンク
$ ls 0805                 ............ 実行ファイル 0805 ができたか
0805                      ............ 実行ファイル 0805 ができた
$ ./0805                  ............ 実行
あなたの名前を入力してください。
Alice
Alice さん、こんにちは。
```

分割コンパイルと実行例（Windows の場合）

```
C:\work> cl /c get_line.c          ........  /cオプションを付けてコンパイル
C:\work> cl /c 0805.c              ........  /cオプションを付けてコンパイル
C:\work> cl 0805.obj get_line.obj  ........................  すべてをリンク
C:\work> 0805                      ...................................................  実行
あなたの名前を入力してください。
Alice
Alice さん、こんにちは。
```

　List 8-5b と List 8-5c の両方が**共通のヘッダファイルをインクルードしている**というところがポイントです。

　関数 printf や関数 fgets を含んだ標準ライブラリは開発環境の作成者が作ります。私たちはそれらの関数を使うため、ソースコード get_line.c や 0805.c の中で、標準ヘッダ <stdio.h> をインクルードします。それと同じように、関数 get_line を作る人と関数 get_line を使う人は、共通のヘッダファイル get_line.h をインクルードします。ややこしいので、図示してみましょう。標準ヘッダやヘッダファイルを複数の .c ファイルが共有しているところがポイントです。じっくり見てください。

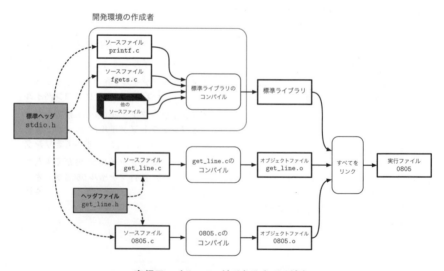

実行ファイル 0805 ができるまでの流れ

❖ちょっと一言❖　**プロトタイプ宣言は 1 箇所に記述する**

　上の例に示したように、関数のプロトタイプ宣言は 1 箇所に記述して、関数定義と関数呼び出しの両方から参照するようにします。これで不整合を防止し、信頼性を高めることができます。

◇ ESCR R2.8.3

❖ちょっと一言❖　**< > と " " の違い**

　List 8-5b では以下のように < > と " " が使われています。
　　#include <stdio.h>
　　#include "get_line.h"
< > は主に標準ヘッダに対して使われます。
" " は主にユーザが作成したヘッダファイルに対して使われます。

▶この章で学んだこと

　この章では、

- 関数の宣言・定義・呼び出し
- 関数の引数と戻り値

について学びました。
　ここまでの章で、

- 文字列表示
- 四則演算
- 変数
- 条件分岐（if 文、switch 文）
- 繰り返し（for 文、while 文）
- 関数

について学びました。次の章からはまた変数の話に戻ります。変数が番号付きでずらりと並んでいる「配列」について学びましょう。

●ポイントのまとめ

- まとまった処理を行うのに関数を使います。
- 関数の宣言は、以下のように書きます。
    ```
    int add(int a, int b);
    ```
- 関数の定義は、以下のように書きます。
    ```
    int add(int a, int b)
    {
        int c;
        c = a + b;
        return c;
    }
    ```
- 関数が値を返すときにはreturn文を使います。
- 関数の名前には英数字と下線が使えますが、数字で始めることはできません。

● 練習問題

■ 問題 8-1 　　　　　　　　　　　　　　（解答は p. 244）

p. 230 の List 8-3 の関数を使い、文字 * を 10 個表示しようと思って、

```
Print_graph(10);
```

という文をプログラム中に書きました。ところが、コンパイルするとエラーになってしまいました。なぜでしょうか。

■ 問題 8-2 　　　　　　　　　　　　　　（解答は p. 245）

次の関数fooは何をする関数でしょうか。

```
int foo(int n)
{
    if (n > 0) {
        return n;
    } else {
        return -n;
```

        }
    }

■ 問題 8-3 　　　　　　　　　　　　　　　　　　　　（解答は p. 245）

次の関数 baa は何をする関数でしょうか。

```
void baa(int x, char c)
{
    for (int i = 0; i < x; i++) {
        printf("%c", c);
    }
    printf("\n");
}
```

■ 問題 8-4 　　　　　　　　　　　　　　　　　　　　（解答は p. 245）

List E8-4 のまちがいを探してください。

List E8-4　まちがい探し（e0804.c）

```
 1:  #include <stdio.h>
 2:
 3:  int get_power(int x, int n)
 4:  int main(void);
 5:
 6:  // x の n 乗の計算
 7:  int get_power(int x, int n);
 8:  {
 9:      int y = 1;
10:      for (int i = 0; i < n; i++) {
11:          y *= x;
12:      }
13:      retarn y;
14:  }
15:
16:  int main(void)
17:  {
18:      printf("%d\n", get_power(8, 2));
19:      return 0;
20:  }
```

■ 問題 8-5　　　　　　　　　　　　　　　　　　　　（解答は p. 246）

　変数 x の値が、-8, -7, ..., -1, 0, ..., 7, 8 と変化するときの x の二乗のグラフを描くプログラムを作ってください。期待する実行結果は次の通りです。

期待する実行結果

```
*****************************************************************
*******************************************************
*************************************
*************************
*****************
*********
****
*

*
****
*********
*****************
*************************
*************************************
*******************************************************
*****************************************************************
```

ヒント：わからないときは List 8-3 と List 8-4 を参考にしてください。

● 練習問題の解答

□ 問題 8-1 の解答　　　　　　　　　　　　　　　　　（問題は p. 242）

　関数の名前が誤っているからです。
　p. 230 の List 8-3 で定義されている関数の名前は、

　　`Print_graph`

ではなく、

　　`print_graph`

です。C 言語では関数や変数の名前の**大文字と小文字は区別**します。ですから、`Print_graph` と `print_graph` は別の関数として扱われます。関数 `Print_graph` という関数が定義されていないのでエラーになったのです。

問題 8-2 の解答　　　　　　　　　　　　　　　　　　　（問題は p. 242）

　関数 foo は、引数 n の絶対値を得る関数です。
　関数 foo は、int 型の引数を 1 つ持ち、int 型の値を戻り値とします。引数 n が 0 より大きい（正である）とき、関数 foo は引数をそのまま返します。引数 n が 0 以下（負または 0）のとき、関数 foo は引数の符号を変えて返します。これは引数 n の絶対値を取っていることに他なりません。たとえば foo(3) の値は 3、foo(-4) の値は 4 となります。

問題 8-3 の解答　　　　　　　　　　　　　　　　　　　（問題は p. 243）

　関数 baa は、引数 x 個分だけ文字 c を表示する関数です。
　関数 baa は、表示する文字が引数 c で指定できる以外は、p. 230 の List 8-3 で定義した関数 print_graph と同じです。

問題 8-4 の解答　　　　　　　　　　　　　　　　　　　（問題は p. 243）

　List E8-4 をコンパイルすると、たとえば次のようなメッセージが表示されます。

List E8-4 のコンパイル例

```
e0804.c:3:28: error: expected ';' after top level declarator
int get_power(int x, int n)
                           ^
                           ;
e0804.c:8:1: error: expected identifier or '('
{
^
2 errors generated.
```

　コンパイラが出したメッセージはよく読みましょう。表示された行番号のあたりを見てみると…

- 3 行目の宣言にセミコロンがない。
- 7 行目にセミコロンがある。
- 13 行目の return のつづりが ret<u>a</u>rn になっている。

という 3 つの誤りが見つかりました。List E8-4 を正しく直したものは p. 234 の List 8-4 になります。

□ 問題 8-5 の解答   （問題は p. 244）

List A8-5　　二乗のグラフを描くプログラム（a0805.c）

```
 1: #include <stdio.h>
 2:
 3: void print_graph(int x);
 4: int get_power(int x, int n);
 5: int main(void);
 6:
 7: void print_graph(int x)
 8: {
 9:     for (int i = 0; i < x; i++) {
10:         printf("*");
11:     }
12:     printf("\n");
13: }
14:
15: int get_power(int x, int n)
16: {
17:     int y = 1;
18:     for (int i = 0; i < n; i++) {
19:         y *= x;
20:     }
21:     return y;
22: }
23:
24: int main(void)
25: {
26:     for (int i = -8; i <= 8; i++) {
27:         print_graph(get_power(i, 2));
28:     }
29:     return 0;
30: }
```

関数 print_graph の定義は p. 230 の List 8-3 そのままです。違うのは呼び出しの部分です。List 8-3 では関数 print_graph の引数は 10 という定数でしたが、List A8-5 では関数 print_graph の引数は get_power(i, 2) という関数になっています（27 行目）。

　　print_graph(get_power(i, 2));

という複雑な文の動作は次のようになります。

① 関数 get_power が呼び出される。（引数は i と 2 の 2 つ）
② 関数 get_power が計算をする。
③ その結果が戻ってくる。（戻り値は i の二乗）
④ 関数 print_graph が呼び出される。（引数は i の二乗）
⑤ 関数 print_graph がグラフを表示する。
⑥ 関数 print_graph から戻ってくる。（戻り値はなし）

　もちろん、関数 get_power なんて使わなくてもいいですよ。27 行目の、

　　print_graph(get_power(i, 2));

を、

　　print_graph(i * i);

と書いても構いません。この場合には関数 get_power の宣言と定義は不要になりますので、List A8-5 の 4 行目にある宣言と、15 〜 22 行目にある定義は削除して構いません。

第9章
配列

▶この章で学ぶこと

この章では、配列について学びます。

配列というのは、一言でいえば複数の変数に番号を付けてまとめたものです。変数の一種ですから、まずは、変数の復習から始めましょう。その後、そこで使った例題を使って配列の説明をしますので、「変数なんかもう知っているよ」というあなたも、先を急がずじっくり読んでくださいね。

■ 変数から配列へ

変数の復習

変数は、名前のついた箱のようなものです。そして、その箱の中には数や文字を入れておくことができます。第3章で学んだ「変数という箱に対してできること」を覚えていますか。それは、

① 変数を作る（変数定義）
② 値を入れる（代入）

③ 値を見る（参照）

ですね。

たとえば、国語・数学・英語の試験があったとします。それぞれの点数が 65 点、90 点、75 点だったとしましょう。この 3 つの点数の平均点を計算するプログラムは List 9-1 のようになります。

List 9-1　国語・数学・英語の平均点を計算する （0901.c）

```
 1: #include <stdio.h>
 2:
 3: int main(void);
 4:
 5: int main(void)
 6: {
 7:     int kokugo, suugaku, eigo;
 8:     double heikin;
 9:
10:     kokugo = 65;
11:     suugaku = 90;
12:     eigo = 75;
13:     heikin = (kokugo + suugaku + eigo) / 3.0;
14:
15:     printf("国語は %d 点\n", kokugo);
16:     printf("数学は %d 点\n", suugaku);
17:     printf("英語は %d 点\n", eigo);
18:     printf("平均点は %0.1f 点\n", heikin);
19:
20:     return 0;
21: }
```

List 9-1 の実行結果

```
国語は 65 点
数学は 90 点
英語は 75 点
平均点は 76.7 点
```

List 9-1 を見ますと、国語・数学・英語の点数用に変数が 3 つ定義されています（7 行目）。

```
int kokugo, suugaku, eigo;
```

それから平均点用の変数を 1 つ定義しています（8 行目）。

```
double heikin;
```

次に、点数を代入しています（10 〜 12 行目）。

```
kokugo = 65;
suugaku = 90;
eigo = 75;
```

そして、平均点を計算しています（13 行目）。

```
heikin = (kokugo + suugaku + eigo) / 3.0;
```

それから、結果を参照して表示しています（15 〜 18 行目）。18 行目では、

```
printf("平均点は %0.1f 点\n", heikin);
```

のように %0.1f という書式文字列を使って、小数第 1 位までを表示しています。詳しくは、「付録：関数 printf の書式文字列」（p. 446）を参照してください。

定義・代入・参照を思い出しましたか。それではいよいよ配列の話に入りましょう。

配列を使ったプログラム

List 9-1 では、国語・数学・英語の 3 教科の点数のために 3 つの変数を別々に定義しました。けれどもこの 3 つの変数にはすべて「点数を表す」という共通の目的がありますね。C 言語には、共通の目的を持つ**複数の変数に番号を付けてまとめる**という仕組みが用意されています。それが、この章で学ぶ配列なのです。

> ❖しっかり覚えよう❖ **配列とは**
>
> 配列とは、複数の変数に番号を付けてまとめたものである。

List 9-2 を見てください。このプログラムは List 9-1 と同じ動作をしますが、配列を使って書き直したものです。じっと見て、何がどうなっているのかを調べてみましょう。

List 9-2　国語・数学・英語の平均点を配列を使って計算する（0902.c）

```c
 1:  #include <stdio.h>
 2:
 3:  int main(void);
 4:
 5:  int main(void)
 6:  {
 7:      int ten[3];
 8:      double heikin;
 9:
10:      ten[0] = 65;
11:      ten[1] = 90;
12:      ten[2] = 75;
13:      heikin = (ten[0] + ten[1] + ten[2]) / 3.0;
14:
15:      printf("国語は %d 点\n", ten[0]);
16:      printf("数学は %d 点\n", ten[1]);
17:      printf("英語は %d 点\n", ten[2]);
18:      printf("平均点は %0.1f 点\n", heikin);
19:
20:      return 0;
21:  }
```

List 9-2 の実行結果

```
国語は 65 点
数学は 90 点
英語は 75 点
平均点は 76.7 点
```

配列を定義する

まず7行目を見てください。ここで配列を定義しています。

　　int ten[3];

最初に書かれているintは、配列の型を表します。配列は変数の一種ですから、必ず型を持ちます。

次に書かれているtenは配列の名前です。ここではtenという名前の配列を定義しているわけです。

次に [ ] でくくられている3は**配列の要素**の個数です。

団地に複数の住居が集まっているように、配列には複数の変数が集まっています。配列の要素というのは、集まっている個々の変数のことです。

ここで定義している配列tenには、int型の変数が3つ集まっていることになります。

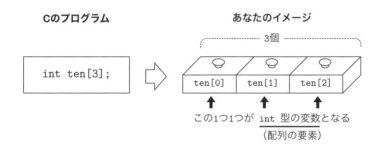

配列の定義

要素の個数をくくっているのは [ ] です。これは大カッコ、角カッコ、ブラケットなどといいます。配列が持っている要素の個数のことを配列の**大きさ**や**サイズ**や**長さ**といいます。配列を定義するとき、配列の大きさは定数で指定します。その結果、コンパイルする時点で配列の大きさは具体的に決まっていることになります。

ここまでの話をまとめましょう。

　　int ten[3];

という配列の定義を行うと、int型の変数が3つ用意され、その配列全体に

tenという名前がつけられます。この配列の大きさは3です。

これが、配列の定義です。

> ❖ちょっと一言❖　**可変長配列は使用しない**
>
> 🔒 セキュリティを意識しよう
>
> C99では、実行する時点で大きさが決まる可変長配列も定義できます。たとえば、以下のプログラムでは、引数sizeの値に応じて配列tenの大きさが決まります。
>
> ```
> void foo(int size)
> {
>     int ten[size];
>
>     ...
> }
> ```
>
> しかし、可変長配列は関数のスタック領域に割り当てられるため、実行時にスタックオーバーフローを起こす場合があり、プログラムの信頼性を低下させます。可変長配列は使用しないようにしましょう。
>
> ◆ ESCR R3.1.4

配列の要素に代入する

次に、配列の要素への代入を考えましょう。配列ten[3]には3つの要素があります（10～12行目）。その要素のそれぞれに国語・数学・英語の点数を代入しています。

```
ten[0] = 65;
ten[1] = 90;
ten[2] = 75;
```

これはそれぞれ、

- 配列tenの0番目の要素に65を代入する
- 配列tenの1番目の要素に90を代入する
- 配列tenの2番目の要素に75を代入する

という意味になります。

　重要な注意：C言語の**配列は必ず0番目から始まります**。1番目から始まるのではありません。0番目って変な言い方だなあ、と感じられるかもしれませんが、ここは慣れないと必ずまちがえる点ですので注意してください。

0番目から始まる、ということは、要素の個数が3個の場合、ten[3]は使えないことになります。先ほど、int ten[3];として定義しましたので、ついうっかりten[3]も使えるような気になってしまいそうです。けれど、定義で書いた3は要素の「個数」を表しているのであって、ten[3]まで使えることを表しているのではありません。

もしもten[3]に代入したり、ten[3]を参照したりすると、それは4つ目の要素にアクセスしていることになりますね。それはできません。

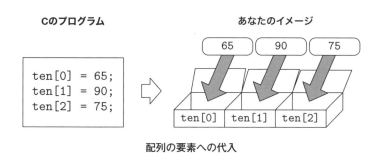

配列の要素への代入

また、[ ]の中に書かれた数のことを添字(そえじ)といいます。英語ではindex(インデックス)です。

> ❖しっかり覚えよう❖ 配列の添字は…
>
> 配列の添字は0番目から始まる。
> 配列ten[3]の大きさは3である。
> この場合、使えるのはten[0]と、ten[1]と、ten[2]である。
> ten[3]は使えない。

配列の要素を参照する

定義、代入、と来たら次は参照です。もうおわかりでしょう。配列の要素の値を参照したいときには、代入のときと同じように、

 配列名[添字]

と書きます。List 9-2では、配列の要素同士の足し算をしたいときには、

```
    ten[0] + ten[1] + ten[2]
```

と書いています（13 行目）。またそれぞれの点数を表示したければ、

```
    printf("国語は %d 点\n", ten[0]);
    printf("数学は %d 点\n", ten[1]);
    printf("英語は %d 点\n", ten[2]);
```

と書くのです（15 ～ 17 行目）。これは普通の変数と同じですね。

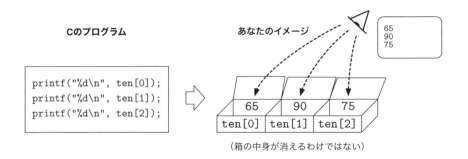

配列の要素の参照

配列と普通の変数の比較

　さて、定義・代入・参照を説明しましたが、いかがですか。先ほども書いたように、配列の要素すなわち、

　　配列名 [添字]

は、これまで学んできた1つの「変数」に相当します。ですから、ここで配列と変数を比較して整理しておくのがいいですね。次の表を見ると、配列名 [添字] が確かに 変数名 と同じ扱いになっているのがわかります。

配列と変数の比較

	配列	変数
定義	int ten[3];	int kokugo, suugaku, eigo;

代入	ten[0] = 65;
	ten[1] = 90;
	ten[2] = 75;
		kokugo = 65;
		suugaku = 90;
		eigo = 75;

参照	printf("%d\n", ten[0]);
	printf("%d\n", ten[1]);
	printf("%d\n", ten[2]);
		printf("%d\n", kokugo);
		printf("%d\n", suugaku);
		printf("%d\n", eigo);

　配列の特徴は「添字が付いている」ということです。変数に0,1,2,...という番号を付けていることに相当します。団地の住居に番号が付いているようなものですね。もっとも、団地が1号室から始まるのに対し、配列は0号室から始まりますけどね。

■ バリエーション

例：添字を変数にする

　List 9-2 では配列の添字は0,1,2という定数でした。配列を参照するとき、配列の添字は変数にすることもできます。
　ちょっとストップ。いま、何ていいましたっけ。さらっと読み流していませんか。ちゃんと考えながら読んでいますか。専門用語が多くなると、つい読み流してしまいがちです。でも、ここが頭の使いどころ。「ハイレツのソエジをヘンスウにする」っていったいどういうことなのか、ちょっと本書から目を離して考えてみてくださいね。
　…それでは、List 9-3 を見てください。これは List 9-1 や List 9-2 とまったく同じ動作をするプログラムです。

List 9-3　配列の添字を変数にする（0903.c）

```
1:  #include <stdio.h>
2:
3:  int main(void);
4:
5:  int main(void)
```

```
 6:    {
 7:        int ten[3];
 8:
 9:        ten[0] = 65;
10:        ten[1] = 90;
11:        ten[2] = 75;
12:        int sum = 0;
13:        for (int i = 0; i < 3; i++) {
14:            sum = sum + ten[i];
15:        }
16:        double heikin = sum / 3.0;
17:        printf("国語は %d 点\n", ten[0]);
18:        printf("数学は %d 点\n", ten[1]);
19:        printf("英語は %d 点\n", ten[2]);
20:        printf("平均点は %0.1f 点\n", heikin);
21:        return 0;
22:    }
```

List 9-3 でまっさきに見てもらいたいのは 14 行目です。こう書いてあります。

```
sum = sum + ten[i];
```

いままで、ten[0], ten[1], ten[2] という書き方は見てきましたが、ここで初めて、

```
ten[i]
```

という書き方が登場します。[ ] ではさまれた、添字のところに変数 i が使われています。これはどういう意味でしょうか。

List 9-3 の 13 〜 15 行目にある for 文を実行するとき、変数 i の値は 0, 1, 2 と変化します。配列の要素 ten[i] はそのそれぞれに対して ten[0], ten[1], ten[2] を表すのです。これが「配列の添字を変数にする」という意味です。

ここで出てきた for 文は、

```
sum = sum + ten[0];
sum = sum + ten[1];
sum = sum + ten[2];
```

という 3 つの文を実行しているのと同じです。結局、この for 文は、

```
sum = ten[0] + ten[1] + ten[2];
```

と同じ動作をすることになるのです。

「ちょっと待ってよ。どうして？」と疑問に思われますか。それではもう少していねいに進みましょう。List 9-3 の 12 行目から 1 行 1 行読んでいきましょう。

List 9-3 を静的に読む

12 行目。

```
int sum = 0;
```

変数 sum を定義して、0 で初期化します。この変数に 3 教科の合計が入るようになります。

13 行目。

```
for (int i = 0; i < 3; i++) {
```

for 文の始まり。15 行目までが for 文の範囲です。変数 i は繰り返すたびに 0,1,2 と変化します。

14 行目。

```
sum = sum + ten[i];
```

変数 sum の値に ten[i] の値を加えて、その結果を変数 sum に代入し直します。すなわち、第 i 番目までの点数を合計し、変数 sum に代入したことになります。

15 行目。

```
}
```

これは、13 行目から始まった for 文の終わりです。

16 行目。

```
double heikin = sum / 3.0;
```

for 文の実行が終わった時点で変数 sum には 3 教科の合計点が入っています。それを 3.0 で割って平均点を出し、変数 heikin に代入します。

いまはプログラムの字面を 1 行 1 行読みました。いわば静的に観察したわ

けです。今度は 12 〜 16 行目を実際に動作させて、1 ステップずつスローモーションで見てみましょう。これはいわば動的な観察といえます。また for 文の復習も兼ねています。

List 9-3 を動的に読む

12 〜 16 行目のプログラムは、以下の①から⑨の順に動きます。

```
12  int sum = 0;                        ①
13  for (int i = 0; i < 3; i++) {       ②    ④    ⑥    ⑧
14      sum = sum + ten[i];             ③    ⑤    ⑦
15  }
16  double heikin = sum / 3.0;                              ⑨
```

① 12 行目。`int sum = 0;` で、変数 sum の値は 0 になりました。

② 13 行目。`i = 0` で、変数 i の値は 0 になりました。条件式 `i < 3` は真ですか。はい、真です。変数 i の現在の値は 0 ですから。

③ 14 行目。次の文を実行します。

`sum = sum + ten[i];`

sum の現在の値は 0 です。i の現在の値は 0 です。ですから、`sum + ten[i]` は `0 + ten[0]` と同じことです。`ten[0]` の値は 65 ですから、変数 sum には 0 + 65 を評価した値の 65 が代入されます。これで、変数 sum の値は第 0 番目の教科（国語）の点数となりました。

④ 13 行目。`i++` で、変数 i の値は 1 になりました。条件式 `i < 3` は真ですか。はい、真です。変数 i の現在の値は 1 ですから。

⑤ 14 行目。次の文を実行します。

`sum = sum + ten[i];`

変数 sum の現在の値は 65 です。変数 i の現在の値は 1 です。ですから、`sum + ten[i]` は `65 + ten[1]` と同じことです。`ten[1]` の値は 90 ですから、変数 sum には 65 + 90 を評価した値の 155 が代入されます。変数 sum の値は第 0 番目の点数と第 1 番目の点数の合計となりました。

⑥ 13 行目。`i++` で、変数 i の値は 2 になりました。条件式 `i < 3` は真ですか。はい、真です。変数 i の現在の値は 2 ですから。

⑦ 14 行目。次の文を実行します。

```
    sum = sum + ten[i];
```

　変数 sum の現在の値は 155 です。変数 i の現在の値は 2 です。ですから、sum + ten[i] は 155 + ten[2] と同じことです。ten[2] の値は 75 ですから、変数 sum には 155 + 75 を評価した値の 230 が代入されます。変数 sum の値は第 0, 1, 2 番目の点数の合計となりました。**確かに、これで合計が計算できています。**けれど、ここで気をゆるめてはいけません。プログラムはまだ続くからです。

　⑧ 13 行目。i++ で、変数 i の値は 3 になりました。条件式 i < 3 は真ですか。いいえ。変数 i の現在の値は 3 ですから、i < 3 の値は偽です。条件式が偽なので、for 文の実行を終了し、16 行目にジャンプします。

　⑨ 16 行目。変数 sum の値は現在 230 です。変数 sum の型は int 型ですから、230 も int 型です。3.0 は .0 が付いていますから double 型です。C 言語では異なる型同士の計算のときは妥当な**型変換**(かたへんかん)が行われます。int 型を double 型で割るときには、整数が浮動小数点数に自動的に変換されて計算が進みます。したがって割り算の結果も浮動小数点数となります。変数 heikin にはその結果が代入されます。

　次の点にはちょっと注意が必要です。

```
    double heikin = sum / 3.0;
```

ではなくて、もし

```
    double heikin = sum / 3;
```

と書いたとしましょう。すると sum / 3 は 整数 ÷ 整数 なので、割り算の結果は小数点以下切り捨てになってしまいます。切り捨てられた結果を浮動小数点型の変数 heikin に代入しても、小数点以下の情報は復元しません。すでに割り算の時点で小数点以下の情報は捨てられてしまったからです。

　話を配列に戻します。「配列の添字を変数にする」というのは for 文を使って配列をコントロールする重要な例です。たとえば、

```
    int ten0, ten1, ten2;
```

のように変数を 3 つ定義したとします。これは配列ではなく普通の変数です。確かにこれでも国語・数学・英語の 3 教科の点数を表現できます。しかし、for 文を使ってこの 3 つの変数をコントロールすることはできません。ten i

なんて書いてもだめです。ten0の0は変数の名前の一部にすぎないからです。
ten0とten[0]の違いはわかりますね。

例：配列の大きさを5にする

では、別のプログラムを見てみましょう。List 9-4では配列の大きさを5にしました。つまりこれで5教科の点数の平均を求められます。

List 9-4 配列の大きさを5にする (0904.c)

```c
 1:  #include <stdio.h>
 2:
 3:  #define MAX_TEN 5
 4:
 5:  int main(void);
 6:
 7:  int main(void)
 8:  {
 9:      int ten[MAX_TEN];
10:
11:      ten[0] = 65;
12:      ten[1] = 90;
13:      ten[2] = 75;
14:      ten[3] = 45;
15:      ten[4] = 82;
16:      int sum = 0;
17:      for (int i = 0; i < MAX_TEN; i++) {
18:          sum = sum + ten[i];
19:      }
20:      double heikin = (double)sum / MAX_TEN;
21:      printf("国語は %d 点\n", ten[0]);
22:      printf("数学は %d 点\n", ten[1]);
23:      printf("英語は %d 点\n", ten[2]);
24:      printf("理科は %d 点\n", ten[3]);
25:      printf("社会は %d 点\n", ten[4]);
26:      printf("平均点は %0.1f 点\n", heikin);
27:      return 0;
28:  }
```

List 9-4 の実行結果

```
国語は 65 点
数学は 90 点
英語は 75 点
理科は 45 点
社会は 82 点
平均点は 71.4 点
```

　配列の定義 (9 行目)、for 文の繰り返し回数 (17 行目)、そして平均点の計算 (20 行目) に MAX_TEN と書かれています。これらはすべて教科数を表す 5 という整数になります。3 行目で、MAX_TEN という名前の**マクロ**を 5 と定義しています。

> ※ちょっと一言※　**意味のある定数はマクロにする**
>
> 　プログラム中に 3 や 5 のような定数を直接書くよりも、List 9-4 のようにいったん #define でマクロとして定義し、そのマクロをプログラム中に書くのはいいことです。この方が、意味がはっきりして読みやすく保守性を高める効果があるからです。ただし、配列の大きさの場合には、もっといい方法があります。それは List 9-7 の sizeof を使う方法です。
>
> ◆ ESCR M1.10.1

　配列の要素が増えると、代入がめんどうになってきますね。List 9-3 では配列の要素への代入は 3 つですみましたが、List 9-4 では 5 つに増えました (11 ～ 15 行目)。配列をまとめて初期化する方法は最後のバリエーションで考えるとして、注目すべきは List 9-4 の for 文です (17 ～ 19 行目)。配列の要素が多くなっても、この for 文って、全然複雑になっていませんよね。もし for 文を使わなかったら、5 つの要素の合計を求めるのに、

　　`ten[0] + ten[1] + ten[2] + ten[3] + ten[4]`

と全部書かなければなりません。もしも要素が 100 個あったら…ああ恐ろしや。for 文は要素が増えても、条件の中身を変えるだけで繰り返しの数を自由に増やすことができるのです。for 文は便利ですねえ。ついでにいえば、MAX_TEN というマクロを使っていれば、for 文の条件の中身を書き換える必要すらありません。MAX_TEN を 3 にすれば 3 回繰り返し、5 にすれば 5 回繰り返

し、100にすれば100回繰り返してくれるのです。

List 9-4の20行目に新しい演算子が登場しました。

    double heikin = (double)sum / MAX_TEN;

この、(double) というのは型変換を強制的に行うための演算子です。キャスト演算子といいます。ここでは int 型の変数 sum の値を double 型に変換しています。

例：文字の配列

今度は整数の配列ではなく、文字の配列を作ってみましょう。List 9-5 を見てください。ここでは文字の配列 a を定義しています。配列の大きさは 7 です。a[0], a[1], a[2], ..., a[6] に、

    'H' 'e' 'l' 'l' 'o' '\n' '\0'

という 7 つの文字を代入しており、for 文を使ってその内容を表示しています。

List 9-5　文字の配列（0905.c）

```
 1: #include <stdio.h>
 2:
 3: int main(void);
 4:
 5: int main(void)
 6: {
 7:     char a[7];
 8:
 9:     a[0] = 'H';
10:     a[1] = 'e';
11:     a[2] = 'l';
12:     a[3] = 'l';
13:     a[4] = 'o';
14:     a[5] = '\n';
15:     a[6] = '\0';
16:     for (int i = 0; a[i] != '\0'; i++) {
17:         printf("%c", a[i]);
18:     }
19:     printf("%s", &a[0]);
20:     return 0;
21: }
```

List 9-5 の実行結果

```
Hello
Hello
```

　これまで私たちは文字列をたくさん使ってきました。実際、私たちのレッスンは第 0 章で"Hello, world.\n"という文字列を画面に表示するところから始まったのでした。私たちはやっと文字列が実際は何なのかを知る段階まできたのです。そう、**文字列は文字の配列**だったのです。その証拠にほら、List 9-5 の 19 行目で、関数 printf の書式文字列 %s で配列 a の内容を表示できるではありませんか。

　19 行目には新しい演算子&が登場しています。&は**アドレス演算子**といい、変数の値ではなく変数のアドレス（メモリ上の位置）を得る演算子であることだけ述べておきます。詳しくはポインタを学ぶ第 11 章をお読みください。

　List 9-5 の補足説明をしましょう。\n は改行を表す文字でした。**\0 は文字列の終わりを表す文字**で、**ナル文字**といいます。16 行目の for 文の条件に注意してください。いままでは for 文というと、

　　for (int i = 0; i < 7; i++) {

と書いてきました。しかし 16 行目では、

　　for (int i = 0; a[i] != '\0'; i++) {

となっています。つまり条件は、

　　a[i] != '\0'

なのです。これはどういう意味か日本語でいえますか。そう「配列 a の i 番目の要素の値が '\0' ではない」ですね。この for 文はひらたくいえば、「文字列の終わりまで繰り返せ」ということになります。このように、for 文の「条件」の部分には、これまで if 文や while 文で使ってきたような条件も書くことができるのです。

　文字列を"Hello"と表記するときには"Hello\0"のようにナル文字を書く必要はありません。文字列定数を書くとコンパイラが自動的に \0 を付加してくれるからです。

例：日本語の文字列

List 9-6 を見てください。これは、文字列がどのようなバイト列になっているかを調べるプログラムです。

List 9-6 文字の配列（0906.c）

```c
 1: #include <stdio.h>
 2:
 3: int main(void);
 4:
 5: int main(void)
 6: {
 7:     unsigned char name[] = "ABC 123 結城浩";
 8:
 9:     for (int i = 0; name[i] != '\0'; i++) {
10:         printf("%02X ", name[i]);
11:     }
12:     printf("\n");
13:     printf("%s\n", &name[0]);
14:     return 0;
15: }
```

List 9-6 の実行例（UTF-8 の場合）

```
41 42 43 20 31 32 33 20 E7 B5 90 E5 9F 8E E6 B5 A9
ABC 123 結城浩
```

この実行例は次のように読みます。

- ABC という文字列は、16 進表示すると 41 42 43 になる。
- スペースは、16 進表示すると 20 になる。
- 123 という文字列は、16 進表示すると 31 32 33 になる。
- 結城浩という文字列は、16 進表示すると E7 B5 90 E5 9F 8E E6 B5 A9 になる。

「結城浩」を私たちは3文字だと認識しますが、メモリ上では E7 B5 90 E5

9F 8E E6 B5 A9 という 9 バイトになっています。

なお、この実行例は、Unicode（ユニコード）という文字コード、UTF-8 というエンコーディングの場合です。

これに対して Windows の場合は、いわゆる Shift_JIS（シフト・ジス）（Windows-31J, CP932）という Unicode とは異なる文字コードを使っており、List 9-6 の実行結果は次のようになります。

List 9-6 の実行例（Shift_JIS の場合）

```
41 42 43 20 31 32 33 20 8C 8B 8F E9 8D 5F
ABC 123 結城浩
```

ここでは「結城浩」という文字列は、16 進表示すると 8C 8B 8F E9 8D 5F という 6 バイトになります。

❖ちょっと一言❖　unsigned char

List 9-6 では、文字列を unsigned char（アンサインド・チャー）型の配列として扱っています。unsigned char 型（符号無し char）にしたのは、符号拡張が起きるのを防ぐためです。もしも char 型にすると、各バイトの最上位ビットが符号ビットだと判断されてしまいます。

その結果、UTF-8 の場合、E7 B5 90 E5 9F 8E E6 B5 A9 は、FFFFFFE7 FFFFFFB5 FFFFFF90 FFFFFFE5 FFFFFF9F FFFFFF8E FFFFFFE6 FFFFFFB5 FFFFFFA9 と表示されます。

Shift_JIS の場合、8C 8B 8F E9 8D 5F は、FFFFFF8C FFFFFF8B FFFFFF8F FFFFFFE9 FFFFFF8D 5F と表示されます。

例：配列の初期化と sizeof 演算子

配列の要素は一度に初期化できます。List 9-7 を見てください。

List 9-7　配列の初期化と sizeof 演算子（0907.c）

```
 1: #include <stdio.h>
 2:
 3: int main(void);
 4:
 5: int main(void)
 6: {
```

```
 7:     int ten[] = { 65, 90, 75 };
 8:
 9:     for (int i = 0; i < sizeof(ten) / sizeof(ten[0]); i++) {
10:         printf("%d ", ten[i]);
11:     }
12:     printf("\n");
13:
14:     printf("%lu\n", sizeof(ten));
15:     printf("%lu\n", sizeof(ten[0]));
16:     printf("%lu\n", sizeof(ten) / sizeof(ten[0]));
17:
18:     return 0;
19: }
```

List 9-7 の実行例

```
$ ./0907              ............................................  プログラムの実行
65 90 75              ............................................  配列の要素を表示
12                    ....................................................  sizeof(ten)の値
4                     ...............................................  sizeof(ten[0])の値
3                     .........................................  sizeof(ten)/sizeof(ten[0])の値
```

7 行目では、配列 ten を定義し、初期化を行っています。配列も、普通の変数同様に初期値を与えて定義できます。ちょうど、

　　int sum = 0;

で変数 sum が 0 で初期化されるように、

　　int ten[] = { 65, 90, 75 };

で配列 ten が 65, 90, 75 で初期化されるのです。配列の初期化では、要素の列は { } でくくり、要素はカンマ（,）で区切ります。最後のセミコロン（;）を忘れないように！

このとき、要素が 3 個であることはコンパイラにわかりますから、配列の大きさを表す 3 を書く必要はありません。この文はちょうど、

　　int ten[3];

```
ten[0] = 65;
ten[1] = 90;
ten[2] = 75;
```

と同じことを行っています。

けれど、プログラムの途中で、

```
ten = { 65, 90, 75 };    （誤り）
```

のような代入はできません。配列をまとめて初期化するのは、定義のときのみ可能です。

9行目のsizeof(ten)は、配列tenがメモリ上で何バイトを占めているかを表す値、すなわち12です。

またsizeof(ten[0])は、配列tenの最初の要素ten[0]がメモリ上で何バイトを占めているかを表す値、すなわち4です。

ですから、

```
sizeof(ten) / sizeof(ten[0])
```

の値は、配列tenがいくつの要素を持っているかを表す値になりますね。確かに12 / 4すなわち3になっています。

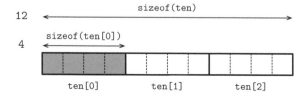

❈ちょっと一言❈　マジックナンバーは使わない

このようなsizeofの使い方は、配列の大きさをプログラムで使うときの決まり文句になります。これは、プログラマが直接3のような数（マジックナンバーといいます）を書き入れるよりも保守性を高める効果があります。また、int型がメモリ上で何バイトを占めているかは、OSやコンパイラによって異なりますので、sizeofを使うことはプログラムの移植性を高めることにもなります。

◇ ESCR P1.5.2

例：2 次元配列

C 言語では「配列の配列」つまり 2 次元配列を作ることもできます。List 9-8 を見てください。

List 9-8　2 次元配列（0908.c）

```
 1: #include <stdio.h>
 2:
 3: #define KAMOKU 5
 4: #define SEITO 3
 5:
 6: int main(void);
 7:
 8: int main(void)
 9: {
10:     int tens[SEITO][KAMOKU] = {
11:         { 64,  90,  75,  45,  80 },
12:         { 85, 100,  95,  82,  90 },
13:         { 100, 100, 100, 100, 99 },
14:     };
15:
16:     for (int i = 0; i < SEITO; i++) {
17:         int sum = 0;
18:
19:         for (int j = 0; j < KAMOKU; j++) {
20:             printf("%3d ", tens[i][j]);
21:             sum += tens[i][j];
22:         }
23:         printf("→ ");
24:         printf("%3d ", sum);
25:         printf("%0.1f\n", (double)sum / KAMOKU);
26:     }
27:
28:     return 0;
29: }
```

実行結果は以下のようになります。

List 9-8 の実行結果

```
64  90  75  45  80  →  354 70.8
85 100  95  82  90  →  452 90.4
100 100 100 100 99  →  499 99.8
```

10 行目では新しい配列 tens を定義し、初期化を行っています。この配列 tens は 2 次元配列になっています。2 次元配列とは添字が 2 つある配列のことで、概念的には以下のような形になっています。2 つの添字はそれぞれを [ ] でくくります。

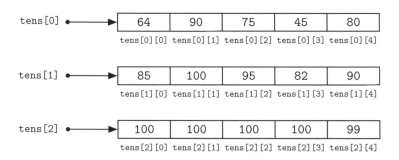

配列 tens のような 2 次元配列には添字が 2 つありますので、まちがえないようにしましょう。List 9-8 の配列 tens でいえば、

- 第 0 番目の生徒の点数は、
  tens[0][0], tens[0][1], tens[0][2], tens[0][3], tens[0][4]
- 第 1 番目の生徒の点数は、
  tens[1][0], tens[1][1], tens[1][2], tens[1][3], tens[1][4]
- 第 2 番目の生徒の点数は、
  tens[2][0], tens[2][1], tens[2][2], tens[2][3], tens[2][4]

となります。左側の添字は生徒番号を意味し、右側の添字は科目番号を意味しているともいえます。また、

- tens[0] は、第 0 番目の生徒の点数を表す配列の先頭
- tens[1] は、第 1 番目の生徒の点数を表す配列の先頭
- tens[2] は、第 2 番目の生徒の点数を表す配列の先頭

ともいえます。

　団地でいえば、左の添字は階数を表し、右の添字がその階での部屋番号を表しているようなものでしょうか。

　2次元配列の初期化が二重の{ }になって表現されていることに注意してください。

　21行目の演算子 += を説明しましょう。

```
sum += tens[i][j];
```

は、

```
sum = sum + tens[i][j];
```

と同じ意味です。変数 sum に「足し込む」と考えればいいでしょう。同様に、-=, *=, %=, /=, ... などがC言語には用意されています。

　演算子と優先度の一覧は「付録：演算子」(p. 443) にあります。

■ 読解練習：「統計計算プログラム」

　読解練習は簡単な統計計算プログラムです。これは、1行に1個ずつ書かれた数値を受け取って、その数値の個数（データサイズ）、合計、平均値、最大値、最小値、それに中央値を計算するプログラムです。たとえば次のように、1行に1つずつ数値が記入されたファイルを用意します（09stats-input.txt）。

```
3.1
4.15
92.6
5.35
89.79
3.23
84.3
26.4
33.3
83.2
79.0
```

List 9-11　統計計算プログラム（09stats.c）

```c
 1: #include <stdio.h>
 2: #include <stdlib.h>
 3: #include <ctype.h>
 4:
 5: #define BUFFER_SIZE 256    // 1行のサイズ
 6:
 7: #define MAX_DATA 500       // 処理できるデータの個数
 8:
 9: // 大域変数
10: double data[MAX_DATA];     // データを格納する配列
11: int size_data = 0;         // 格納されているデータサイズ
12: double sum_data;           // 合計
13: double ave_data;           // 平均値
14: double max_data;           // 最大値
15: double min_data;           // 最小値
16: double mid_data;           // 中央値
17:
18: // 関数宣言
19: int main(void);
20: void input_data(void);
21: void calc_stats(void);
22: void output_data(void);
23:
24: int main(void)
25: {
26:     input_data();
27:     calc_stats();
28:     output_data();
29:     return 0;
30: }
31:
32: // 関数 input_data は標準入力からデータを入力し、大域変数 data に格納する。
33: // データサイズは外部変数 size_data に格納する。
34: // データサイズの限界チェックを行い、超えるようならプログラムを終了する。
35: void input_data(void)
36: {
37:     char buffer[BUFFER_SIZE];
38:
39:     while (fgets(buffer, BUFFER_SIZE, stdin) != NULL) {
40:         if (size_data >= MAX_DATA) {
41:             printf("処理できるデータサイズを超えました。\n");
42:             printf("データサイズは最大 %d 個です。\n", MAX_DATA);
43:             exit(-1);
```

```
44:            } else if (isdigit(buffer[0]) || buffer[0] == '.') {
45:                data[size_data] = (double)atof(buffer);
46:                size_data++;
47:            } else {
48:                // 数字または . で始まらない行はそのまま表示する。
49:                printf("%s", buffer);
50:            }
51:        }
52: }
53:
54: // 関数 calc_stats は配列 data に入っているデータを元に各種統計情報を計算し、
55: // 大域変数に格納する。
56: void calc_stats(void)
57: {
58:     // 合計の計算
59:     sum_data = 0.0;
60:     for (int i = 0; i < size_data; i++) {
61:         sum_data += data[i];
62:     }
63:
64:     // 平均値の計算
65:     ave_data = sum_data / size_data;
66:
67:     // 最大値・最小値の計算
68:     if (size_data > 0) {
69:         min_data = data[0];
70:         max_data = data[0];
71:     }
72:     for (int i = 0; i < size_data; i++) {
73:         if (min_data > data[i]) {
74:             min_data = data[i];
75:         }
76:         if (max_data < data[i]) {
77:             max_data = data[i];
78:         }
79:     }
80:
81:     // 中央値の計算
82:     // いったんデータを小さい順序で並べ替える。
83:     for (int i = 0; i < size_data - 1; i++) {
84:         for (int j = i + 1; j < size_data; j++) {
85:             if (data[i] > data[j]) {
86:                 double tmp = data[i];
87:                 data[i] = data[j];
88:                 data[j] = tmp;
```

```
 89:                }
 90:            }
 91:        }
 92:        mid_data = data[size_data / 2];
 93: }
 94:
 95: // 関数 output_data は、大域変数に格納された統計情報を表示する。
 96: void output_data(void)
 97: {
 98:     printf("データサイズ %d \n", size_data);
 99:     printf("合計 %0.1f \n", sum_data);
100:     printf("平均値 %0.1f \n", ave_data);
101:     printf("最大値 %0.1f \n", max_data);
102:     printf("最小値 %0.1f \n", min_data);
103:     printf("中央値 %0.1f \n", mid_data);
104: }
```

実行例を以下に示します。

List 9-11 の実行例

```
$ cat 09stats-input.txt           ........ データファイルの表示 (Windowsでは、catのかわりにtypeを使う)
3.1
4.15
92.6
5.35
89.79
3.23
84.3
26.4
33.3
83.2
79.0

$ ./09stats < 09stats-input.txt   ................... プログラムの実行
データサイズ 11
合計 504.4
平均値 45.9
最大値 92.6
最小値 3.1
中央値 33.3
         ................................................. 統計情報が表示される
```

```
$ ./09stats < 09stats-input.txt > output.txt
```
....実行結果を output.txt に保存
```
$ cat output.txt
```
...............実行結果の表示（Windows では、cat のかわりに type を使う）
データサイズ 11
合計 504.4
平均値 45.9
最大値 92.6
最小値 3.1
中央値 33.3

■ もっと詳しく

#define でマクロ定義

これまで何度も、

```
#define BUFFER_SIZE 256
```

のようにして定数をマクロ定義してきました。ここで少し整理しておきましょう。

C言語のプログラムの中でシャープ（#）で始まる行はコンパイラのプリプロセッサによって処理されます。プリプロセッサというと難しそうですが、

　　　プリ・プロセッサ

と切って読めば意味がよくわかります。プリ（pre）は「前に」、プロセッサ（processor）は「プロセスするもの（処理するもの）」ですから、

　　　前に・処理するもの

となります。つまり、コンパイラのプリプロセッサとは、コンパイラの前処理をするもののことをいうのです。実際のプリプロセッサはコンパイラの内部に組み込まれていますので、コンパイルするときに特に意識する必要はありません。

ところで、その前処理というのは何でしょうか。たとえば、

```
#define MAX_TEN 3
```

という部分があったとします。行頭に#が付いているので、プリプロセッサがこの行を前処理します。この行は「これ以降、MAX_TEN というシンボルが登場したら、それをすべて3に置き換えろ！」という命令です。ですから、これ以降にたとえば、

```
int ten[MAX_TEN];
```

と書かれていたら、プリプロセッサはこれを、

```
int ten[3];
```

と置き換えてしまいます。

この置き換え処理は、プリプロセッサの前処理の一つです。前処理がすべて終わった後で、実際のコンパイルが行われます。

プリプロセッサが行う前処理は他にもあります。私たちがこれまで何度も使ってきた、

```
#include <stdio.h>
```

のようなヘッダの取り込み（インクルード）もプリプロセッサが行います。

繰り返しを見抜く

やや抽象的になりますが「繰り返しを見抜く」という話をしたいと思います。配列はfor文と相性がいい、ということにお気づきでしょうか。配列は添字で管理されています。その添字をfor文で変化させてやれば、配列の要素すべてに対して同様の処理を行うことができます。

たとえば、int a[10]; で定義された配列があったとして、

```
for (int i = 0; i < 10; i++) {
    a[i] = i * i;
}
```

というfor文を実行すれば、配列aの要素の値は、すべてその添字の二乗になります。配列は添字で管理されており、その添字を for文でコントロールしている感覚をつかんでください。

この章の最初の例題に戻ります (p.250)。3 つの教科の点数の合計は、

 kokugo + suugaku + eigo

で得ることができました。ここを出発点として、

 ten[0] + ten[1] + ten[2]

という配列の計算に話を進めました (p.252)。普通の変数を配列に変えるとき、私たちはそこで、同じものの**繰り返しを発見**しています。3 つの教科の点数の合計を、kokugo や suugaku や eigo という「別々のもの」と考えるのではなく「点数という同じもの」と思って、配列 ten を作ったのでした。

 国語＋数学＋英語

を、

 点数＋点数＋点数

と見なしているのです。

さて、それから、

 ten[0] + ten[1] + ten[2]

という計算を行うのに、for 文を使って、

```
int sum = 0;
for (int i = 0; i < 3; i++) {
    sum = sum + ten[i];
}
```

とプログラムしました (p.258)。実はここでも、同じものの**繰り返しを発見**しています。どういうことか説明しましょう。

 ten[0] + ten[1] + ten[2]

これを変形します。

 0 + ten[0] + ten[1] + ten[2]

さらに次のように書いてみましょう。

 0
 + ten[0]

```
    + ten[1]
    + ten[2]
```

繰り返しが見えてきませんか。0, 1, 2 の繰り返しが見えてきますね。0, 1, 2, …という繰り返しを行う構文は for 文ですから、+ ten[i] の部分を for 文を使って圧縮します。グシャ。

```
    0
    for (int i = 0; i < 3; i++) {
        + ten[i];
    }
```

後は意味を考えて、C 言語の構文として正しく手直しします。

```
    int sum = 0;
    for (int i = 0; i < 3; i++) {
        sum = sum + ten[i];
    }
```

私は、for 文を作るとき、以上のように考えています。

要するに、

- 0 を使った処理
- 1 を使った処理
- 2 を使った処理

という繰り返しがあることに気がついたら、それは for 文を使って、

```
    for (int i = 0; i < 3; i++) {
        i を使った処理
    }
```

と表現できるのです。

　慣れるまでは for 文を 1 つ組み立てるのでも、えっちらおっちらと時間がかかるものです。初めて習う言葉なのですから、それは当然のことです。英語の新しい構文を習ってもすぐにペラペラ話せるようにはならないのと同じことです。初めは時間がかかっても、何度も何度も繰り返し練習していると、さっと for 文を組み立てることができるようになるものです。本当に瞬間的にできるようになるのですよ。

　似たものの繰り返しを見抜いて配列で表現したり、処理の繰り返しを見抜い

てfor文で圧縮したりすると、プログラムがすっきりと整理されていきます。そしてそのあたりに、プログラミングの楽しさの一つがあると私は思っています。

　繰り返しを見抜くのはあなたの目、それを表現するのはあなたの手です。

▶この章で学んだこと

この章では、

- 配列の定義・代入・参照
- 配列の要素・大きさ
- 添字

について学びました。

　配列は変数を集めて番号を付けたものでした。次の章で学ぶ「構造体」も変数を集めたものですが、配列とは違う集め方をしています。

◉ポイントのまとめ

- 配列は、複数の変数に番号を付けてまとめたものです。
- 配列は、以下のように定義します。
    int ten[3];
- この場合使えるのは、ten[0], ten[1], ten[2] だけです。ten[3] は使えません。
- 配列の添字は0から始まります。
- キャスト演算子で型変換を強制的に行えます。
- '\0' は文字列の終わりを表すナル文字です。
- 2次元の配列を作ることができます。
- #define や #include はプリプロセッサが処理します。
- 配列はfor文と相性がいいものです。繰り返しを意識しましょう。

● **練習問題**

■ **問題 9-1** （解答は p. 285）

配列を、

```
int a[100];
```

と定義したとき、a[1] から a[100] までの 100 個の要素が使える——というのは、正しいですか。誤りですか。

■ **問題 9-2** （解答は p. 285）

List E9-2 をコンパイルして実行すると、何を表示しますか。

List E9-2 何を表示しますか (e0902.c)

```
 1: #include <stdio.h>
 2:
 3: int main(void);
 4:
 5: int main(void)
 6: {
 7:     int a[10];
 8:
 9:     for (int i = 0; i < 10; i++) {
10:         a[i] = i * i;
11:     }
12:     printf("%d\n", a[5]);
13:     return 0;
14: }
```

■ **問題 9-3** （解答は p. 286）

List E9-3 をコンパイルして実行すると、何を表示しますか。

List E9-3　何を表示しますか（e0903.c）

```c
1:  #include <stdio.h>
2:
3:  int main(void);
4:
5:  int main(void)
6:  {
7:      int a[10];
8:
9:      for (int i = 0; i < 10; i++) {
10:         if (i == 0) {
11:             a[i] = 0;
12:         } else {
13:             a[i] = a[i - 1] + i;
14:         }
15:     }
16:     printf("%d\n", a[5]);
17:     return 0;
18: }
```

■ 問題 9-4　　　　　　　　　　　　　　　　　（解答は p. 287）

配列の各要素a[i]に対して0からiまでの和を代入しようと思いました。つまり、次のような計算をしようというのです。

　　a[i] = 0 + 1 + 2 + 3 + ... + (i-1) + i

ところで、a[i - 1]には0からi - 1までの和が代入されているので、

　　a[i] = a[i - 1] + i

を繰り返せばいいと考え、List E9-4のようなプログラムを作りました。でも、これはまちがっています。期待する実行結果になるように修正してください。

List E9-4　まちがい探し（e0904.c）

```c
1:  #include <stdio.h>
2:
3:  int main(void);
```

```
 4:
 5:  int main(void)
 6:  {
 7:      int a[10];
 8:
 9:      for (int i = 0; i <= 10; i++) {
10:          a[i] = a[i - 1] + i;
11:      }
12:
13:      for (int i = 0; i <= 10; i++) {
14:          printf("%d\n", a[i]);
15:      }
16:
17:      return 0;
18:  }
```

期待する実行結果

```
0
1
3
6
10
15
21
28
36
45
```

■ 問題 9-5 (解答は p. 289)

List E9-5 のプログラムは、配列 data の要素の中で最も大きい数を表示するもの、つまり、**最大値**を求めるプログラムです。これを完成させてください。

List E9-5　最大値を求めよう (e0905.c)

```
1:  #include <stdio.h>
```

```
 2:
 3:     int main(void);
 4:
 5:     int main(void)
 6:     {
 7:         int data[] = { 31, 41, 59, 26, 53, 58, 97, 93, 23, 84 };
 8:         int maxdata = data[0];
 9:
10:         for (int i = 0; i < ???; i++) {
11:             if (???) {
12:                 maxdata = ???;
13:             }
14:         }
15:         printf("最大値は %d です。\n", maxdata);
16:         return 0;
17:     }
```

期待する実行結果

```
最大値は 97 です。
```

■ 問題 9-6 　　　　　　　　　　　　　　　　　　（解答は p. 290）

List E9-6 のプログラムは、配列 data の要素を小さい順に並べるものですが、まだ完成していません。これを完成させてください（ソートプログラム）。ここでいう小さい順とは、

$$\mathrm{data[0]} \leq \mathrm{data[1]} \leq \mathrm{data[2]} \leq \cdots$$

のことを指します。昇順ともいいます。

List E9-6 　小さい順に並べましょう（e0906.c）

```
 1: #include <stdio.h>
 2:
 3: #define MAX_DATA 10
```

```
 4:
 5:    int main(void);
 6:
 7:    int main(void)
 8:    {
 9:        int data[MAX_DATA] = { 31, 41, 59, 26, 53, 58, 97, 93, 23, 84 };
10:
11:        printf("並べ替える前\n");
12:        for (int i = 0; i < MAX_DATA; i++) {
13:            printf("data[%d] = %d\n", i, data[i]);
14:        }
15:        for (int i = 0; i < MAX_DATA - 1; i++) {
16:            for (int j = i + 1; j < MAX_DATA; j++) {
17:                if (data[i] > data[j]) {
18:                    // 値を交換
19:                }
20:            }
21:        }
22:        printf("並べ替えた後\n");
23:        for (int i = 0; i < MAX_DATA; i++) {
24:            printf("data[%d] = %d\n", i, data[i]);
25:        }
26:        return 0;
27:    }
```

● 練習問題の解答

□ 問題 9-1 の解答 (問題は p. 281)

誤りです。

C 言語の配列は 0 番目から始まるので、

```
int a[100];
```

と定義したときに使えるのは a[0] から a[99] までの 100 個の要素です。

□ 問題 9-2 の解答 (問題は p. 281)

25 と表示して改行します。

for 文によって、配列 a に代入される値は、次のようになります。

```
a[0] = 0;
a[1] = 1;
a[2] = 4;
a[3] = 9;
a[4] = 16;
a[5] = 25;
    ...
a[9] = 81;
```

つまり添字の二乗が配列の要素の値となります。したがって a[5] の値は 25 となります。

□ 問題 9-3 の解答　　　　　　　　　　　　　　　　　（問題は p. 281）

15 と表示して改行します。

for 文によって、配列 a に代入される値は、次のようになります。

```
a[0] = 0;
a[1] = a[0] + 1;
a[2] = a[1] + 2;
a[3] = a[2] + 3;
a[4] = a[3] + 4;
a[5] = a[4] + 5;
    ...
a[9] = a[8] + 9
```

いいかえれば、

```
a[0] = 0;
a[1] = 0 + 1;
a[2] = 0 + 1 + 2;
a[3] = 0 + 1 + 2 + 3;
a[4] = 0 + 1 + 2 + 3 + 4;
a[5] = 0 + 1 + 2 + 3 + 4 + 5;
    ...
a[9] = 0 + 1 + ... + 9;
```

すなわち、a[i] の値は 0 から i までの和となります。a[5] の値は 15 です。

問題 9-4 の解答 (問題は p. 282)

List A9-4a のように直します。

List A9-4a　まちがい探しの修正（a0904a.c）

```
 1: #include <stdio.h>
 2:
 3: int main(void);
 4:
 5: int main(void)
 6: {
 7:     int a[10];
 8:
 9:     for (int i = 0; i < 10; i++) {
10:         if (i == 0) {
11:             a[i] = 0;
12:         } else {
13:             a[i] = a[i - 1] + i;
14:         }
15:     }
16:
17:     for (int i = 0; i < 10; i++) {
18:         printf("%d\n", a[i]);
19:     }
20:
21:     return 0;
22: }
```

List E9-4 のまちがいは、for 文で使われている i が何から何まで変化するかを調べることでわかります。まず初めに i は 0 になりますね。このとき、

　　a[i] = a[i - 1] + i;

はどうなりますか。そう、

　　a[0] = a[0 - 1] + 0;

となります。右辺の配列の添字が -1 になってしまいます。
また for 文の繰り返しの最後には i は 10 になりますね。このときは、

　　a[10] = a[10 - 1] + 10;

となってしまいます。a[0] から a[9] しか使えないのに a[10] を使おうとしてしまいます。

このように、**配列として定義された範囲を超えて要素にアクセスしてはいけません**。

実は配列 a[i] に 0 から i までの和を代入するにはもっといい方法もあります。$n = 0, 1, 2, 3, \ldots$ のとき、

$$\sum_{k=0}^{n} k = \frac{n(n+1)}{2}$$

という公式を使えば、List A9-4b とすることも可能です。この方が if 文がない分すっきりしているかもしれませんね。

List A9-4b　まちがい探しの修正（a0904b.c）

```
 1: #include <stdio.h>
 2:
 3: int main(void);
 4:
 5: int main(void)
 6: {
 7:     int a[10];
 8:
 9:     for (int i = 0; i < 10; i++) {
10:         a[i] = i * (i + 1) / 2;
11:     }
12:
13:     for (int i = 0; i < 10; i++) {
14:         printf("%d\n", a[i]);
15:     }
16:
17:     return 0;
18: }
```

■ 問題 9-5 の解答　　　　　　　　　　　　　　　　　（問題は p. 283）

List A9-5　問題 9-5 の解答（a0905.c）

```
 1: #include <stdio.h>
 2:
 3: int main(void);
 4:
 5: int main(void)
 6: {
 7:     int data[] = { 31, 41, 59, 26, 53, 58, 97, 93, 23, 84 };
 8:     int maxdata = data[0];
 9:
10:     for (int i = 0; i < sizeof(data) / sizeof(data[0]) ; i++) {
11:         if ( maxdata < data[i] ) {
12:             maxdata = data[i] ;
13:         }
14:     }
15:     printf("最大値は %d です。\n", maxdata);
16:     return 0;
17: }
```

data[i] を見て、その値がmaxdataよりも大きかったらその値を新たなmaxdataとします。こうすることで、maxdataには「data[0] から data[i] までのうちで最大の値」が入ります。for文は i の値が 0, 1, 2, ..., 9 と動きますから、for文が終わった時点でmaxdataは「data[0] から data[9] までのうちで最大の値」が入ることになります。そしてこれが求めるものでした。

なお、7行目の、

```
int data[] = { （略） };
```

の部分は、配列の大きさを明記して、

```
int data[10] = { （略） };
```

としても構いません。

□ 問題 9-6 の解答 　　　　　　　　　　　　　　　　　　　　（問題は p. 284）

List A9-6　　問題 9-6 の解答（a0906.c）

```c
 1:  #include <stdio.h>
 2:
 3:  #define MAX_DATA 10
 4:
 5:  int main(void);
 6:
 7:  int main(void)
 8:  {
 9:      int data[MAX_DATA] = { 31, 41, 59, 26, 53, 58, 97, 93, 23, 84 };
10:
11:      printf("並べ替える前\n");
12:      for (int i = 0; i < MAX_DATA; i++) {
13:          printf("data[%d] = %d\n", i, data[i]);
14:      }
15:      for (int i = 0; i < MAX_DATA - 1; i++) {
16:          for (int j = i + 1; j < MAX_DATA; j++) {
17:              if (data[i] > data[j]) {
18:                  int tmp = data[i];
19:                  data[i] = data[j];
20:                  data[j] = tmp;
21:              }
22:          }
23:      }
24:      printf("並べ替えた後\n");
25:      for (int i = 0; i < MAX_DATA; i++) {
26:          printf("data[%d] = %d\n", i, data[i]);
27:      }
28:      return 0;
29:  }
```

値の交換をしようとして、

```
data[i] = data[j];
data[j] = data[i];
```

と書いてはいけません。1 つめの代入文を実行した時点で、data[i] にそれまで入っていた値が失われてしまうからです。いったん別の変数 tmp を使って

```
    int tmp = data[i];
    data[i] = data[j];
    data[j] = tmp;
```

と書くのが一般的な技法です。

　ところで、List A9-6 のような並べかえのことをソート（sort）やソーティング（**sorting**）といいます。プログラムで問題を解く方法、いわゆる**アルゴリズム**の本には必ずソートについて書いてあります。for や配列、それに関数について学んだあなたは、そろそろアルゴリズムに関する本を読み始めてみてはどうでしょうか。たとえば、奥村晴彦『［改訂新版］C言語による標準アルゴリズム事典』などは楽しく読める本です（p. xx 参照）。

第10章
構造体

▶この章で学ぶこと

　この章では**構造体**(こうぞうたい)を学びます。「構造体」とは難しそうな言葉ですが、内容はそれほど難しくありませんので、びくびくしないで進みましょう。

■ 構造体とは何か

　構造体というのは、一言でいえば複数の異なる型を1つにまとめたものです。たとえば、学校の成績処理を考えましょう。ある学生の成績処理を行うとき、そこには「複数の異なる型」が登場します。たとえば、

- 出席番号
- 氏名
- 国語の点数
- 数学の点数
- 英語の点数

です。出席番号はint型で扱い、氏名はchar型の配列で扱い、点数はint型で

扱う——のように別々に扱うこともできるでしょう。でも、出席番号・氏名・点数というのは、ある1人の学生のデータなのですから、1つにまとめて扱いたいですね。そんなときに使うのが構造体です。

　1人の学生のデータはまとめて扱いたい、でも1人の学生は複数の異なる型のデータを持っている。このようなときに使うのが構造体なのです。

> ❖しっかり覚えよう❖　**構造体とは……**
>
> 構造体とは、複数の異なる型を1つにまとめたものである。

> ❖ちょっと一言❖　**構造体とレコード**
>
> あなたがもしSQLの「レコード」という概念を知っていたら、「構造体はレコードみたいなものかな？」と思ったかもしれません。まさにその通りです。

構造体をC言語でどう表現するか

　構造体は型の一種ですから、構造体型の変数に対する「定義・代入・参照」を理解することになります。でも、構造体ではそれ以前に構造体の宣言(せんげん)が必要になります。構造体の重要ポイントとして①宣言、②定義、③代入、④参照を順番にお話しします。

　ところで、複数のものを集める、と聞くと配列を思い出しませんか。配列は複数の変数に添字を付けて1つにまとめたものです。構造体と配列とはどこが違うのでしょう。そのあたりにも気をつけながらプログラムを見ていきましょう。

　構造体の第一歩はList 10-1です。これはいったい何をしているものでしょうか。先に進む前に、じいっとこのプログラムを見てみましょう。

List 10-1　学生のデータを構造体で表す（1001.c）

```
1:  #include <stdio.h>
2:  #include <string.h>
3:
```

```
 4:    struct student {
 5:        int id;              // 出席番号
 6:        char name[50];       // 氏名
 7:        int kokugo;          // 国語の点数
 8:        int suugaku;         // 数学の点数
 9:        int eigo;            // 英語の点数
10:    };
11:
12:    int main(void);
13:    void print_student(struct student s);
14:
15:    int main(void)
16:    {
17:        struct student taro;
18:        struct student jiro;
19:
20:        taro.id = 10;
21:        strcpy(&taro.name[0], "Yamada");
22:        taro.kokugo = 100;
23:        taro.suugaku = 85;
24:        taro.eigo = 60;
25:
26:        jiro = taro;
27:        jiro.id = 11;
28:        strcpy(&jiro.name[0], "次郎");
29:        jiro.kokugo = 99;
30:
31:        print_student(taro);
32:        print_student(jiro);
33:        return 0;
34:    }
35:
36:    void print_student(struct student s)
37:    {
38:        printf("出席番号:%d\n", s.id);
39:        printf("氏名:%s\n", &s.name[0]);
40:        printf("国語:%d\n", s.kokugo);
41:        printf("数学:%d\n", s.suugaku);
42:        printf("英語:%d\n", s.eigo);
43:        printf("合計:%d\n", s.kokugo + s.suugaku + s.eigo);
44:        printf("\n");
45:    }
```

List 10-1 の実行結果

```
出席番号:10
氏名:Yamada
国語:100
数学:85
英語:60
合計:245

出席番号:11
氏名:次郎
国語:99
数学:85
英語:60
合計:244
```

① 構造体の宣言

　宣言、定義、代入、参照のうち、構造体の宣言について説明します。構造体は複数の異なる型を1つにまとめたものです。構造体の宣言では「どんな型をまとめるか」を表現します。プログラマが、コンパイラに対して「この構造体はこれと、これと、これをまとめたものです」とソースプログラムに書いたものが構造体の宣言なのです。

　学生の成績処理を考えましょう。1人の学生が、

- 出席番号
- 氏名
- 国語の点数
- 数学の点数
- 英語の点数

というデータを持っているとして、それを構造体にまとめます。それをC言語で表現するには List 10-1 の 4 〜 10 行目のように書きます。これが構造体の宣言です。

```
struct student {
    int id;             // 出席番号
```

```
    char name[50];      // 氏名
    int kokugo;         // 国語の点数
    int suugaku;        // 数学の点数
    int eigo;           // 英語の点数
};
```

最初に struct student と書いてあります。これは「これから student という名前の構造体を宣言します」という意味です。struct は構造体（structure）から作ったC言語のキーワードです。student は学生という意味でつけた構造体の名前です。これはC言語のキーワードではありません。構造体の名前はプログラマが自由につけて構わない部分で、**構造体タグ**といいます。構造体タグは変数名ではありません。構造体という型に名前をつけただけで、student という変数が作られたわけではないのです。

List 10-1 をさらに見ましょう。出席番号（id）、氏名（name）、それに点数（kokugo, suugaku, eigo）が { } でくくられています。{ } でくくられると「ひとまとまり」という感じがしますよね。

出席番号、氏名、点数といった構造体を構成する個々のデータのことを、その構造体のメンバと呼びます。List 10-1 でいえば、id, name, kokugo, suugaku, eigo の5個がこの構造体のメンバです。

メンバの書き方が変数定義とそっくりであることに注意してください。これは構造体のメンバの書き方の特徴です。たとえば、構造体 student のメンバのうち「国語の点数」を表す kokugo について見てみましょう。ほら、

```
    int kokugo;
```

のようになっていますね。この行だけ見てみると、まるで kokugo という変数を定義しているようですね。

しかし、ここで kokugo という変数が定義されているわけではありません。ですから、国語の点数を 100 点にしたいときに、構造体のメンバに対して、以下のようにいきなり代入はできません。

```
    kokugo = 100;     (誤り)
```

とはできません。メンバの使い方は代入のところで説明します。

構造体の宣言をしただけでは、まだ何もできません。「こういう名前の構造体はこれとこれをまとめたもの」と宣言しただけなのです。構造体の宣言というのは struct student という名前の**新しい型**を作るものです。型ができただ

けですから、その型の変数を定義しないことには話は進みません。それが次の「構造体の定義」の話です。

> ※ちょっと一言※　**メンバとメンバー**
>
> 　長音（ー）を付けた「メンバー」という表記に慣れていると、「メンバ」という表記に引っかかる人がいるかもしれません。英語で書くと member ですからメンバでもメンバーでもどちらでも構いません。本書では C99 の表記に合わせてメンバとしています。「コンピュータ」と「コンピューター」、「プログラマ」と「プログラマー」、「エディタ」と「エディター」など、長音の有無はしばしば話題になります。

② 構造体の定義

　宣言、定義、代入、参照のうち、構造体の**定義**について説明します。すでに構造体は宣言されているとして、その構造体の型を持った変数を作るのが構造体の定義です。先ほどの学生の例を続けましょう。たとえば taro（太郎）という名前の変数を作るとしたら、

```
struct student taro;
```

と書きます。これで struct student 型の変数 taro が定義されました。構造体の定義をどのように書いているか、よく見てください。まず型名（struct student）を書いて、変数名（taro）を書いて、最後にセミコロン（;）を書いています。

　これまでの変数定義と比較してみましょう。int 型の変数 x を定義するとき、私たちは、

```
int x;
```

と書きます。まず型名（int）を書いて、変数名（x）を書いて、最後にセミコロン（;）を書く。構造体の定義とまったく同じですね。

型名	変数名	
struct student	taro	;
int	x	;

　ところで、変数を定義するってどういうことでしたっけ。第 3 章「変数」で学んだ通り、変数を定義するというのは**名前のついた箱**を作ることでした。構

造体の定義も同じです。名前のついた箱を作るのには違いがありません。ただし、構造体では箱の中に仕切りが付いているのです。

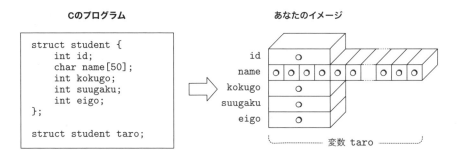

構造体の宣言と変数の定義（仕切り付きの箱）

　上図はstruct student型の変数taroを定義したようすです。taroという変数を定義すると、中が仕切りで区切られている大きな箱がドンと作られます。そして、仕切りで区切られた各部分が構造体のメンバに対応しているのです。これで「異なる型を1つにまとめる」という意味がつかめたのではないかと思います。構造体は箱の中にまた箱があるという感じですね。これで仕切り付きの箱が作られました。でも、箱の中に何かを入れなくては話は進みません。箱に何かを入れる方法、それが次の「構造体への代入」です。

③ 構造体への代入
　宣言、定義、代入、参照のうち、構造体への**代入**について説明します。太郎くんの国語の点数が100点ならば、変数taroのメンバkokugoに100を代入します。C言語では、

```
taro.kokugo = 100;
```

と書きます。つまり、**変数名とメンバ名をピリオド（.）でつないだものを、あたかも1つの変数名であるかのように扱う**のです。日本語で説明するときには「構造体taroのメンバkokugoに100を代入する」や「変数taroのメンバkokugoを100にする」などといいます。単に「taroのkokugoを100にする」というときもあるでしょう。このときのイメージを次の図で示します。

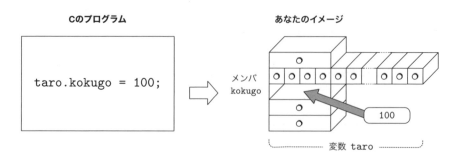

構造体のメンバへの代入

さて、数学が 85 点、英語が 60 点だとしましょう。このときは、

```
taro.suugaku = 85;
taro.eigo = 60;
```

と書くことになります。List 10-1（p. 295）の 20 〜 24 行目が taro への代入を行っているところです。

太郎君の名前が山田（Yamada）だとしましょう。これを代入するにはどうしたらいいですか。"Yamada" という文字列を変数 taro のメンバ name に入れたいのですから、このようにします。

```
taro.name[0] = 'Y';
taro.name[1] = 'a';
taro.name[2] = 'm';
taro.name[3] = 'a';
taro.name[4] = 'd';
taro.name[5] = 'a';
taro.name[6] = '\0';  （文字列の終わりを示すナル文字）
```

でもこれではめんどうなので、文字列をコピーする関数 strcpy（ストルコピー）を使って、次のようにも書けます。

```
strcpy(&taro.name[0], "Yamada");
```

または同じことですが、

```
strcpy(taro.name, "Yamada");
```

と書けます。以下のように、文字列を配列に直接代入することはできません。

```
taro.name = "Yamada";        (誤り)
```

❖ちょっと一言❖　**関数**strcpy**と標準ヘッダ**<string.h>

文字列をコピーする関数strcpyを使うときには、プログラムの初めの方に、
```
#include <string.h>
```
を付け加えておきます（List 10-1 の 2 行目）。標準ヘッダ<string.h>の中に関数strcpyの宣言が書かれているからです。標準ヘッダ<string.h>には、関数strcpy以外にも文字列処理の標準ライブラリ関数がたくさん宣言されています。標準ライブラリ関数の探し方については、第12章でお話しします（p. 408）。

ところで、私たちがいま行った代入は、構造体の1つのメンバだけに対する代入でした。さっきの仕切り付きの箱でいえば、箱の中の小さな箱の1つに対して代入しただけです。構造体のメンバの値すべてをごっそり代入できるでしょうか。できます。その書き方はご想像の通り、

```
jiro = taro;
```

と書けばいいのです。ただし、変数jiro（次郎）はtaroと同じ構造体として定義してあると仮定します。この代入で、taroのすべてのメンバの値がjiroの対応するメンバに代入されることになります。List 10-1 では 26 行目に書かれている通りです。このときのイメージを次の図で示します。

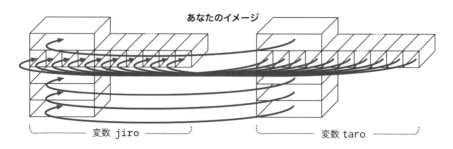

構造体から構造体への代入

④ 構造体の参照

　宣言、定義、代入、参照のうち、構造体の**参照**について説明します。構造体の代入がわかれば参照も簡単です。変数名とメンバ名をピリオドでつなぐだけでいいからです。現在の太郎君の英語の点数を表示したかったら、

```
printf("%d\n", taro.eigo);
```

のようになります。

　ただし、taroの中身を一度に表示しようとして、

```
printf(taro);     (誤り)
```

などとしてはいけません。もちろん、

```
printf("%d\n", taro);     (誤り)
```

としても期待通りにはいきません。それは関数printfの能力に期待しすぎています。関数printfはC言語に備わっている基本的な型（int, char, double,...）の値について表示する機能を持っていますが、あなたが作り出

した新しい型の値を表示する機能までは持っていないのです。List 10-1 では、構造体 student の中身を表示する関数 print_student を定義しています (36 〜 45 行目)。

関数 print_student では、引数 s に与えられた学生の点数の合計点も計算しています。国語・数学・英語の 3 教科の合計点を出すにはどうすればいいですか。そうですね。

    s.kokugo + s.suugaku + s.eigo

これで 3 教科の合計点が得られます。メンバの参照は、

    変数名.メンバ名

の形で書くことをしっかりと覚えましょう。

❖しっかり覚えよう❖　構造体のメンバの参照は……

構造体のメンバの参照は、変数名.メンバ名の形をしている。

リュックサックにオニギリつめて

さて、ここまでで構造体の基本事項は学びました。どうですか。

私は構造体を使ってプログラムを書くとき、いつも、リュックサックのイメージを持っています。ピクニックに行くとき、みんながリュックサックを持っていきます。リュックサックの中にはオニギリが 3 個、お菓子が 500 円以内、ビニールシートが 1 枚に、ジュースが 2 本入っています。リュックサックってまるで構造体みたいだと思いませんか。構造体が異なる型のものを 1 つにまとめているのに対し、リュックサックもオニギリやお菓子など多種類のものを 1 つにまとめているからです。

リュックサックがなかったら、オニギリやお菓子やその他の多くのものを全部バラバラに運ばなくてはなりません。これはたいへんですね。山道の途中でボロボロと落とし物をしそうです。構造体がなかったら、出席番号や名前、点数などの多くの情報をバラバラに扱わなくてはなりません。これも同様にたいへんです。

ピクニックに行くのにリュックサックを持っていくのが当たり前であるよう

に、C言語のプログラマは構造体を当たり前のものとして使います。「構造体」なんていかめしい名前がついていますが、1つにまとめるという点ではリュックサックと何も変わらないのです。

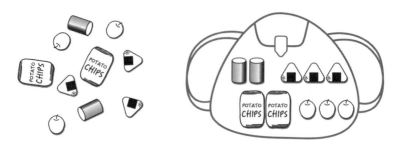

構造体はリュックサックのようなもの

■ バリエーション

例：メンバを増やしてみる

まず List 10-2 をご覧ください。これは、List 10-1 の構造体の簡単なバリエーションです。List 10-1 では国語・数学・英語の 3 教科しか扱っていませんでした。List 10-2 では、国語・数学・英語・理科・社会の 5 教科を扱うように変更してあります。List 10-1 と List 10-2 ではどこが違いますか。そうです、教科を表すメンバが増えています。新しいメンバを追加すれば、あなたの目的にあった「学生」を表す構造体を作ることができるようになります。たとえばこの他に「性別」を表すメンバや、「クラス名」を表すメンバを追加できるでしょう。

List 10-2　5 教科を扱うプログラム（1002.c）

```
 1: #include <stdio.h>
 2: #include <string.h>
 3:
 4: struct student {
 5:     int id;            // 出席番号
 6:     char name[50];     // 氏名
 7:     int kokugo;        // 国語の点数
 8:     int suugaku;       // 数学の点数
```

```
 9:       int eigo;          // 英語の点数
10:       int rika;          // 理科の点数
11:       int syakai;        // 社会の点数
12:   };
13:
14:   int main(void);
15:   void print_student(struct student s);
16:
17:   int main(void)
18:   {
19:       struct student taro;
20:
21:       taro.id = 10;
22:       strcpy(&taro.name[0], "Yamada");
23:       taro.kokugo = 100;
24:       taro.suugaku = 85;
25:       taro.eigo = 60;
26:       taro.rika = 95;
27:       taro.syakai = 73;
28:       print_student(taro);
29:       return 0;
30:   }
31:
32:   void print_student(struct student s)
33:   {
34:       printf("出席番号:%d\n", s.id);
35:       printf("氏名:%s\n", &s.name[0]);
36:       printf("国語:%d\n", s.kokugo);
37:       printf("数学:%d\n", s.suugaku);
38:       printf("英語:%d\n", s.eigo);
39:       printf("理科:%d\n", s.rika);
40:       printf("社会:%d\n", s.syakai);
41:       printf("合計:%d\n", s.kokugo + s.suugaku + s.eigo
42:           + s.rika + s.syakai );
43:       printf("\n");
44:   }
```

List 10-2 の結果

```
出席番号:10
氏名:Yamada
```

```
国語:100
数学:85
英語:60
理科:95
社会:73
合計:413
```

例:配列をメンバに入れる

List 10-2 では 5 教科を表すときに kokugo, suugaku, ..., syakai のように個別のメンバを作りました。でもここで、第 9 章で学んだ配列を思い出してください。複数の教科の点数を表すのに配列を用いました。ここでもそれを応用できます。つまり、kokugo, suugaku, ..., syakai という個別のメンバを作るのではなく、ten[5] という配列をメンバに入れてしまうのです。そのように変更したのが List 10-3 です。

List 10-3 配列をメンバに入れる (1003.c)

```c
 1: #include <stdio.h>
 2: #include <string.h>
 3:
 4: struct student {
 5:     int id;             // 出席番号
 6:     char name[50];      // 氏名
 7:     int ten[5];         // 5 教科の点数
 8: };
 9:
10: void print_student(struct student s);
11: int main(void);
12:
13: int main(void)
14: {
15:     struct student taro;
16:
17:     taro.id = 10;
18:     strcpy(&taro.name[0], "Yamada");
19:     taro.ten[0] = 100;
20:     taro.ten[1] = 85;
21:     taro.ten[2] = 60;
```

```
22:        taro.ten[3] = 95;
23:        taro.ten[4] = 73;
24:        print_student(taro);
25:        return 0;
26:    }
27:
28:    void print_student(struct student s)
29:    {
30:        int total;
31:
32:        printf("出席番号:%d\n", s.id);
33:        printf("氏名:%s\n", &s.name[0]);
34:        printf("国語:%d\n", s.ten[0]);
35:        printf("数学:%d\n", s.ten[1]);
36:        printf("英語:%d\n", s.ten[2]);
37:        printf("理科:%d\n", s.ten[3]);
38:        printf("社会:%d\n", s.ten[4]);
39:        total = 0;
40:        for (int i = 0; i < 5; i++) {
41:            total += s.ten[i];
42:        }
43:        printf("合計:%d\n", total);
44:        printf("\n");
45:    }
```

List 10-3 の実行結果

```
出席番号:10
氏名:Yamada
国語:100
数学:85
英語:60
理科:95
社会:73
合計:413
```

List 10-3 をよく見てください。構造体のメンバの配列を参照する方法に注意しましょう（34 行目）。

```
s.ten[0]
```

これは変数sのメンバtenの第0番目の要素を表しています。いいですね。構造体のメンバを表すのにピリオド（.）を使い、配列の0番目の要素を表すのに[0]を使っています。List 10-3は構造体のメンバに配列が含まれている例です。

struct student型の変数sを定義したときのイメージを図に示します。各部分がどのような名前になるかを確認しましょう。

Cのプログラム

```
struct student {
    int id;
    char name[50];
    int ten[5];
};

struct student s;
```

あなたのイメージ

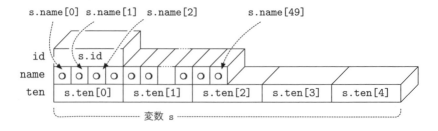

配列をメンバに持つ構造体

例：構造体の配列を作る

先ほどは「メンバに配列が含まれている構造体」の話をしました。今度は逆です。「要素が構造体であるような配列」の話をしましょう。まるでパズルのような言葉ですが、じっくり読んでみましょう。

点数の配列

```
int ten[3];
```

があったとします。これはint型の変数が3つ団地の部屋のように並んでいます。これと同じようにして、

```
struct student data[3];
```

という配列を定義したとしましょう。これはどういう意味でしょうか。

はい、そうです。struct student型の変数が3つ団地の部屋のように並んでいるんですね。上記のように書くと、構造体 struct student型の変数が3つ並んだ配列が定義されたことになります。つまり、

```
data[0]
data[1]
data[2]
```

はそれぞれ struct student型の変数となるわけです。こういう配列を作っておけば、いちいちtaroだのjiroだのという変数を定義しなくても、いきなり3人の学生のデータを処理できそうですね。

それでは2番目の学生の1番目の教科の点数が50点のときはどう書けばいいでしょうか。そう、次のようになります。

```
data[2].ten[1] = 50;
```

いいですか。data[2]は2番目の学生を表す構造体で、ピリオドが間に入って、ten[1]はメンバten（これは点数を表す配列）の1番目の要素です。ややこしいですね。でも、配列と構造体の仕組みに慣れてくれば、このような書き方もよく理解できるようになります。イメージを図に示します。

Cのプログラム

```
struct student data[3];
```

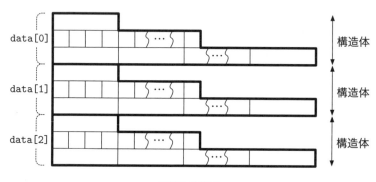

構造体の配列

例：構造体の初期化

変数を定義するとき、同時に初期化を行うことができました。たとえば、

　　int x = 100;

と書けば、int 型の変数 x を定義すると同時にその値を 100 で初期化しました。これと同じように、構造体も定義と同時に初期化を行うことができます。List 10-4 が構造体の初期化の例です。

List 10-4　構造体の初期化（1004.c）

```
1:  #include <stdio.h>
2:  #include <string.h>
3:
4:  struct student {
5:      int id;              // 出席番号
```

```
 6:     char name[50];      // 氏名
 7:     int kokugo;         // 国語の点数
 8:     int suugaku;        // 数学の点数
 9:     int eigo;           // 英語の点数
10: };
11:
12: int main(void);
13: void print_student(struct student s);
14:
15: int main(void)
16: {
17:     struct student taro = {10, "Yamada", 100, 85, 60};
18:
19:     print_student(taro);
20:     return 0;
21: }
22:
23: void print_student(struct student s)
24: {
25:     printf("出席番号:%d\n", s.id);
26:     printf("氏名:%s\n", &s.name[0]);
27:     printf("国語:%d\n", s.kokugo);
28:     printf("数学:%d\n", s.suugaku);
29:     printf("英語:%d\n", s.eigo);
30:     printf("合計:%d\n", s.kokugo + s.suugaku + s.eigo);
31:     printf("\n");
32: }
```

List 10-4 の実行結果

```
出席番号:10
氏名:Yamada
国語:100
数学:85
英語:60
合計:245
```

もうわかりますね。ここでも { } が登場します。構造体を初期化するという

ことは構造体の各メンバを初期化するということです。各メンバの初期値をコンマ（,）で区切って、{ }でくくればいいのです。配列の要素を初期化するときと似ていますが、構造体の初期化では、構造体を宣言したときのメンバの順に合わせて値を並べる必要があります。

　先ほど説明した「構造体の配列」を初期化するのも可能です。List 10-5 を見てください。これが「構造体の配列の初期化」です。配列の初期化は各要素を{ }でくくったもので、構造体の初期化は各メンバを{ }でくくったものですから、構造体の配列の初期化は{ }が二重になっています。

List 10-5　構造体の配列の初期化（1005.c）

```
 1: #include <stdio.h>
 2: #include <string.h>
 3:
 4: struct student {
 5:     int id;            // 出席番号
 6:     char name[50];     // 氏名
 7:     int kokugo;        // 国語の点数
 8:     int suugaku;       // 数学の点数
 9:     int eigo;          // 英語の点数
10: };
11:
12: int main(void);
13: void print_student(struct student s);
14:
15: int main(void)
16: {
17:     struct student data[3] = {
18:         {10, "Yamada",    100, 85, 60},
19:         {11, "Satou",      85, 95, 80},
20:         {12, "Takahashi",  72, 68, 78},
21:     };
22:
23:     for (int i = 0; i < 3; i++) {
24:         print_student(data[i]);
25:     }
26:     return 0;
27: }
28:
29: void print_student(struct student s)
30: {
31:     printf("出席番号:%d\n", s.id);
```

```
32:        printf("氏名:%s\n", &s.name[0]);
33:        printf("国語:%d\n", s.kokugo);
34:        printf("数学:%d\n", s.suugaku);
35:        printf("英語:%d\n", s.eigo);
36:        printf("合計:%d\n", s.kokugo + s.suugaku + s.eigo);
37:        printf("\n");
38:    }
```

List 10-5 の実行結果

```
出席番号:10
氏名:Yamada
国語:100
数学:85
英語:60
合計:245

出席番号:11
氏名:Satou
国語:85
数学:95
英語:80
合計:260

出席番号:12
氏名:Takahashi
国語:72
数学:68
英語:78
合計:218
```

　さて、「配列をメンバに持つ構造体」や「構造体の配列」などが出てきましたが、あなたは、C言語をややこしいものだと思いますか。それとも、規則を組み合わせるといろんなことができるものだと思いますか。「構造体の配列なんて複雑なものを本当に使うんだろうか」と疑問に思う方もいるかもしれません。でも、実際のプログラムではけっこう頻繁に使うのです。この章の最後に紹介する「簡単成績処理」（10stats）というサンプルプログラムでも構造体

の配列を使っています。

> ❖しっかり覚えよう❖ **構造体の初期化は…**
>
> 構造体を初期化するときは、値をメンバの順に並べて{ }でくくる。
>
> `struct student taro = {10, "Yamada", 100, 85, 60};`

例：コンピュータグラフィクスの第一歩

コンピュータグラフィクス（CG）に興味のある読者も多いと思います。コンピュータで図形を描いたり、絵を描いたりするプログラムをC言語で組もうとしたとき、たいてい構造体が登場してきます。構造体の例を兼ねて、コンピュータグラフィクスのごくごく一部をお話しします。

コンピュータが図形を取り扱えるようにする前に、数学では図形をどのように表現するかを考えます。次の図では、点、線分、長方形などの基本的な図形を表現しています。

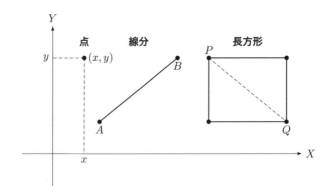

この図を見ながら、図形はどう表現できるかを確かめましょう。

- 平面上の1つの**点**は「2つの数の組」で表現できます。2つの数の組というのは、いわゆる x 座標と y 座標の組のことです。
- 平面上の1本の**線分**は「両端にある2点の組」で表現できます。

- 平面上の1個の**長方形**は「角の4点の組」でも表現できますが、辺が座標軸に平行な長方形ならば、「対角線上にある2点の組」で表現できます。

いま述べたことをC言語の構造体で表現したのがList 10-6です。List 10-6では、点を構造体pointで、線分を構造体line1とline2で、長方形を構造体rectangle1とrectangle2で表現しています。

List 10-6 点、線分、長方形を表現する（1006.c）

```
 1: // 点を表す構造体
 2: struct point {
 3:     double x; // x 座標
 4:     double y; // y 座標
 5: };
 6:
 7: // 線分を表す構造体 (1)
 8: struct line1 {
 9:     double x1; // 始点の x 座標
10:     double y1; // 始点の y 座標
11:     double x2; // 終点の x 座標
12:     double y2; // 終点の y 座標
13: };
14:
15: // 線分を表す構造体 (2)
16: struct line2 {
17:     struct point start; // 始点
18:     struct point end;   // 終点
19: };
20:
21: // 長方形を表す構造体 (1)
22: struct rectangle1 {
23:     double x1; // 点 1 の x 座標
24:     double y1; // 点 1 の y 座標
25:     double x2; // 点 2 の x 座標
26:     double y2; // 点 2 の y 座標
27: };
28:
29: // 長方形を表す構造体 (2)
30: struct rectangle2 {
31:     struct point p1; // 点 1
32:     struct point p2; // 点 2
33: };
```

struct line2 のメンバをよく見ると、**構造体**が、**構造体**のメンバになっています。線分を表すのに始点と終点をメンバにすればいいと考えました。ところで、始点や終点は点であり、すでに点は struct point として宣言されています。ですから、線分を表す構造体を宣言するときに、点を表す別の構造体を使ったのです。構造体もメンバに入れることができる。これは C 言語として正しい構造体の宣言です。

それと同じように struct rectangle2 では、対角線上にある 2 点の組を表すために struct point を使っています。

さて、いったんこのように構造体で表現してしまえば、後は簡単です。ある図形を作りたいと思ったら、その構造体の変数を 1 つ作ればいいのです。またある図形を変形させたり移動させたりしたいと思ったら、各メンバの値を変えればいいのです。

CG の話が始まったばかりですが、そろそろ時間です。ここから先、コンピュータグラフィックスに興味のある人は、市販されている参考書をお読みになってください。

クイズ

★クイズ 1

名前（name）と価格（price）と個数（num）を持った商品を表す構造体 struct item を次のように宣言しました。これは構造体の正しい宣言でしょうか。

```
struct item {
    char name    // 名前
    int price    // 価格
    int num      // 個数
}
```

★クイズ 2

次のような構造体 struct s が宣言され、変数 u が定義されているとします。このとき変数 u のメンバ x に 123 を代入する文はどのように書いたらいいでしょうか。

```
// 構造体の宣言
struct s {
    int a;
    struct t {
        int x;
        int y;
    } b;
    int c;
};

// 変数の定義
struct s u;
```

 ## クイズの答え

☆クイズ1の答え

正しくありません。

まずはC言語の文法的な誤りから指摘します。メンバの宣言と構造体の宣言の最後にセミコロン（;）が抜けています。これを直せば、文法的には正しくなります。

```
struct item {
    char name;   // 名前
    int price;   // 価格
    int num;     // 個数
};
```

ただし、文法的な誤り以外にも気になるところはあります。

名前を表すメンバがchar型になっていますが、これでは名前が'A'や'z'のような1文字になってしまいます。もしも、名前を文字列として扱いたいなら配列にしておく方がいいでしょう。仮に名前の長さの上限が49バイト（'\0'の分を合わせて50）ならば、次のような宣言になります。

```
struct item {
    char name[50];  // 名前
    int price;      // 価格
    int num;        // 個数
};
```

❖ちょっと一言❖　int型の範囲は大丈夫か

価格と個数がint型になっていますが、使っているCコンパイラでのint型の値の範囲にも注意する必要があります。

現代のCコンパイラなら、int型が32ビットならば値の範囲は −2147483648 以上 2147483647 以下であることがほとんどです。つまり価格が約21億までなら表現できることになります。通常はそれが問題になることはないでしょう（21億円以上の高額商品を扱うなら別です）。

自分が使っているCコンパイラの、int型の範囲を調べたい場合には、標準ヘッダ <limits.h> を調べます。INT_MIN が最小値、INT_MAX が最大値を表します。適切な型を選択することはとても大事です。

List 2-7 (p. 49) と、List 7-7 (p. 206) には、さまざまな型の最小値と最大値を表示するプログラムを示しています。

☆クイズ2の答え

```
u.b.x = 123;
```

と書きます。

構造体struct sは3つのメンバを持っています。

- int型のaと、
- struct t型のbと、
- int型のcです。

構造体struct tは2つのメンバを持っています。

- int型のxと、
- int型のyです。

したがって、メンバxに値を代入するには、次のように考えます。

```
u              struct s 型の変数
u.b            struct t 型の変数
u.b.x          int 型の変数
u.b.x = 123    それに 123 を代入する式
u.b.x = 123;   それに 123 を代入する文
```

■ 読解練習：「簡単成績処理」

読解練習プログラムは「簡単成績処理」（10stats）です。これは、標準入力から生徒の出席番号、氏名それから各教科の点数を受け取って、成績順に並べるプログラムです。

入力する情報は、

- 出席番号
- 氏名
- 各教科の点数（5 教科まで可能）

で、この情報をファイルとして用意します。出力する情報は、

- 出席番号順に並べた名簿
- 全体の成績順位表
- 教科ごとの平均点・最高点・最低点
- 全体の平均点

などです。

List 10-7 読解練習「簡単成績処理」（10stats.c）

```
 1: // 名前
 2: //     10stats - 簡単成績処理
 3: // 書式
 4: //     10stats < 入力ファイル
 5: // 解説
 6: //     プログラム 10stats は、
 7: //     標準入力から生徒の出席番号、氏名と各教科の点数を受け取り、
 8: //     成績順に並べたり、平均点を求めたりして、
 9: //     結果を標準出力に出力します。
10: // 入力
11: //     成績データは個人ごとに 1 行にまとめて書き、左から順に、
12: //         <出席番号> <氏名> <点数 1> <点数 2> <点数 3> <点数 4> <点数 5>
13: //     の順で記入します。
14: // 入力例
15: //         101 佐藤花子 65 90 100 80 73
16: //         102 阿部和馬 82 75 63 21 45
17: //         103 伊藤光一 74 31 41 59 38
18: // 出力
```

```
19:     //      ・出席番号順の名簿
20:     //      ・全教科の合計点による成績順位表、平均点・最高点・最低点
21:     //      ・合計点の平均
22:     // 作者
23:     //      結城浩
24:     //      Copyright (C) 1993,2018 by Hiroshi Yuki.
25:
26:     #include <stdio.h>
27:     #include <stdlib.h>
28:     #include <string.h>
29:
30:     #define BUFFER_SIZE 512     // 1行のサイズ
31:     #define MAX_NAME 50         // 氏名を格納する配列のサイズ
32:     #define MAX_STUDENT 100     // 最大の学生数
33:     #define MAX_TEN  5          // 教科数
34:
35:     // 学生を表す構造体
36:     struct student {
37:         int id;                 // 出席番号
38:         char name[MAX_NAME];    // 氏名
39:         int ten[MAX_TEN];       // 教科ごとの点数
40:         double total;           // 教科の合計点
41:     };
42:
43:     // 大域変数は関数の外で定義され、すべての関数で利用可能
44:     struct student all_students[MAX_STUDENT];  // 学生を格納する配列
45:     int student_size = 0;               // 格納されている学生数
46:
47:     // 関数のプロトタイプ宣言
48:     int main(void);
49:     int input_all_students(void);
50:     void sort_all_students_by_id(void);
51:     void sort_all_students_by_total(void);
52:     void print_all_students(void);
53:     void print_stat(void);
54:
55:     // 標準入力から学生を読み込み、すべての処理を行う。
56:     int main(void)
57:     {
58:         // 学生を読み込む
59:         if (input_all_students() < 0) {
60:             printf("データ読み込みでエラーが起きました。\n");
61:             return -1;
62:         }
63:
```

```
 64:        // 学生数を表示する
 65:        printf("== 学生数 ==\n");
 66:        printf("%d 人\n", student_size);
 67:        printf("\n");
 68:
 69:        // 出席番号順で並べ替え、名簿を表示する
 70:        printf("== 出席番号順の名簿 ==\n");
 71:        sort_all_students_by_id();
 72:        print_all_students();
 73:        printf("\n");
 74:
 75:        // 合計点順で並べ替え、名簿を表示する
 76:        printf("== 合計点による成績順位表 ==\n");
 77:        sort_all_students_by_total();
 78:        print_all_students();
 79:        printf("\n");
 80:
 81:        // 平均点・最高点・最低点を表示する
 82:        printf("== 平均点・最高点・最低点 ==\n");
 83:        print_stat();
 84:        printf("\n");
 85:
 86:        return 0;
 87:   }
 88:
 89:   // 関数 input_all_students は、標準入力からデータを読み込む。
 90:   // 変数 all_students[] と student_size を更新する。
 91:   // 戻り値
 92:   //     正常時は、読み込んだ学生数 (0 以上) を返す。
 93:   //     異常時は、-1 を返す。
 94:   int input_all_students(void)
 95:   {
 96:        char buffer[BUFFER_SIZE];
 97:        char name_buffer[BUFFER_SIZE];
 98:        int n = 0; // 学生数
 99:
100:        while (fgets(buffer, BUFFER_SIZE, stdin) != NULL) {
101:            if (n >= MAX_STUDENT) {
102:                printf("学生数が多すぎます (最大 %d 人)\n", MAX_STUDENT);
103:                return -1;
104:            }
105:
106:            // 読み込んだ学生データを代入する学生へのポインタ
107:            struct student *sp = &all_students[n];
108:
```

```
109:            // 関数 sscanf を使ってデータを解析
110:            int num = sscanf(buffer, "%d %s %d %d %d %d %d\n",
111:                &sp->id,
112:                &name_buffer[0],
113:                &sp->ten[0],
114:                &sp->ten[1],
115:                &sp->ten[2],
116:                &sp->ten[3],
117:                &sp->ten[4]);
118:            if (num != 7) {
119:                printf("%d 行目の以下の行で形式が誤っています。\n", n + 1);
120:                printf("%s\n", buffer);
121:                return -1;
122:            }
123:
124:            // 氏名の長さをチェックしてオーバーフローを防ぐ
125:            if ( strlen(name_buffer) + 1 > MAX_NAME ) {
126:                printf("%d 行目にある以下の名前は長すぎます（最大 %d バイト）\n",
127:                    n + 1, MAX_NAME - 1);
128:                printf("%s\n", name_buffer);
129:                return -1;
130:            }
131:
132:            // 氏名をコピー
133:            strcpy(sp->name, name_buffer);
134:
135:            // 学生の教科合計点を計算
136:            sp->total = 0;
137:            for (int i = 0; i < MAX_TEN; i++) {
138:                sp->total += sp->ten[i];
139:            }
140:
141:            // 学生数の更新
142:            n++;
143:        }
144:
145:        // 学生数
146:        student_size = n;
147:
148:        // 学生数を返す
149:        return student_size;
150: }
151:
152: // 関数 sort_all_students_by_id は出席番号順で並べ替えを行う。
153: void sort_all_students_by_id(void)
```

```c
154: {
155:     for (int i = 0; i < student_size - 1; i++) {
156:         struct student *sp1 = &all_students[i];
157:         for (int j = i + 1; j < student_size; j++) {
158:             struct student *sp2 = &all_students[j];
159:             if (sp1->id > sp2->id) {
160:                 struct student s = *sp1;
161:                 *sp1 = *sp2;
162:                 *sp2 = s;
163:             }
164:         }
165:     }
166: }
167:
168: // 関数 sort_all_students_by_total は合計点数順で並べ替えを行う。
169: void sort_all_students_by_total(void)
170: {
171:     for (int i = 0; i < student_size - 1; i++) {
172:         struct student *sp1 = &all_students[i];
173:         for (int j = i + 1; j < student_size; j++) {
174:             struct student *sp2 = &all_students[j];
175:             if (sp1->total < sp2->total) {
176:                 struct student s = *sp1;
177:                 *sp1 = *sp2;
178:                 *sp2 = s;
179:             }
180:         }
181:     }
182: }
183:
184: // 関数 print_all_students はデータを表示する。
185: void print_all_students(void)
186: {
187:     for (int n = 0; n < student_size; n++) {
188:         struct student *sp = &all_students[n];
189:
190:         // 連番
191:         printf("%3d) ", n + 1);
192:         // 点数
193:         for (int i = 0; i < MAX_TEN; i++) {
194:             printf("%3d ", sp->ten[i]);
195:         }
196:         // 出席番号
197:         printf("出席番号 %3d ", sp->id);
198:         // 合計点
```

```
199:            printf("合計点 %0.1f ", sp->total);
200:            // 平均点
201:            printf("平均点 %0.1f ", sp->total / MAX_TEN);
202:            // 氏名
203:            printf("氏名 %s", sp->name);
204:            printf("\n");
205:        }
206:    }
207:
208:    // 関数 print_stat は、教科ごとの平均点・最高点・最低点を計算し、
209:    // 表示する。また合計点の平均も表示する。
210:    void print_stat(void)
211:    {
212:        int max[MAX_TEN];       // 教科ごとの最高点
213:        int min[MAX_TEN];       // 教科ごとの最低点
214:        double ten[MAX_TEN];    // 教科ごとの合計点
215:        double total;           // 全教科の合計点
216:        struct student *sp;
217:
218:        // 0 番目の学生のデータで初期化
219:        sp = &all_students[0];
220:        for (int i = 0; i < MAX_TEN; i++) {
221:            max[i] = sp->ten[i];
222:            min[i] = sp->ten[i];
223:            ten[i] = sp->ten[i];
224:        }
225:        total = sp->total;
226:
227:        // 統計計算
228:        for (int n = 1; n < student_size; n++) {
229:            sp = &all_students[n];
230:            for (int i = 0; i < MAX_TEN; i++) {
231:                if (max[i] < sp->ten[i]) {
232:                    max[i] = sp->ten[i];
233:                }
234:                if (min[i] > sp->ten[i]) {
235:                    min[i] = sp->ten[i];
236:                }
237:                ten[i] += sp->ten[i];
238:            }
239:            total += sp->total;
240:        }
241:
242:        // 結果の出力
243:        for (int i = 0; i < MAX_TEN; i++) {
```

```
244:            printf("教科 %d ", i + 1);
245:            printf("最高点 %3d ", max[i]);
246:            printf("最低点 %3d ", min[i]);
247:            printf("平均点 %0.1f\n", ten[i] / student_size);
248:        }
249:        printf("合計点の平均 %0.1f\n", total / student_size);
250: }
```

10statsの実行例

```
$ cat 10stats-input.txt         ………… 入力ファイルを確認（Windowsでは、catのかわりにtypeを使う）
101 佐藤花子 65 90 100 80 73
102 阿部和馬 82 75 63 21 45
103 伊藤光一 74 31 41 59 38
104 佐藤太郎 100 95 98 82 65
105 村松真治 55 48 79 90 88
106 進東三太郎 74 45 59 27 38

$ ./10stats < 10stats-input.txt         ………………… プログラムを実行


== 学生数 ==
6 人

== 出席番号順の名簿 ==
  1)  65  90 100  80  73 出席番号 101 合計点 408.0 平均点 81.6 氏名 佐藤花子
  2)  82  75  63  21  45 出席番号 102 合計点 286.0 平均点 57.2 氏名 阿部和馬
  3)  74  31  41  59  38 出席番号 103 合計点 243.0 平均点 48.6 氏名 伊藤光一
  4) 100  95  98  82  65 出席番号 104 合計点 440.0 平均点 88.0 氏名 佐藤太郎
  5)  55  48  79  90  88 出席番号 105 合計点 360.0 平均点 72.0 氏名 村松真治
  6)  74  45  59  27  38 出席番号 106 合計点 243.0 平均点 48.6 氏名 進東三太郎

== 合計点による成績順位表 ==
  1) 100  95  98  82  65 出席番号 104 合計点 440.0 平均点 88.0 氏名 佐藤太郎
  2)  65  90 100  80  73 出席番号 101 合計点 408.0 平均点 81.6 氏名 佐藤花子
  3)  55  48  79  90  88 出席番号 105 合計点 360.0 平均点 72.0 氏名 村松真治
  4)  82  75  63  21  45 出席番号 102 合計点 286.0 平均点 57.2 氏名 阿部和馬
  5)  74  31  41  59  38 出席番号 103 合計点 243.0 平均点 48.6 氏名 伊藤光一
  6)  74  45  59  27  38 出席番号 106 合計点 243.0 平均点 48.6 氏名 進東三太郎

== 平均点・最高点・最低点 ==
教科 1 最高点 100 最低点 55 平均点 75.0
教科 2 最高点  95 最低点 31 平均点 64.0
教科 3 最高点 100 最低点 41 平均点 73.3
教科 4 最高点  90 最低点 21 平均点 59.8
```

```
教科 5 最高点  88 最低点  38 平均点 57.8
合計点の平均  330.0
```

.... 計算結果が表示された

■ もっと詳しく

| 関数 strcpy とバッファオーバーフロー

次のプログラムの断片には重大な問題があります。それは何でしょうか。

```
char s[13];
strcpy(s, "Hello, world.");
```

char s[13]; という配列が定義されています。ここには char 型の値を 13 個格納できますね。

この配列に "Hello, world." という文字列を関数 strcpy でコピーしています。この文字列の長さは strlen("Hello, world.") で調べるとちょうど 13 です。ぎりぎりセーフのように思えますが、実はアウトです。というのは、C 言語の文字列には最後にナル文字があるからです。

"Hello, world." という文字列を仮に hello という名前の char 型の配列で表すと、この配列 hello は、

```
char hello[] = {
  'H', 'e', 'l', 'l', 'o',
  ',', ' ', 'w', 'o', 'r',
  'l', 'd', '.', '\0'
};
```

のように 14 個の要素を持っていることになります。

strcpy(s, "Hello, world."); を実行すると、関数 strcpy は C 言語の文字列としてコピーしますから、配列 s がたとえ 13 個の char 型しか格納できなくても、14 個目の値（つまり '\0'）をコピーしてしまうのです。このような状況を一般にバッファオーバーフローやバッファオーバーランと呼びます。

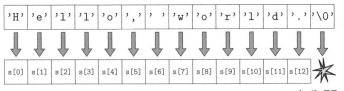

オーバーフロー！

　これは配列として定義されていないメモリに勝手にアクセスしたことになりますので、重大な問題です。現実的には、何も起きないか、プログラムが暴走するか、OS が強制的にプログラムを終了させるか……といった予想できない現象が起きます。さらに悪いことには、こういった仕組みが悪用されて、情報が盗み出されたり、データを壊されたりする場合もあります。

　バッファオーバーフローを避けるには、配列にアクセスするときに、添字が配列として定義されている範囲に収まっているかどうかを調べることが必要になります。

　List 10-7 の 125 行目でも、バッファオーバーフローを防ぐために、if 文によるチェックを行っています。

❈ちょっと一言❈　**関数 strcpy_s**

　　　　　　　　　　　　　　　　　　　　　セキュリティを意識しよう

　関数 strcpy は上で述べたようにチェックが毎回必要になりますが、C11 で定義されている関数 strcpy_s では、コピー先の領域の大きさを指定する引数が追加されています。

❈ちょっと一言❈　**関数 gets, 関数 scanf, 関数 fscanf を避ける**

　　　　　　　　　　　　　　　　　　　　　セキュリティを意識しよう

　関数 gets はバッファサイズを指定できないため、潜在的にバッファオーバーフローを防ぐことができません。したがって、絶対に使ってはいけません。

　関数 scanf と関数 fscanf は書式を指定した入力ができますが、文字列を入力するときにバッファオーバーフローを非常に起こしやすくなっていますので、使うのは避けましょう。

　関数 sscanf は処理する文字列をいったんバッファに格納してから処理しますので、最大サイズが予想でき、安全なコーディングが比較的容易です。

typedef

typedef（タイプデフ）の話をしましょう。この章では、新しい構造体を宣言するのは新しい型を作るようなものである、と学びました。実際そうですよね、構造体の定義、

```
struct student taro;
```

や、構造体の配列の定義、

```
struct student data[3];
```

というとき、struct student は型の名前として扱われていることになりますね。

さて、C言語にはtypedefという機能が用意されていて、新しい型にプログラマが好きな名前をつけることができます。このtypedefを使えば、いちいちstructと書かなくともよくなるのです。ではさっそく書き方を見てみましょう。

List 10-8 を見てください。これは構造体struct studentに新しい名前STUDENTをつけたものです。typedefは、

```
typedef 型名 新しい型名;
```

という形で使います。List 10-8 では型名のところがstruct student { ... }で、新しい型名のところが STUDENT になっています。最後のセミコロン（;）を忘れないように。

実はtypedefは構造体以外にも適用できます。たとえば、

```
typedef char BYTE;
```

とすれば、新しい型BYTEを作ることができますし、

```
typedef int TENSUU;
```

とすれば、新しい型TENSUU（点数）を作れます。typedefをうまく使うと、読みやすいプログラムを書くことができます。C言語でのプログラム開発ではtypedefは必ずといっていいほど使われます。

List 10-8　typedefの使い方 (1008.c)

```c
 1: #include <stdio.h>
 2: #include <string.h>
 3:
 4: typedef struct student {
 5:     int id;              // 出席番号
 6:     char name[50];       // 氏名
 7:     int kokugo;          // 国語の点数
 8:     int suugaku;         // 数学の点数
 9:     int eigo;            // 英語の点数
10: } STUDENT;
11:
12: int main(void);
13: void print_student( STUDENT s);
14:
15: int main(void)
16: {
17:     STUDENT taro = {10, "Yamada", 100, 85, 60};
18:
19:     print_student(taro);
20:     return 0;
21: }
22:
23: void print_student( STUDENT s)
24: {
25:     printf("出席番号:%d\n", s.id);
26:     printf("氏名:%s\n", &s.name[0]);
27:     printf("国語:%d\n", s.kokugo);
28:     printf("数学:%d\n", s.suugaku);
29:     printf("英語:%d\n", s.eigo);
30:     printf("合計:%d\n", s.kokugo + s.suugaku + s.eigo);
31:     printf("\n");
32: }
```

メンバが1つの構造体

「構造体とは、複数の異なる型を1つにまとめたものである」と冒頭でお話ししました。しかし、これは正確ではありません。正確にいえば、「構造体とは、1つまたは複数の、同じまたは異なる型を1つにまとめたものである」となるでしょう。つまり、構造体は普通は2つ以上の型をまとめたものですが、

別に「1つを集め」たっていいのです。たとえばこのようになるでしょう。

```
struct a {
    int x;
};
```

この構造体 struct a は、たった1つのメンバをもった構造体です。
また、同じ型をまとめても構いません。

```
struct b {
    int w;
    int x;
    int y;
    int z;
};
```

この構造体 struct b は4つのメンバを持ち、すべて int 型です。これもまた正しい構造体の宣言です。もしメンバの型がすべて同じ場合、プログラムによっては、構造体を使うよりは配列を使う方が正しいこともあるでしょう。

どんなときに構造体を使い、どんなときに配列を使うべきでしょうか。それはそれぞれの特徴を思い出していただければわかるでしょう。構造体の特徴、それはメンバ名を使って代入したり参照したりできる点です。それに対して配列の特徴は、添字という数を使って代入したり参照したりできる点です。

したがって、各要素の名前が重要な場合には構造体を使い、各要素を数でコントロールしたいときには配列を使うのです。複数の学生のデータを扱うとき、1人1人の学生は構造体とし、それをまとめて配列としたことを思い出してください。

▶この章で学んだこと

この章では、

- 構造体の宣言・定義・代入・参照
- メンバ
- 構造体タグ

について学びました。
　C言語入門もだいぶ進みました。

次の章では変数を指す変数「ポインタ」について学びます。

◉ポイントのまとめ

- 複数の異なる型をまとめて構造体を作ることができます。
- 構造体の宣言、定義、代入、参照を理解しましょう。
- 構造体の変数名とメンバ名をピリオドでつなぐとメンバにアクセスできます。
- 構造体のメンバに配列を使うことができます。
- 構造体の配列を作ることができます。
- 構造体は初期化できます。
- 構造体をメンバに持つ構造体を作ることができます。
- typedefで型に名前をつけることができます。

● 練習問題

■ 問題 10-1   (解答は p.336)

List E10-1 のプログラムは、3 教科の試験の合計点を、学生ごとに表示するものですが、まだ完成していません。期待する実行結果と同じ表示になるように完成させてください。

List E10-1　各学生の合計点を表示 (e1001.c)

```
 1: #include <stdio.h>
 2:
 3: struct student {
 4:     int id;           // 出席番号
 5:     char name[50];    // 氏名
 6:     int kokugo;       // 国語の点数
 7:     int suugaku;      // 数学の点数
 8:     int eigo;         // 英語の点数
 9: };
10:
11: struct student data[4] = {
12:     {1, "結城浩",    65, 90, 100},
13:     {2, "阿部和馬",  82, 73,  63},
14:     {3, "伊藤光一",  74, 31,  41},
```

```
15:        {4, "佐藤太郎", 100,    95,    98},
16:    };
17:
18:    int main(void);
19:    void print_total(struct student s);
20:
21:    int main(void)
22:    {
23:        for (int i = 0; i < 4; i++) {
24:            print_total( ??? );
25:        }
26:        return 0;
27:    }
28:
29:    void print_total(struct student s)
30:    {
31:        printf("%d %s の合計点は", s.id, &s.name[0]);
32:        printf(" %d 点です。\n",    ??? );
33:    }
```

期待する実行結果

```
1 結城浩   の合計点は  255 点です。
2 阿部和馬 の合計点は  218 点です。
3 伊藤光一 の合計点は  146 点です。
4 佐藤太郎 の合計点は  293 点です。
```

■ 問題 10-2   (解答は p.338)

List E10-2 のプログラムは、4 人の試験の平均点を、教科ごとに表示するものですが、まだ完成していません。期待する実行結果と同じ表示になるように完成させてください。

ヒント：変数 kokugo は全員の国語の合計点です。

List E10-2　各教科の平均点を表示 (e1002.c)

```c
 1: #include <stdio.h>
 2:
 3: struct student {
 4:     int id;              // 出席番号
 5:     char name[50];       // 氏名
 6:     int kokugo;          // 国語の点数
 7:     int suugaku;         // 数学の点数
 8:     int eigo;            // 英語の点数
 9: };
10:
11: struct student data[4] = {
12:     {1, "結城浩",     65,  90, 100},
13:     {2, "阿部和馬",   82,  73,  63},
14:     {3, "伊藤光一",   74,  31,  41},
15:     {4, "佐藤太郎", 100,  95,  98},
16: };
17:
18: int main(void);
19:
20: int main(void)
21: {
22:     int kokugo = 0, suugaku = 0, eigo = 0;
23:
24:     for (int i = 0; i < 4; i++) {
25:         kokugo += ???
26:         suugaku += ???
27:         eigo += ???
28:     }
29:     printf("国語の平均点は %0.1f 点です。\n", kokugo / 4.0);
30:     printf("数学の平均点は %0.1f 点です。\n", suugaku / 4.0);
31:     printf("英語の平均点は %0.1f 点です。\n", eigo / 4.0);
32:
33:     return 0;
34: }
```

期待する実行結果

```
国語の平均点は 80.2 点です。
数学の平均点は 72.2 点です。
```

```
    英語の平均点は 75.5 点です。
```

注意：コンパイラによっては、浮動小数点を小数点以下1桁で表示する際の方法の違いにより、国語の平均点が80.3点、数学の平均点が72.3点と表示されることもあります。

■ 問題 10-3　　　　　　　　　　　　　　　　　　　（解答は p. 340）

List E10-3のプログラムは、あるコンピュータグラフィクスのプログラムの一部分であると仮定します。いまはちょうど長方形の面積を計算する関数を作ろうとしているところです。期待する実行結果と同じ表示になるように完成させてください。

ヒント：構造体 struct rectangle は座標軸に平行に置かれた長方形を表すもので、長方形の左上と右下の点をメンバに持っています。また、関数 distance は引数の差の絶対値を得る関数です。関数 printf で使っている %g は浮動小数点型を表す書式文字列の一種です。

List E10-3　長方形の面積を計算 (e1003.c)

```
 1:  #include <stdio.h>
 2:  #include <math.h>
 3:
 4:  // 長方形を表す構造体
 5:  struct rectangle {
 6:      double x1, y1;  // 左上の点
 7:      double x2, y2;  // 右下の点
 8:  };
 9:
10:  int main(void);
11:  double distance(double a, double b);
12:  double calc_area(struct rectangle r);
13:
14:  int main(void)
15:  {
16:      struct rectangle rect;
17:      double area;
18:
19:      rect.x1 = 3.1;
20:      rect.y1 = 4.1;
```

```
21:        rect.x2 = 5.9;
22:        rect.y2 = 2.6;
23:        area = calc_area(rect);
24:        printf("長方形 (%g,%g)-(%g,%g) の面積は %g です。\n",
25:            rect.x1, rect.y1, rect.x2, rect.y2, area);
26:    }
27:
28:    // 関数 distance は差の絶対値を求める。
29:    double distance(double a, double b)
30:    {
31:        if ( ??? ) {
32:            return a - b;
33:        } else {
34:            return b - a;
35:        }
36:    }
37:
38:    // 関数 calc_area は、
39:    // 与えられた長方形の面積を計算する。
40:    double calc_area(struct rectangle r)
41:    {
42:        double x, y;  // 2辺の長さ
43:
44:        x = distance( ??? , ??? );
45:        y = distance( ??? , ??? );
46:        return x * y;
47:    }
```

期待する実行結果

長方形 (3.1,4.1)-(5.9,2.6) の面積は 4.2 です。

● 練習問題の解答

□ 問題 10-1 の解答 （問題は p. 331）

List A10-1a 各学生の合計点を表示 (a1001a.c)

```
 1: #include <stdio.h>
 2:
 3: struct student {
 4:     int id;            // 出席番号
 5:     char name[50];     // 氏名
 6:     int kokugo;        // 国語の点数
 7:     int suugaku;       // 数学の点数
 8:     int eigo;          // 英語の点数
 9: };
10:
11: struct student data[4] = {
12:     {1, "結城浩",     65,  90, 100},
13:     {2, "阿部和馬",   82,  73,  63},
14:     {3, "伊藤光一",   74,  31,  41},
15:     {4, "佐藤太郎", 100,  95,  98},
16: };
17:
18: int main(void);
19: void print_total(struct student s);
20:
21: int main(void)
22: {
23:     for (int i = 0; i < 4; i++) {
24:         print_total( data[i] );
25:     }
26:     return 0;
27: }
28:
29: void print_total(struct student s)
30: {
31:     printf("%d %s の合計点は", s.id, &s.name[0]);
32:     printf(" %d 点です。\n",  s.kokugo + s.suugaku + s.eigo );
33: }
```

第i番目の学生のデータはdata[i]に格納されていますから、関数

print_totalへ渡す引数はdata[i]でいいですね。また3教科の合計点を計算するには、s.kokugoとs.suugakuとs.eigoを加えればよいわけです。変数iの値が0, 1, 2, 3と変化して、関数print_totalは、

```
print_total(data[0]);
print_total(data[1]);
print_total(data[2]);
print_total(data[3]);
```

のように呼び出されたのと同じことになります。そのたびごとに、関数print_totalの引数sには、

```
data[0]
data[1]
data[2]
data[3]
```

の値がそれぞれ渡されることになります。

> ❋ちょっと一言❋ **関数の引数では構造体へのポインタを使う**
>
> 　実はList A10-1aのように関数の引数に構造体を書くと、関数を呼び出すときに構造体の内容のコピーが発生してしまい、効率性を落としてしまいます。そのため、第11章でお話しする構造体へのポインタを使うことが多くなります。構造体へのポインタを使った別解をList A10-1bに示します。24行目と29〜33行目を見てください。
>
> ◇ ESCR E1.1.3

List A10-1b　各学生の合計点を表示（ポインタを使った別解）　(a1001b.c)

```
 1:  #include <stdio.h>
 2:
 3:  struct student {
 4:      int id;             // 出席番号
 5:      char name[50];      // 氏名
 6:      int kokugo;         // 国語の点数
 7:      int suugaku;        // 数学の点数
 8:      int eigo;           // 英語の点数
 9:  };
10:
11:  struct student data[4] = {
```

```
12:        {1, "結城浩",     65,  90, 100},
13:        {2, "阿部和馬",   82,  73,  63},
14:        {3, "伊藤光一",   74,  31,  41},
15:        {4, "佐藤太郎", 100,  95,  98},
16:    };
17:
18:    int main(void);
19:    void print_total( struct student *sp ); // ポインタ
20:
21:    int main(void)
22:    {
23:        for (int i = 0; i < 4; i++) {
24:            print_total( &data[i] ); // アドレス演算子でポインタを渡す
25:        }
26:        return 0;
27:    }
28:
29:    void print_total( struct student *sp ) // ポインタ
30:    {
31:        printf("%d %s の合計点は", sp->id , sp->name );
32:        printf(" %d 点です。\n", sp->kokugo + sp->suugaku + sp->eigo );
33:    }
```

問題 10-2 の解答 （問題は p.332）

List A10-2　各教科の平均点を表示 (a1002.c)

```
 1: #include <stdio.h>
 2:
 3: struct student {
 4:     int id;              // 出席番号
 5:     char name[50];       // 氏名
 6:     int kokugo;          // 国語の点数
 7:     int suugaku;         // 数学の点数
 8:     int eigo;            // 英語の点数
 9: };
10:
11: struct student data[4] = {
12:     {1, "結城浩",     65,  90, 100},
13:     {2, "阿部和馬",   82,  73,  63},
14:     {3, "伊藤光一",   74,  31,  41},
```

```
15:         {4, "佐藤太郎", 100,    95,    98},
16:     };
17:
18:     int main(void);
19:
20:     int main(void)
21:     {
22:         int kokugo = 0, suugaku = 0, eigo = 0;
23:
24:         for (int i = 0; i < 4; i++) {
25:             kokugo  += data[i].kokugo ;
26:             suugaku += data[i].suugaku ;
27:             eigo    += data[i].eigo ;
28:         }
29:         printf("国語の平均点は %0.1f 点です。\n", kokugo / 4.0);
30:         printf("数学の平均点は %0.1f 点です。\n", suugaku / 4.0);
31:         printf("英語の平均点は %0.1f 点です。\n", eigo / 4.0);
32:
33:         return 0;
34:     }
```

このプログラムでは変数kokugo, suugaku, eigoは、それぞれ国語、数学、英語の合計点を計算するのに使われます。第i番目の学生の国語・数学・英語の点数はそれぞれ、

```
data[i].kokugo
data[i].suugaku
data[i].eigo
```

ですから、それをkokugo, suugaku, eigoに足し込めばいいのです。足し込む演算子である+=を使うといいですね（25 〜 27 行目）。

ここで、変数名のkokugoと、メンバ名のkokugoを混同しないようにしてください。単独でkokugoと出てきたらそれは変数として定義してある（ありますね？）kokugoであり、構造体の後のピリオド（.）の次にkokugoと出てきたらそれはメンバとしてのkokugoです。Cコンパイラは文脈から変数名かメンバ名か判断してくれますので、List A10-2 のように変数名とメンバ名に同じ名前を使っても正しいプログラムとなります。

□ 問題 10-3 の解答　　　　　　　　　　　　　　　　　　　　（問題は p. 334）

List A10-3　長方形の面積を計算 (a1003.c)

```
 1: #include <stdio.h>
 2: #include <math.h>
 3:
 4: // 長方形を表す構造体
 5: struct rectangle {
 6:     double x1, y1; // 左上の点
 7:     double x2, y2; // 右下の点
 8: };
 9:
10: int main(void);
11: double distance(double a, double b);
12: double calc_area(struct rectangle r);
13:
14: int main(void)
15: {
16:     struct rectangle rect;
17:     double area;
18:
19:     rect.x1 = 3.1;
20:     rect.y1 = 4.1;
21:     rect.x2 = 5.9;
22:     rect.y2 = 2.6;
23:     area = calc_area(rect);
24:     printf("長方形 (%g,%g)-(%g,%g) の面積は %g です。\n",
25:         rect.x1, rect.y1, rect.x2, rect.y2, area);
26: }
27:
28: // 関数 distance は差の絶対値を求める。
29: double distance(double a, double b)
30: {
31:     if ( a > b ) {
32:         return a - b;
33:     } else {
34:         return b - a;
35:     }
36: }
37:
38: // 関数 calc_area は、
39: // 与えられた長方形の面積を計算する。
40: double calc_area(struct rectangle r)
```

```
41:    {
42:        double x, y;  // 2辺の長さ
43:
44:        x = distance( r.x1 , r.x2 );
45:        y = distance( r.y1 , r.y2 );
46:        return x * y;
47:    }
```

ちょっと難しかったですか。長方形の面積を求めることは簡単ですけれど、それをプログラムとして表現することは慣れないと厄介ですね。

　　　　長方形の面積 = 縦の長さ × 横の長さ

ですから、まず辺の長さを求めることを考えます。いま、長方形は対角線上の2点で表現されています。縦の長さは2点のy座標の差、横の長さは2点のx座標の差で得られることがわかります。関数distanceは差の絶対値を求めるものです。2点がどういう位置関係にあっても大丈夫なように、単に引き算をして差を求めるのではなく、差の絶対値を求めています。

❖ちょっと一言❖　　**関数fabs**

標準ヘッダ<math.h>にはdouble型の絶対値を求める関数fabsが宣言されていますので、distance(r.x1, r.x2)の代わりにfabs(r.x1 - r.x2)を使うこともできます。

第11章
ポインタ

▶この章で学ぶこと

この章では、ポインタについて学びます。
「ポインタは難しいよ」
C言語を学んだ人は異口同音にこう言います。もしかしたら、あなたもそう聞いたことがあるかもしれません。確かに、ポインタのところでつまずく初心者は多いようです。私自身、初めてポインタを学んだときには「？」の連続でした。

でもポインタは、Cのプログラムにしょっちゅう登場します。ですから、C言語を学ぶ上でポインタを避けて通るわけにはいきません。ポインタは、どうしても通らなくてはならない関門なのです。この章では、この関門を正面から突破していきます。もちろん本書の精神にのっとって、もっとも重要な部分にしぼって挑戦していきます。

それでは始めましょう。

■ ポインタとは

ポインタとは何か

「ポインタとは、変数のアドレスを持つ変数である」というのが第一歩です。これがポインタの定義です。声に出して三回ほど読んでみましょう。この文章の中であなたが理解すべきことは「変数」と「アドレス」という言葉の意味です。これさえはっきりわかれば、ポインタの意味もはっきりします。そうですね。

変数とアドレスのうち、**変数**についてはこれまで第3章をはじめとしてあちこちで学んできました。変数とは、何かを入れておく箱のようなものです。型と名前を持ち、定義・代入・参照して利用するものです。たとえば、

    int x;

と書けば、型がintで名前がxである変数が定義されます。

ところで、このように定義した変数は、コンピュータの上でどうなっているのでしょうか。

コンピュータは非常にたくさんのメモリ（記憶装置）を持っています。たくさんのメモリは以下のように並んでおり、このメモリの1つ1つに情報を記録しておくことができます。

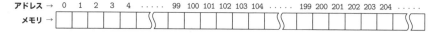

メモリの図

メモリには**アドレス**という番号がつけられています。アドレス（address）とは「住所」のことです。たくさんのメモリを1つ1つ区別するための住所がアドレスなのです。住所といっても「○○県○○市○○町○-○-○」という名前ではありません。単なる番号です。非常にたくさんのメモリがちゃんと区別できるようにアドレスという番号が振られているのです。この図では1つの四角形が1バイトのメモリを表しているものとします。

変数を**定義**すると、コンピュータのメモリの一部分にその変数のための場所が確保され、名前がつけられます。そしてその場所が変数として使われるこ

とになります。int型の変数xを定義したメモリの図を示します。ここでは、int型が4バイトになっているコンパイラを想定しています。

変数を定義したメモリの図

また変数に値を代入すると、いままでメモリに記録されていた値が失われ、そこに新しい値が記録されます。たとえば変数xに123を代入したときのメモリの図を示します。

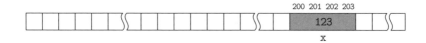

変数に値を代入したメモリの図

そして変数を参照するときには、メモリのその場所に記録されていた値が利用されることになります。たとえば変数xを参照するとき、変数xの先頭アドレスが200なら、そこからの4バイトの領域に記録されている値を利用することになります。

変数の値を参照しているようす

さて、ここまでで、「変数」と「アドレス」についてだいぶわかってきました。それではいよいよ「ポインタとは、変数のアドレスを持つ変数である」について考えてみましょう。変数のアドレスとは、その変数があるメモリにつけられた番号でした。メモリにつけられたアドレスという番号——これもまた1つの数値にすぎませんから、その数値を別の変数に代入しても構いません。変数x

の先頭アドレスがたとえば200だとします。この200というアドレスを別の変数pに代入してみましょう。変数pに200を代入したメモリの図を示します。

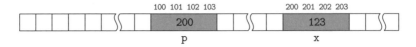

変数pに200を代入したメモリの図

上図を見ると、変数pには、変数xのアドレスすなわち200が入っています。変数pの値は変数xのアドレスなのです。つまり、変数pの値を参照すれば、変数xがメモリ上のどこにあるのかがわかります。

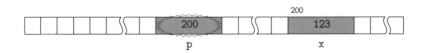

変数pの値を参照すれば、変数xがどこにあるかわかる

このような変数同士の関係はちょうど「変数pが変数xを指している」ように感じられますよね。このことから、変数pはポインタ（pointer）すなわち「指すもの」と呼ばれるのです。この変数pのように、変数のアドレスを持つ変数のことを「ポインタ」といいます。

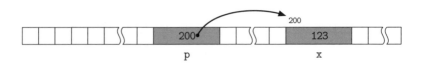

変数pは変数xを指していると見なす

先生が、黒板に書いた文字を長い棒で指すことがありますね。あの棒もポインタといいます。棒が黒板上にある文字の位置を指すように、ポインタはメモリ上にある変数の位置を指しています。

ポインタのイメージがつかめたでしょうか。

❖しっかり覚えよう❖　ポインタとは…

ポインタとは、変数のアドレスを持つ変数である。

ポインタをC言語でどう表現するか

次のステップは、ポインタをC言語でどう表現するかを学ぶことです。

ポインタとは、変数のアドレスを持つ変数でした。ですから、ポインタの「①定義、②代入、③参照」を学べばいいことになります。

① ポインタの定義

int型の変数xを定義するには、

　　int x;

と書きますね。int型の変数を指すポインタpを定義するには、

　　int *p;

と書く約束になっています。上の2つの定義をよく見比べましょう。変数xの定義の方では単にintと型名を書けばよかったですが、ポインタpの方では、変数名の前にアスタリスク（*）が付いて*pと書かれています。こう書かれていると、コンパイラは変数pを「int型の変数を指すポインタ」だと判断してくれます。

int型の変数xとyを定義するとき、2つまとめて、

　　int x, y;

と書くことができました。int型の変数を指すポインタpとqを2つまとめて1行で定義したいときには、

　　int *p, *q;

と書かなくてはなりません。次のように書いてはいけません。

　　int *p, q;　　（誤り）

このように書いた場合には、確かに変数pはポインタになりますが、変数qは

ポインタではなく、単なるint型の変数になってしまいます。ご注意ください。

> ❖ちょっと一言❖ **アスタリスク（*）**
>
> アスタリスクは2 * 3のような乗算でも使いましたが、*pでのアスタリスクはポインタを表すための記号として使われています。乗算の意味はまったくありません。

② ポインタへの代入

int型の変数xに定数123を代入するには、

```
x = 123;
```

と書きます。ポインタpに変数xのアドレスを代入するには、

```
p = &x;
```

と書きます。上の2つの文をよく見比べましょう。両方とも左辺（等号の左側）の書き方は同じですね。問題は右辺です。変数xのアドレスを得るのに、&xと書いています。ここで使われている&は、変数のアドレスを得るアドレス演算子です。

> ❖ちょっと一言❖ **アンパサンド（&）**
>
> 注意：アンパサンド（&）はif文の条件を書くときにも「かつ」の記号（&&）として登場しました。けれどここでは、&は変数のアドレスを得る演算子として使われています。これらはまったく異なる意味ですので、混同しないようにしましょう。演算子と優先度の一覧は「付録：演算子」（p.443）にあります。

ポインタpは変数の一種ですから、何度でも代入できます。たとえば、変数yをint型の変数として、

```
p = &y;
```

と代入すれば、ポインタpがこれまで持っていた変数xのアドレスはpの中から消え、変わりに変数yのアドレスがpに代入されることになります。

ポインタpに変数xのアドレスを代入するのに、

```
p = x;      （誤り）
```

と書いてはいけません。この代入文p = x;はポインタpに対して「変数xのアドレス」ではなく「変数xの値」を代入するという意味になってしまうからです。「変数xの<u>アドレス</u>」と「変数xの<u>値</u>」はまったく違います。次の図を見てください。

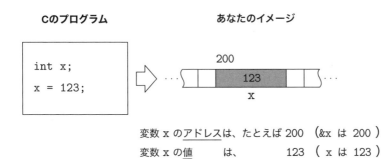

変数xのアドレスは、たとえば 200 （&x は 200 ）
変数xの値　　 は、　　　　 123 （ x は 123 ）

　変数xが存在するメモリの場所を表すのが「変数xのアドレス」で、その場所に格納されているデータが「変数xの値」です。「変数xのアドレス」は&xで得ることができ、「変数xの値」はxで得ることができます。&xとxはまったく違う意味になります。注意してください。
　プログラムはコンピュータに命令するための文書です。いちいち図を描いてみせて「この変数の値じゃなく、アドレスだよ」とコンピュータに教えるわけにはいきません。その代わりに、プログラム上で&を付けたり付けなかったりして自分の意図が正しくコンピュータに伝わるようにするのです。
　ですから、あなた自身が「いったい自分はどういうことをしたいのか」と「それをC言語で表現するにはどうするのか」を知っておく必要があります。それがきちんとできる人のことを「プログラマ」というのです。

③ ポインタの参照
　int型の変数xの値を表示したいとき、

```
printf("%d\n", x);
```

と書きます。ポインタpの値を表示したいときには、

```
printf("%p\n", p);
```

と書きます。

書き方はどちらもそっくりで、違いは書式文字列だけです。int 型の値を表示するときには %d を使い、ポインタの値を表示するときには %p を使います。

ちょっと待って。

ポインタって「変数のアドレスを持つ変数」でしたよね。だとしたら「ポインタの値」を表示するだけでなく、「ポインタが指している先にある変数の値」まで表示できるのではないでしょうか。

できます。

順を追って考えれば、難しい話ではありません。まず、変数 x に 123 を代入します。

```
x = 123;
```

次に、ポインタ p に変数 x のアドレスを代入します。

```
p = &x;
```

これで、ポインタ p は変数 x を指していることになります。

ここから、ポインタ p だけを使って変数 x の値を表示できるのです。こう書きます。

```
printf("%d\n", *p);
```

ポインタ p の直前にアスタリスクを付けて *p と書いていること、それから %d を使っていることに注意しましょう。

単に p と書けば、ポインタ p のことですが、*p と書くと、そのポインタが指している変数を表すことができるのです。このアスタリスク * は間接演算子といいます。

つまり、*p のところにスポッと x を当てはめたのと同じことになるのです。ここは大事なところですから、図を見てじっくり考えましょう。

Cのプログラム

```
int x;
int *p;

x = 123;
p = &x;
printf("%d\n", *p);
```

あなたのイメージ （たとえば &x が 200 の場合）

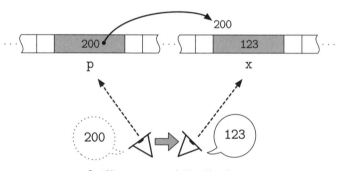

「pが指している…変数の値を参照」

　ここまでの知識を踏まえて、次の2つの文がどういう意味かを考えてみてください。

```
p = &x;
*p = 456;
```

　この文は、ポインタpの指している先の変数、つまり変数xに値456を代入するという意味になります。「ポインタに代入する」のではなく、「ポインタの指している先の変数に代入する」点に注意しましょう。次の2つの文の違いがわかりますか。

- ポインタpに変数xのアドレスを代入する。
    p = &x;
- ポインタpの指している先の変数に456を代入する。
    *p = 456;

これもまた、以下の図をよく見てじっくり考えてください。

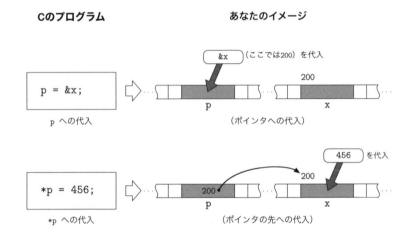

実例を見てみよう

さて、ここまでで、ポインタとはどういうものか、またそれをC言語ではどのように表現するかを学んできました。

次に、ポインタが使われているプログラムの例を実際に読んでみましょう。

```
int strlen(char *str)
{
    int len = 0;
    char *s = str;

    while (*s != '\0') {
        len++;
        s++;
    }
    return len;
}
```

このプログラムをよく見てください。ここで定義されている関数strlenは、与えられた文字列の長さを返す関数です。文字列の長さというのは、文字列の初めから終わりまでの文字数（バイト数）で、文字列の終わりに必ずあるナル文字（'\0'）は数に入れません。

たとえば、

- 文字列 "Hello" なら文字列の長さは5
- 文字列 "This is Japan." なら長さは14
- 文字列 "" なら長さは0

となります。

関数strlenは、与えられた引数strが指している文字から順に'\0'を探していき、'\0'が見つかるまでの文字数を数え、その値を返す、という動作をします。

まず関数strlenの引数にさっそくポインタが使われています。引数はchar *strと定義されていますね。引数の名前strに*が付いていますから、strは「文字を指すポインタ」です。関数strlenが呼び出されたとき、引数 strに文字列の初めのアドレスが渡されてきます。この図では文字列の初めのアドレスが300であると仮定しています。そしてs = str;という代入文で、その値が変数sに代入されました。図で見ると、次のようになります。

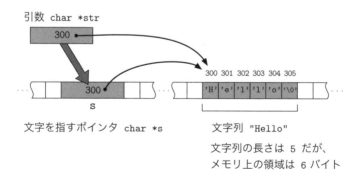

関数strlenが呼び出された直後のようす

変数lenは文字列の長さを計算するための変数です。まず0で初期化します。

while文を読んでみましょう。while文を読むときにはまず「繰り返しの条件」が何であるかに注目します。条件は、

 `*s != '\0'`

ですね。ここで、`*s`の部分はどういう意味ですか。引数sは文字を指すポインタで、`*`が付いているから——そう、`*s`は、「ポインタsがこの時点で指している文字」を意味しています。ということは、一言でいえば、

 ポインタsが指している文字が`'\0'`と等しくない

が、このwhile文の条件になります。言い換えれば、

 sが指しているのは文字列の終わりではない

という条件ですね。つまり、このwhile文は、sが文字列の終わりを指すまで繰り返すことになります。

 繰り返す処理の内容を見てみましょう。

 `len++;`
 `s++;`

最初の文 `len++;` は簡単ですね。変数lenの値を1増やしています。次の文 `s++;` の意味はわかりますか。これはポインタsの値を1増やしているのです。ポインタの値を1増やすというのはどういうことでしょうか。図を見てください。

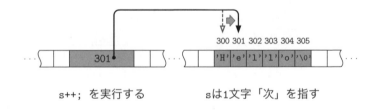

ポインタの値を1増やす

この図を見てわかる通り、ある場所を指しているポインタsの値を1増やすと、ポインタは次の場所を指すようになります。

 結局、このwhile文では、ポインタsが文字列の終わりを指していないかを

調べつつ、変数lenを増やし、ポインタsを次の場所に進めていることになります。while文が終わるとき、変数lenの値は文字列の長さ（5）になっています。

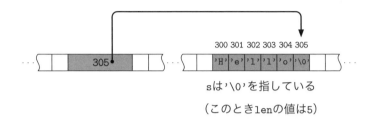

while文の終了時点

❖ちょっと一言❖　**インクリメント・デクリメント**

s++のように変数sの値を1増やすことを、インクリメントする（increment）といいます。逆に s-- のように1減らすことを、デクリメントする（decrement）といいます。インクリメント、デクリメントという用語は、ポインタ以外にも使います。

ここではポインタの使い方の例のみを読みました。後のバリエーションのコーナーではポインタを使ったプログラムをいくつか見ていきます。

❖しっかり覚えよう❖　**ポインタに関わる演算子**

&x は変数xのアドレスを得る式。
*p はポインタpが指す先にある変数を参照する式。

クイズ

★クイズ 1

double 型の変数 score が定義されているとします。その変数 score を指すポインタ ptr を定義してください。

★クイズ 2

ポインタ p と q は同じ型の変数を指すポインタとして定義されているとします。ポインタ p がある変数を指しているとき、ポインタ q もそれと同じ変数を指すようにするには、どう書けばいいですか。

★クイズ 3

ポインタ p と q が int 型の変数を指すポインタとして定義され、それぞれ変数を指しているとします。「ポインタ p が指している変数の値」と「ポインタ q が指している変数の値」とを加えた値を関数 printf で表示するには、どう書けばいいですか。

 クイズの答え

☆クイズ 1 の答え

```
double *ptr = &score;
```

このようにすればポインタ ptr が定義され、変数 score のアドレスで初期化されます。これでポインタ ptr は変数 score を指していることになります。このように 1 行で書かなくても、

```
double *ptr;
ptr = &score;
```

と 2 行で書いても構いません。

☆クイズ2の答え

```
q = p;
```

という代入文を実行します。これで、ポインタpの値（すなわち「ある変数」のアドレス）がポインタqに代入されます。ポインタpとqは同じ型の変数を指すポインタとして定義されていますから、この代入文は正しく実行されます。この代入文の実行の結果、ポインタpとqは同じ「ある変数」を指すことになります。

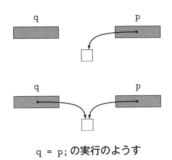

q = p; の実行のようす

☆クイズ3の答え

```
printf("%d\n", *p + *q);
```

を実行します。これで、ポインタpの指している変数の値*pと、ポインタqの指している変数の値*qの和が表示されます。

■ バリエーション

例：配列とポインタの関係

私たちは、第9章で配列について学びました。配列も変数の一種でしたから、メモリ上の図で描くことができます。

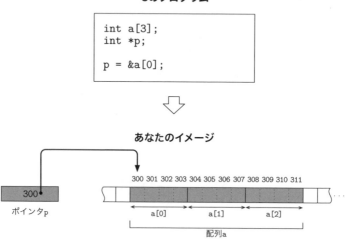

この図では、ポインタpが、配列aの第0番目の要素a[0]を指しています。ポインタpがa[0]を指すようにするには、C言語で、

```
p = &a[0];
```

と書けばいいのです。同様に、第i番目の要素a[i]を指すには、

```
p = &a[i];
```

と書くことになります。

ここでちょっと配列の特徴について思い出しましょう。配列の特徴は添字を使えることでした。たとえば配列の要素 a[i] に i の値を二乗した値を入れるには、for文を使って、

```
for (int i = 0; i < 3; i++) {
    a[i] = i * i;
}
```

のように書きます。これと同じことを、ポインタを使って次のように書くこともできます。

```
p = &a[0];
for (int i = 0; i < 3; i++) {
```

```
    *p = i * i;
    p++;
}
```

代入文

```
a[i] = i * i;
```

では、代入される配列の要素が第i番目であると明示的に指定してあります。けれど、代入文

```
*p = i * i;
```

では、代入される配列の要素が第何番目であるかは意識されていません。それどころか、配列の要素であるかさえ明示されてはいません。この代入文の主張は単に「ポインタpが指している変数にi * iの結果を代入せよ」というものです。

ところで、p++;は何をする文でしょうか。 ++という演算子は「1増やす」という意味でしたから、p++;は「ポインタの値に1を加える」というものでした。図で描けば次のようになります。

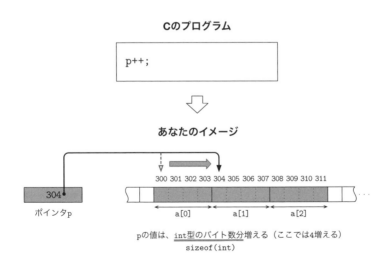

p++でポインタpは1つ「次」を指す

ポインタを1増やすというのは1バイト増やすという意味とは限りません。ポインタを1増やすと、ポインタはその指すべき型に応じて「次」を指すことになります。文字を指すポインタならば++で次の文字、整数を指すポインタなら次の整数、構造体を指すポインタなら次の構造体を指すことになります。そのポインタが何を指しているかにかかわらず、++するだけで「次」を指すことができるのです。同様に--をすれば、1つ「前」を指すことができます。

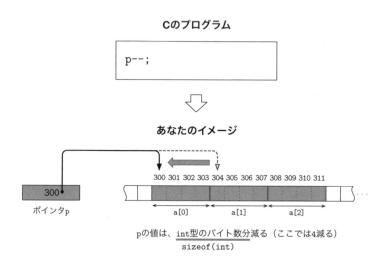

「次」や「前」と言葉でいうと紛らわしいですが、ポインタを学ぶときには、必ずメモリの図を描いて考えるようにしましょう。

❁ちょっと一言❁ 配列の範囲外へのアクセスは厳禁

　　　　　　　　　　　　　　　　　　　　　🔒 セキュリティを意識しよう

第9章では配列の添字が配列の範囲外にアクセスしてはいけないというお話をしました（p.288）。また第10章でもバッファオーバーフローのお話をしました（p.326）。ポインタが配列の要素を指している場合でも同じ注意が当てはまります。ポインタを使って配列の範囲外へアクセスしては絶対にいけません。プログラムの信頼性を低下させてしまいます。

◇ ESCR R1.3.1

例：構造体とポインタの関係

　ここまで学んできたあなたは、もう「構造体のポインタ」といわれても見当がつくのではないでしょうか。これまでと同じようにメモリの図を描いて説明しましょう。

　たとえば、学生を表す構造体を考えます。

```
struct student {
    int id;           // 出席番号
    char name[50];    // 氏名
    int kokugo;       // 国語の点数
    int suugaku;      // 数学の点数
    int eigo;         // 英語の点数
};
```

　この構造体 struct student 型の変数を指すポインタ sp は、次のように定義します。

```
struct student *sp;
```

これは、int 型の変数を指すポインタが、

```
int *p;
```

と定義できたことと同じですね。型名（struct student）があって、ポインタであることを示すアスタリスク（*）があってポインタ名（sp）があるのです。

　ポインタ sp が struct student 型の変数 s を指すようにするには、

```
sp = &s;
```

と書きます。これでポインタ sp は変数 s を指したことになります。

　構造体はメンバを持っています。ポインタを経由して構造体のメンバを参照したいときのことを考えましょう。たとえばメンバ id の値を参照したいとき、構造体の変数 s を使えば、

```
s.id
```

と書けばよかったですね。s を指しているポインタ sp を使った場合は、

```
(*sp).id
```

と書きます。この ( ) は省略できません。つまり、以下のようには書けません。

  *sp.id   (誤り)

　これは演算子 * と . の優先度の問題です。演算子 * よりも演算子 . の方が優先度が高いので、*sp.id という式は *(sp.id) と解釈されてしまうのです。演算子と優先度の一覧は「付録：演算子」(p. 443) にあります。

　ポインタを介した構造体のメンバ参照をよく行います。そのたび (*sp).id のようにカッコを付けるのはたいへんですから、省略記法が用意されています。それは、

  sp->id

です。演算子 -> はいかにも「ポインタが指している」という感じがしますね。sp->id は (*sp).id とまったく同じ意味を持ちます。-> を使ったプログラム例は、List 10-7 (p. 319) にあります。

❖ しっかり覚えよう ❖　**演算子 ->**

　構造体へのポインタ　->　メンバ名
　sp->id は (*sp).id とまったく同じ意味を持つ。

ポインタのポインタ

　ポインタがなぜ難しいかというと、変数の値とその変数のアドレスを混同しがちだからです。家に住んでいる<u>人</u>と、その家の<u>住所</u>をまちがえる人はいませんが、変数の<u>値</u>と変数の<u>アドレス</u>をまちがえる人はたくさんいます。

　「ポインタは理解しているよ」というプログラマも「ポインタのポインタ」で時折つまずきます。「ポインタのポインタ」って何だかわかりますか。この章をよく学んだ人ならピンとくるでしょう。ポインタって何でしたっけ。そうそう「変数のアドレスを持つ変数」でした。ということはポインタも一種の変数です。それなら、そのポインタという変数のアドレスを持つような別の変数を考えてもいいわけですね。ポインタのアドレスを持つ変数、これが「ポインタのポインタ」です。

　言葉で説明するとわかりにくいですから、図を描きましょう。

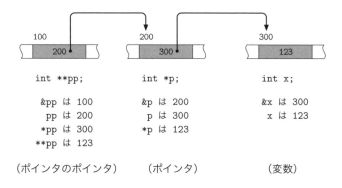

「ポインタのポインタ」をC言語で定義・代入・参照するには次のように書きます。

定義

```
int x;      int型の変数
int *p;     int型の変数を指すポインタ
int **pp;   int型の変数を指すポインタを指すポインタ
```

代入

```
x = 100;    変数xに100を代入
p = &x;     ポインタpに変数xのアドレスを代入
pp = &p;    ポインタppにポインタpのアドレスを代入
```

参照

```
printf("%d\n", x);     変数xの値を表示
printf("%p\n", p);     ポインタpの値を表示
printf("%d\n", *p);    ポインタpが指す変数の値を表示
printf("%p\n", pp);    ポインタppの値を表示
printf("%p\n", *pp);   ポインタppが指すポインタの値を表示
printf("%d\n", **pp);  ポインタppが指すポインタが指す変数の値を表示
```

ポインタとは何かをしっかり覚え、メモリの図を描くことができ、それをC言語ではどのように書くかを学んでいれば、ポインタはもう恐くないはずです。

NULL ポインタ

　ここでNULL(ナル)ポインタについてお話ししましょう。ポインタの中で0だけは特別な意味合いを持っています。ポインタには0を代入できます。そして0という値を持ったポインタは「どこも指していないという特別な意味を持つポインタ」として扱われます。これをNULLポインタといい、標準ヘッダ<stdio.h>の中でNULLというシンボルとしてマクロ定義されています。

　どこも指していないポインタが何の役に立つか不思議でしょうか。たとえば、アドレスを戻り値として返す関数が「エラーが発生したため、有効なアドレスを返すことができませんでした」ということを示したいとき、この「どこも指していないポインタ」を使います。第12章で学ぶファイルオープンの関数fopenでも「ファイルがオープンできなかった」ときにはNULLを返します。

　ポインタは、線形リストや木構造のようなデータ構造を作るときに便利です。NULL ポインタはデータ構造でリンクの終わりを示す役目に用いることがよくあります。木構造の例を以下に示します。

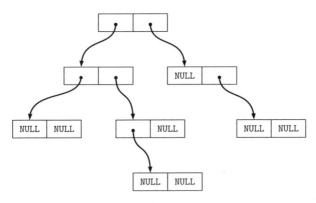

ポインタで木構造を作ったときにNULLでリンクの終わりを示す例

　重要な注意： NULLポインタの先に対して代入をしてはいけません。たとえば、変数pが、

　　int *p;

と定義してあるとき、代入文

　　p = NULL;

は構いません。変数pの値がNULLになるだけです。しかし、ポインタpの値がNULLになっているとき、

```
*p = 123;
```

としては絶対にいけません。変数pの値はNULLですから、*pに代入するということは、どこも指していないポインタの先に代入しようとしているのです。このような文を含んだプログラムを実行すると、

```
NULL pointer assignment （NULL ポインタを介した代入）
```

などというエラーメッセージが出たり、プログラムが暴走したり、OSがプログラムを強制的に終了させたりします。

また、NULLポインタの先を参照してもいけません。ポインタpの値がNULLのときに、

```
printf("%d\n", *p);
```

を実行すると、無意味な値が表示されたり、プログラムが暴走したり、OSがプログラムを強制的に終了させたりします。

> ※ちょっと一言※　**代入や参照の前にNULLチェック**
>
> 🔒 セキュリティを意識しよう
>
> 　NULLポインタの先に代入したり、NULLポインタの指す先を参照してはいけないのですから、代入や参照を行う前には、以下のように、if文などでNULLチェックする必要があります。
>
> ```
> if (p != NULL) {
>     ここで*pへの代入や*pの参照を行う
> }
> ```
>
> さもないと、プログラムの信頼性が低くなってしまいます。
>
> ◇ ESCR R3.2.2

例：変数の値を交換する関数

List 11-1を見てください。これは2つの変数の値を交換する関数です。

List 11-1　2つの変数の値を交換する関数 swap_int（1101.c）

```c
 1:  #include <stdio.h>
 2:
 3:  void swap_int(int *xp, int *yp);
 4:  int main(void);
 5:
 6:  void swap_int(int *xp, int *yp)
 7:  {
 8:      int tmp;
 9:
10:      tmp = *xp;
11:      *xp = *yp;
12:      *yp = tmp;
13:  }
14:
15:  int main(void)
16:  {
17:      int x = 123;
18:      int y = 456;
19:
20:      printf("x:%d, y:%d\n", x, y);
21:      swap_int(&x, &y);
22:      printf("x:%d, y:%d\n", x, y);
23:
24:      return 0;
25:  }
```

実行結果は以下の通りです。関数 swap_int を呼び出す前は、変数 x の値は 123 で、変数 y の値は 456 でした。ところが関数 swap_int を呼び出した後は、値が交換されています。

List 11-1 の実行結果

```
x:123, y:456
x:456, y:123
```

どうしてこうなるのか、詳しく調べてみましょう。
21 行目は関数 main が関数 swap_int を、

```
swap_int(&x, &y);
```

のように呼び出しているところです。&xと&yが引数として渡されています。

- &xは17行目で定義されている変数xのアドレスです。
- &yは18行目で定義されている変数yのアドレスです。

ですから、関数mainは、変数xのアドレスと変数yのアドレスを関数swap_intに渡していることになります。

関数swap_intの引数はint *xpとint *ypです。ですから、呼び出されてきたとき、

- 引数のポインタxpには変数xのアドレスが渡されます。
- 引数のポインタypには変数yのアドレスが渡されます。

では、10行目の、

```
tmp = *xp;
```

という文は何をしているでしょうか。左辺のtmpはint型の変数です。右辺の*xpは引数のポインタxpが指している先の変数の値を示します。

ですから、変数tmpに「ポインタxpが指している変数の値」を代入することになります。

……ええと、そろそろ言葉を追うのがつらくなってきましたね。言葉で説明するとややこしくて仕方がないので、図にしましょう！

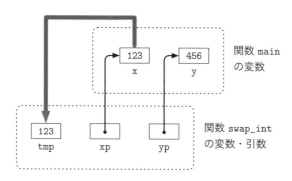

tmp = *xp;は、変数tmpに「ポインタxpが指している変数の値」を代入する

11 行目の、

　　`*xp = *yp;`

も図にしましょう。

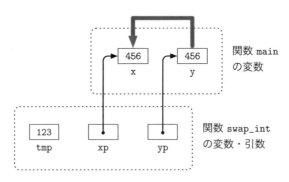

`*xp = *yp;` は、ポインタ xp の先に yp の先の値を代入

12 行目の、

　　`*yp = tmp;`

はもうわかりますね。図はこうなります。

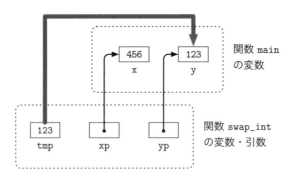

`*yp = tmp;` は、ポインタ yp の先に変数 tmp の値を代入する

　結局、変数 tmp を仲介として、2 つの変数 x と y の値を交換したことになります。

List 11-1 の 21 行目での関数 swap_int の呼び出しは、

```
swap_int(&x, &y);
```

となっています。この呼び出しの気持ちをセリフにすると、

> 「関数 swap_int さん。この &x と &y が、あなたに交換してもらいたい変数のアドレスです。この変数 x と y はあなたがポインタを使って中身を自由に書き換えて構いませんよ」

となるでしょう。

　通常は、関数を呼び出す前後で、引数として与えた変数の値は変化しません。たとえば foo(x) という関数呼び出しで、変数 x の値は関数 foo 実行の前後で必ず同じ値です。これは関数 foo の定義を読まずにいえることです。なぜなら、関数 foo に渡されるのは変数 x そのものではなく、変数 x を評価した値だからです。これを、C 言語の関数呼び出しは値渡しであるといいます。

　しかし、baa(&x); のように呼び出した場合には、変数 x の値は関数 baa の呼び出しから帰ってきたときには書き換えられている可能性があります。この呼び出しでは変数 x のアドレス（&x）を渡しているからです。実際に書き換えられているかどうかは、ソース中の関数 baa の定義を読まなくてはわかりません。

> ❖ちょっと一言❖　**複数の値を返す関数**
>
> 　関数 swap_int は「関数が 2 つ以上の戻り値を持つとき」の例にもなっています。通常、関数は return 文で戻す値を 1 つだけしか返すことができません。けれども関数 swap_int のように引数をポインタで渡せば、関数の呼び出し側に複数の値を戻すことができるのです。

■ 読解練習：「辞書検索プログラム」

　読解練習プログラムは「辞書検索プログラム」です。これは、英単語と日本語訳の書かれたファイル（辞書ファイル）を検索し、入力された英単語の日本語訳を表示する簡単なプログラムです。たとえば、辞書ファイルとして次のようなファイル（11dict.txt）を用意します。

```
dictionary  辞書
English  英語
foreign  外国の
home  家
end  終了
```

そして、以下のように入力します。

　　（UNIX 系）
　　$ ./11dict 11dict.txt home

　　（Windows）
　　C:¥work> 11dict 11dict.txt home

すると、辞書ファイル 11dict.txt を検索して、以下のように表示します。

　　home 家

List 11-2　読解練習「辞書検索プログラム」（11dict.c）

```c
 1: #include <stdio.h>
 2: #include <stdlib.h>
 3: #include <string.h>
 4: 
 5: #define BUFFER_SIZE 256 // 1 行の最大数
 6: #define DICT_SIZE 100  // 英単語と日本語訳の対の最大数
 7: 
 8: char *usage[] = {
 9: "名前",
10: "    11dict - 辞書検索",
11: "書式",
12: "    11dict 辞書ファイル名 英単語",
13: "解説",
14: "    このプログラムは、",
15: "    英単語と日本語訳の書かれたファイル（辞書ファイル）を検索し、",
16: "    入力された英単語の日本語訳を表示するものです。",
17: "辞書ファイルの例",
18: "    dictionary  辞書",
19: "    English  英語",
20: "    foreign  外国の",
21: "    home  家",
22: "    end  終了",
```

```
23:     "作者",
24:     "    結城浩",
25:     "    Copyright (C) 1994,2018 by Hiroshi Yuki.",
26:     NULL,
27: };
28:
29: // 単語の対を格納する構造体の宣言
30: #define ENGLISH_SIZE 50 // 英単語を格納する配列の大きさ
31: #define JAPANESE_SIZE 50 // 和訳を格納する配列の大きさ
32: typedef struct word {
33:     char english[ENGLISH_SIZE];      // 英単語
34:     char japanese[JAPANESE_SIZE];    // 和訳
35: } PAIR;
36:
37: PAIR dict[DICT_SIZE];
38: int dict_size = 0;
39:
40: // プロトタイプ宣言
41: int main(int argc, char *argv[]);
42: int input_dict(FILE *fp);
43:
44: int main(int argc, char *argv[])
45: {
46:     FILE *fp; // 辞書ファイル
47:
48:     // コマンドラインの解析
49:     if (argc != 3) {
50:         for (int i = 0; usage[i] != NULL; i++) {
51:             printf("%s\n", usage[i]);
52:         }
53:         return 0;
54:     }
55:
56:     // 辞書名
57:     char *dictfile = argv[1];
58:
59:     // 検索する単語
60:     char *english = argv[2];
61:
62:     // 辞書ファイルのオープン
63:     fp = fopen(dictfile, "r");
64:     if (fp == NULL) {
65:         fprintf(stderr, "辞書ファイル %s が見つかりません。\n",
66:             dictfile);
67:         return -1;
```

```
 68:     }
 69:
 70:     // 辞書ファイルを読み込む
 71:     if (input_dict(fp) < 0) {
 72:         fprintf(stderr,
 73:             "辞書ファイル %s の読み込みでエラーが起きました。\n",
 74:             dictfile);
 75:         fclose(fp);
 76:         return -1;
 77:     }
 78:
 79:     // 単語を検索し、見つかったら表示する。
 80:     for (int i = 0; i < dict_size; i++) {
 81:         if (strcmp(dict[i].english, english) == 0) {
 82:             printf("%s %s\n", dict[i].english, dict[i].japanese);
 83:         }
 84:     }
 85:
 86:     return 0;
 87: }
 88:
 89: // 関数 input_dict は、辞書ファイルからデータを読み込む。
 90: // 読み込んだデータは大域変数 dict[] と dict_size に反映する。
 91: // 引数
 92: //      FILE *fp 入力ファイル
 93: // 戻り値
 94: //      正常なら読み込んだ単語対の数（0 以上）を返す。
 95: //      異常なら-1 を返す。
 96: int input_dict(FILE *fp)
 97: {
 98:     char buffer[BUFFER_SIZE];
 99:     char english_buffer[BUFFER_SIZE];
100:     char japanese_buffer[BUFFER_SIZE];
101:
102:     // 辞書の読み込み
103:     dict_size = 0; // 格納されている単語の数
104:     while (fgets(buffer, BUFFER_SIZE, fp) != NULL) {
105:         if (dict_size >= DICT_SIZE) {
106:             fprintf(stderr, "単語数が多すぎます（最大 %d 語）。\n",
107:                 DICT_SIZE);
108:             fclose(fp);
109:             return -1;
110:         }
111:
112:         // 関数 sscanf を使ってデータを解析
```

```
113:            int num = sscanf(buffer, "%s %s\n",
114:                english_buffer,
115:                japanese_buffer);
116:            if (num != 2) {
117:                fprintf(stderr, "%d 行目で形式が誤っています。\n",
118:                    dict_size + 1);
119:                fprintf(stderr, "%s\n", buffer);
120:                return -1;
121:            }
122:
123:            // 長さをチェックしてオーバーフローを防ぐ
124:            if (strlen(english_buffer) + 1 > ENGLISH_SIZE) {
125:                fprintf(stderr, "%d 行目の英単語は長すぎます。",
126:                    dict_size + 1);
127:                fprintf(stderr, " (最大 %d バイト) \n",
128:                    ENGLISH_SIZE - 1);
129:                fprintf(stderr, "%s\n", english_buffer);
130:                return -1;
131:            }
132:
133:            // 英単語をコピー
134:            strcpy(dict[dict_size].english, english_buffer);
135:
136:            // 長さをチェックしてオーバーフローを防ぐ
137:            if (strlen(japanese_buffer) + 1 > JAPANESE_SIZE) {
138:                fprintf(stderr, "%d 行目の日本語訳は長すぎます。",
139:                    dict_size + 1);
140:                fprintf(stderr, " (最大 %d バイト) \n",
141:                    JAPANESE_SIZE - 1);
142:                fprintf(stderr, "%s\n", japanese_buffer);
143:                return -1;
144:            }
145:
146:            // 日本語訳をコピー
147:            strcpy(dict[dict_size].japanese, japanese_buffer);
148:
149:            // 単語対の数を更新
150:            dict_size++;
151:        }
152:
153:        return dict_size;
154:    }
```

List 11-2 の実行例

```
$ ./11dict 11dict.txt home      ……… 辞書ファイルと単語を指定して実行
home 家                         ………………………………………… 検索して表示
```

文字列比較関数 strcmp

　入力された文字列と、辞書ファイルの各行の初めの単語を比較するため、関数 strcmp を使っています。これは2つの引数（文字列へのポインタ）をとり、2つの文字列を比較する関数です。辞書式順序で1つ目の引数が前なら負、等しければ0、後なら正の値を返します。この関数を利用する場合には標準ヘッダ <string.h> を #include します。つまり、ソースプログラムの初めの方に、

```
#include <string.h>
```

と書いておく必要があります。

> ❖ちょっと一言❖　**文字列の比較には == は使えない**
>
> 　文字列を比較するときには s == "Hello" のように == を使うことはできません。

高速化するために

　11dict は簡単なプログラムで、高速に検索するための工夫をあまりしていません。辞書ファイルを読み込んで一致した単語があれば表示するだけです。しかし辞書ファイルがとても大きくなると、検索が遅くなるでしょう。高速化するためのヒントをいくつか書いておきます。

　「辞書ファイルに見つからない」とは辞書を全部読み終えるまでは判定できません。そこで、辞書ファイルを常にアルファベット順にしてみてはどうでしょう。そうすれば、検索の途中で「ここから後にこの単語はないはずだ」と判断できるでしょう。

　また、私たちが辞書をひくときのことを考えてみましょう。私たちはまず目的の単語がどのアルファベットで始まるかを考え、初めの方は飛ばして目的のアルファベットのページから見ていくでしょう。それと同じように、辞書ファ

イルの初め（あるいは別のファイル）に「このアルファベットの単語は辞書ファイルのこの位置から始まる」と書いておくといいですね。

　もっと速くするにはどうしたらいいだろうか、と自分で考えたり、アルゴリズムの参考書を読んで調べたりしてみてください。

▶この章で学んだこと

この章ではポインタについて学びました。
次の章ではファイルを操作する関数群について学びます。

> ❀ちょっと一言❀　**ポインタ型とポインタ変数とポインタ値**
>
> 　ポインタという用語は複数の意味で使われます。
> 　C99 では int *型のことを「int へのポインタ型」と呼びます。
> 　この章では「ポインタ」を「変数のアドレスを持つ変数である」として説明を続けてきました。でも正確にはここでいうポインタは「ポインタ型の変数」のことです。
> 　さらには、&x のように、変数のアドレスを「ポインタ」と呼ぶことがあります。これは「ポインタ型の値」のことです。
> 　いずれにせよ、いったんメモリの図を描いて概念を理解することが大切です。そうすれば、ポインタという用語で混乱することは少なくなるでしょう。

◉ポイントのまとめ

- ポインタは、変数のアドレスを持つ変数です。
- メモリの図を描いて理解しましょう。
- & は変数のアドレスを得る演算子です。
- * はポインタが指す変数を参照する演算子です。
- どこも指さない NULL というポインタ値があります。
- ポインタの先を参照する前には NULL チェックをしましょう。

●練習問題

■ 問題 11-1　　　　　　　　　　　　　　　　　　　　（解答は p. 378）

List E11-1 を実行したら何が表示されますか。

List E11-1 何が表示されますか (e1101.c)

```c
 1: #include <stdio.h>
 2:
 3: int main(void);
 4: void quiz(char c, char *p);
 5:
 6: void quiz(char c, char *p)
 7: {
 8:     printf("quiz 1: %c, %c\n", c, *p);
 9:
10:     c = 'C';
11:     *p = 'P';
12:
13:     printf("quiz 2: %c, %c\n", c, *p);
14: }
15:
16: int main(void)
17: {
18:     char a = 'A';
19:     char b = 'B';
20:
21:     printf("main 1: %c, %c\n", a, b);
22:
23:     quiz(a, &b);
24:
25:     printf("main 2: %c, %c\n", a, b);
26:
27:     return 0;
28: }
```

■ 問題 11-2　　　　　　　　　　　　　　　　　　（解答は p. 378）

　文字列へのポインタpと文字cを引数とし、pから始まる文字列の中から文字cを探し、その位置（アドレス）を返す関数 scan_char を作ってください。もしも文字cが文字列pの中になかった場合には、NULL ポインタを戻り値とします。

　この関数は次のように使われます。変数qは char *型とします。

```
q = scan_char("This is Japan.", 'J');
```

と呼び出すと、変数qには文字'J'の位置（アドレス）が代入されます。つまり、

```
printf("%s\n", q);
```

で、画面には Japan. と表示されます。また、

```
q = scan_char("This is Japan.", 'E');
```

と呼び出すと、変数qにはNULLが代入されます。

■ 問題 11-3　　　　　　　　　　　　　　　　　　（解答は p. 379）

　引数で与えられた文字列に含まれる「大文字の個数」を返す関数 count_upper を作ってください。ただし「大文字の個数」だけではなく「文字列の長さ」も調べることにします。関数の宣言は、

```
int count_upper(char *string, int *length);
```

とします。引数 string は調べる文字列で、引数 length は文字列の長さを返す変数へのポインタです。

　この関数は次のように使います。

```
int len;
int upper = count_upper("This is Japan.", &len);

printf("len = %d\n", len);
printf("upper = %d\n", upper);
```

これで、

```
    len = 14
    upper = 2
```

と表示されます。文字列 "This is Japan." の長さは 14 で、大文字は 2 個あるからです（T と J）。

● 練習問題の解答

□ 問題 11-1 の解答 (問題は p. 376)

List E11-1 の実行結果は以下のようになります。

List E11-1 の実行結果

```
main 1: A, B
quiz 1: A, B
quiz 2: C, P
main 2: A, P
```

□ 問題 11-2 の解答 (問題は p. 377)

関数 scan_char の戻り値の型は char * になることに注意してください。解答の関数 scan_char は List A11-2 の中で定義されています。実際の動きを試すために関数 main も書きました。

List A11-2 問題 11-2 の解答 (a1102.c)

```
 1:  #include <stdio.h> // NULL は stdio.h で定義されている
 2:
 3:  char *scan_char(char *p, char c);
 4:  void test_scan_char(char *str, char c);
 5:  int main(void);
 6:
 7:  char *scan_char(char *p, char c)
 8:  {
 9:      while (*p != '\0') {
10:          if (*p == c) {
```

```
11:             // 見つかったのでそのアドレスを返す
12:             return p;
13:         }
14:         p++;
15:     }
16:     return NULL;
17: }
18:
19: void test_scan_char(char *str, char c)
20: {
21:     char *s = scan_char(str, c);
22:
23:     if (s == NULL) {
24:         printf("\"%s\" の中に '%c' は見つかりません。\n", str, c);
25:     } else {
26:         printf("\"%s\" の中に '%c' は見つかりました。\n", str, c);
27:         printf("見つかった場所以降の文字列は \"%s\" です。\n", s);
28:     }
29: }
30:
31: int main(void)
32: {
33:     test_scan_char("This is Japan.", 'J');
34:     test_scan_char("This is Japan.", 'E');
35: }
```

List A11-2の実行結果は以下の通りです。

List A11-2の実行結果

```
"This is Japan." の中に 'J' は見つかりました。
見つかった場所以降の文字列は "Japan." です。
"This is Japan." の中に 'E' は見つかりません。
```

問題 11-3 の解答   (問題は p. 377)

解答の関数 count_upper は List A11-3 の中で定義されています。実際の動きを試すために関数 main も書きました。

List A11-3   問題 11-3 の解答 (a1103.c)

```c
 1: #include <ctype.h>
 2: #include <stdio.h>
 3:
 4: int count_upper(char *string, int *length);
 5: int main(void);
 6:
 7: int count_upper(char *string, int *length)
 8: {
 9:     char *s = string;
10:     int u = 0;
11:     int len = 0;
12:     while (*s) {
13:         if (isupper(*s)) {
14:             u++;
15:         }
16:         len++;
17:         s++;
18:     }
19:     *length = len;
20:     return u;
21: }
22:
23: int main(void)
24: {
25:     int len;
26:     int upper = count_upper("This is Japan.", &len);
27:
28:     printf("len = %d\n", len);
29:     printf("upper = %d\n", upper);
30: }
```

List A11-3 の実行結果は以下の通りです。

List A11-3 の実行結果

```
len = 14
upper = 2
```

配列を使った別解を List A11-3a に示します。実行結果は同じです。

List A11-3a　問題 11-3 の解答（配列を使った別解）（a1103a.c）

```c
 1:  #include <ctype.h>
 2:  #include <stdio.h>
 3:
 4:  int count_upper(char *string, int *length);
 5:  int main(void);
 6:
 7:  int count_upper(char *string, int *length)
 8:  {
 9:      int upper = 0;
10:      *length = 0;
11:      for (int i = 0; string[i] != '\0'; i++) {
12:          if (isupper(string[i])) {
13:              upper++;
14:          }
15:          (*length)++;
16:      }
17:      return upper;
18:  }
19:
20:  int main(void)
21:  {
22:      int len;
23:      int upper = count_upper("This is Japan.", &len);
24:
25:      printf("len = %d\n", len);
26:      printf("upper = %d\n", upper);
27:  }
```

❖ちょっと一言❖　(*length)++ と *length++

　List A11-3a の 15 行目に、
　　(*length)++;
という文があります。これはポインタ length の先にある変数の値をインクリメントする文です。*length++ ではなく (*length)++ のようにカッコが付いていることに注意してください。演算子 * よりも演算子 ++ の優先順位が高いため、カッコが付いていないと *(length++) という意味になってしまうからです。

第12章
ファイル操作

▶この章で学ぶこと

　この章ではファイル操作について学びます。ファイルについて簡単に振り返ってから、C言語のプログラムでファイルを扱う方法をお話ししましょう。

■ ファイル

ファイルを操作する

　私たちは、コンピュータを操作するとき、必ずファイルを扱います。
　私たちはこれまでCのプログラムをたくさん書いてきました。そのときにエディタで作ったhello.cなどのソースプログラムはファイルです。そのソースプログラムをコンパイルしてできたhelloという実行ファイル（Windowsならhello.exe）もファイルです。
　写真を撮影して得られた画像もファイルですし、それを加工して作った画像も別のファイルです。動画もファイルです。このように私たちがコンピュータを操作するときには、ファイルを操作していることが多いものです。

あなたはもう、ファイルの作り方を知っているはずです。だってこれまで、エディタを使って hello.c や他のファイルを作ってきたのですから。ファイルを作るだけではありません。ファイルの内容を表示したり、ファイルをコピーしたり、ファイルの名前を変更したり、ファイルを削除したりできるでしょう。

いま列挙したように、あなたは、さまざまなファイル操作を行えます。でも、ちょっと待ってください。そのようなファイル操作を行うためには、あなたはエディタを起動したり、コマンドを入力したりと、自分の手を動かさなくてはなりません。これから学ぶのは、あなたが自分の手で直接ファイル操作を行うのではなく、C 言語のプログラムでファイル操作を行う方法です。

プログラムを使ったファイル操作ができるようになると、あなたが作ったプログラムの実行結果を画面に表示するだけではなく、ファイルに記録できるようになります。また、キーボードからデータを入力しなくても、ファイルに記録されているデータをプログラムが読み込んで操作できるようになります。

例：ファイルの表示

List 12-1 はファイルの名前を指定すると、その内容を標準出力に表示するプログラムです。

List 12-1　ファイルを表示する (1201.c)

```
 1: #include <stdio.h>
 2:
 3: int main(void);
 4: void get_line(char *buffer, int size);
 5:
 6: int main(void)
 7: {
 8:     char filename[FILENAME_MAX];
 9:
10:     printf("ファイルを表示するプログラム\n");
11:     printf("ファイル名を入力してください。\n");
12:     get_line(filename, FILENAME_MAX);
13:
14:     FILE *fp = fopen(filename, "r");
15:     if (fp == NULL) {
16:         printf("ファイル %s が見つかりません。\n", filename);
17:         return -1;
18:     }
19:
```

```
20:     int c;
21:     while ((c = fgetc(fp)) != EOF) {
22:         putchar(c);
23:     }
24:
25:     if (fclose(fp)) {
26:         printf("ファイル %s のクローズでエラーが起きました。\n", filename);
27:         return -1;
28:     }
29:
30:     return 0;
31: }
32:
33: void get_line(char *buffer, int size)
34: {
35:     if (fgets(buffer, size, stdin) == NULL) {
36:         buffer[0] = '\0';
37:         return;
38:     }
39:
40:     for (int i = 0; i < size; i++) {
41:         if (buffer[i] == '\n') {
42:             buffer[i] = '\0';
43:             return;
44:         }
45:     }
46: }
```

List 12-1 の実行例は次のようになります。ここではサンプルとして無意味な文章が書かれたテキストファイル lorem.txt の内容を表示しています。

List 12-1 の実行例

```
$ cat lorem.txt
    .. ファイル lorem.txt の内容を確認 (Windows では、cat のかわりに type を使う)
Lorem ipsum dolor sit amet, consectetur adipiscing elit, sed
do eiusmod tempor incididunt ut labore et dolore magna aliqua.
Ut enim ad minim veniam, quis nostrud exercitation ullamco
laboris nisi ut aliquip ex ea commodo consequat.  Duis aute
irure dolor in reprehenderit in voluptate velit esse cillum
dolore eu fugiat nulla pariatur.  Excepteur sint occaecat
cupidatat non proident, sunt in culpa qui officia deserunt mollit
anim id est laborum.
```

```
$ ./1201 ............................................. プログラムの実行
ファイルを表示するプログラム
ファイル名を入力してください。
lorem.txt ............................................. ファイル名の入力
Lorem ipsum dolor sit amet, consectetur adipiscing elit, sed
do eiusmod tempor incididunt ut labore et dolore magna aliqua.
Ut enim ad minim veniam, quis nostrud exercitation ullamco
laboris nisi ut aliquip ex ea commodo consequat. Duis aute
irure dolor in reprehenderit in voluptate velit esse cillum
dolore eu fugiat nulla pariatur. Excepteur sint occaecat
cupidatat non proident, sunt in culpa qui officia deserunt mollit
anim id est laborum.
              ................................ ファイル lorem.txt の内容が表示された
```

まずは List 12-1 をじっくり読んでみましょう。このプログラムにファイル操作の基本があります。

オープン・むにゃむにゃ・クローズ

List 12-1 のおおざっぱな流れを説明します。

① 14 ～ 18 行目では、ファイルをオープンし、エラーが起きたらエラー処理を行います。
② 20 ～ 23 行目では、いまオープンしたファイルから 1 文字ずつ読み込んで表示します。
③ 25 ～ 28 行目では、いま使ったファイルをクローズし、エラーが起きたらエラー処理を行います。

以上の①, ②, ③が List 12-1 のおおざっぱな流れです。オープンやクローズといった新しい言葉が出てきましたね。プログラムでファイルを操作するときには「オープン」と「クローズ」という処理が必要です。

オープン：英語で書けば open （開く）です。「いまからこのファイルを使いますが、いいですか」と OS に伝える処理です。List 12-1 では、fopen（エフ・オープン）という関数を呼び出すことに対応しています。

クローズ：英語で書けば close （閉じる）です。「もうこのファイルは使いませんよ」と OS に伝える処理です。List 12-1 では、fclose（エフ・クローズ）という関数を呼び出すことに対応しています。

fopen も fclose もファイル操作を行うための**標準ライブラリ関数**であり、C言語のコンパイラをインストールすると使えるようになっています。

ファイルに対する操作の多くは、この「オープン」と「クローズ」の間で行うことになります。あなたがファイルに対して何か処理をしたいときには、まず 関数 fopen を呼び出してそのファイルをオープンし、その後で処理を行い、それが終わったら関数 fclose を呼び出してそのファイルをクローズします。

「オープン→むにゃむにゃ→クローズ」という流れをしっかり覚えましょう。

> ❖しっかり覚えよう❖　**ファイルを操作するには…**
>
> ファイルを操作するには、オープンし、処理を行い、クローズする。

関数 fopen の使い方

fopen はファイルをオープンする関数で、次のように使います。

```
fp = fopen(ファイル名, モード);
```

ファイル名には、扱いたいファイルの名前を文字列で指定します。List 12-1 はファイルの内容を表示するプログラムでしたから、内容を表示したいファイルの名前を指定することになります。

モードはファイルをオープンする目的を指定する文字列です。

関数 fopen で指定するモード

モード	対象ファイル	用途
"r"	テキストファイル	読み込み用
"w"	テキストファイル	書き込み用（ファイルの長さは 0 になる）
"a"	テキストファイル	追加書き込み用
"rb"	バイナリファイル	読み込み用
"wb"	バイナリファイル	書き込み用（ファイルの長さは 0 になる）
"ab"	バイナリファイル	追加書き込み用
"r+"	テキストファイル	読み書き用
"w+"	テキストファイル	読み書き用（ファイルの長さは 0 になる）
"a+"	テキストファイル	追加読み書き用
"r+b" または "rb+"	バイナリファイル	読み書き用
"w+b" または "wb+"	バイナリファイル	読み書き用（ファイルの長さは 0 になる）
"a+b" または "ab+"	バイナリファイル	追加読み書き用

　上の表を見るとわかるように、ファイルをオープンするときには、目的が「読み込み用」なのか「書き込み用」なのかなどを指定しなくてはなりません。ここでいう「読み込み用」とは、ファイルに書いてあるデータをプログラムが得ることで、「書き込み用」とは、プログラムが持っているデータをファイルに保存することに相当します。データの流れは、

　　　読み込み　　ファイル→プログラム
　　　書き込み　　ファイル←プログラム

となります。ここでいうデータとは、文字列や計算結果などです。「読み書き用」というのは読み込みと書き込みの両方を行うことをいいます。List 12-1 ではファイルの内容を表示するのですから、データの流れは「ファイル→プログラム」すなわち読み込みを行えばいいですね。ですから関数 fopen の第 2 引数は、"r" になっています（14 行目）。

❖ちょっと一言❖　**モード**

モードでの文字は以下のような意味を表しています。
- "r" は read（読み込み）
- "w" は write（書き込み）
- "a" は append（追加）
- "b" は binary（2 進）

モードで"b"を使うバイナリファイルについて簡単に説明します。C言語のソースファイルなどのようにエディタで人間が読むことのできるファイルを**テキストファイル** (text file) といいます。これに対して、実行ファイルなどのようにエディタで見ようとしても読めないファイルを**バイナリファイル** (binary file) といいます。バイナリファイルを扱いたいときにはモードに"b"を付けて、"rb"や"wb"と書きます。テキストファイルを扱いたいときにはモードに"b"を付けないで、"r"や"w"と書きます。バイナリファイルを指定すると、ファイルの内容をそのまま読み書きできますが、テキストファイルを扱うようにすると、ファイルの内容を一部変換して扱うようになります。

> ❖ちょっと一言❖ **テキストファイルの扱い**
>
> - テキストファイルへの書き込みでは、改行を表す'\n'の1文字を、'\x0D' '\x0A'（CR LF）という2文字に変換する場合があります。
> - テキストファイルからの読み込みでは逆に、'\x0D' '\x0A'という2文字（CR LF）を、改行を表す'\n'の1文字に変換する場合があります。
> - '\x1A'という1文字（CTRL+Z）を、ファイルの終端（EOF）と判断する場合があります。

関数fopenの戻り値はFILE *という変わった型になっています（14行目）。これは**ファイルポインタ**という型で、C言語でファイルを取り扱うときに使われるものです。正常にオープンできた場合、この型の値はオープンされているファイルと1対1に対応しています。正常にオープンできなかった場合、関数fopenはエラーを表す意味でNULLという特殊な値を返します。NULLは**ナルポインタ**といいます。ローマ字読みで**ヌルポインタ**ということもよくあります（p. 364参照）。

List 12-1の16〜17行目では、関数fopenがNULLを返したときの処理を行っています。もしも、xxxxのようなファイル名を入力してそれがオープンできなかったときには、

　　ファイル xxxx が見つかりません。

と表示して、プログラムを終了します。

List 12-1の関数fopenの使い方はファイル操作の決まり文句として覚えておきましょう。

※ちょっと一言※　**関数の戻り値はエラーチェックしよう**

　関数の戻り値がエラー情報を含む場合には、エラーが起きていないかどうかを確かめるエラーチェックをしましょう。エラーチェックを怠ると、プログラムの信頼性が低下します。
　たとえば、関数 fopen の戻り値が NULL であるかをチェックせずに先に進むと、プログラムが異常終了してしまう可能性があります。もともと正しくオープンできていないのにファイル操作をするのは誤りです。
　エラーチェックを行う必要がない場合には、関数の戻り値を明示的に「無視する」ことを表す「void 型へのキャスト」を以下のように行うこともあります。
　　　(void)func(x, y);

◇ ESCR R3.3.1

関数 fclose の使い方

fclose はファイルをクローズする関数で、次のように使います。

```
if (fclose(fp) != 0) {
    エラー処理
}
```

関数 fclose の戻り値は、0 ならば正常で、EOF ならばエラーです。ここで、0 が正常を表していますので、

```
fclose(fp) != 0
```

という条件式は「関数 fclose が正常ではない」ことを意味します。
　上の if 文は、以下のように書いてもまったく同じ動作になります。

```
if (fclose(fp) != 0) {
    エラー処理
}

if (fclose(fp)) {
    エラー処理
}
```

❖ちょっと一言❖　0との比較

C言語では0は偽を表し、0以外は真を表します。ところで、
　　fclose(fp) != 0
という式は、「fclose(fp)の戻り値が0以外であるときに真」になる式です。これを言い換えると「fclose(fp)の戻り値が真になるときに真」になる式です。要するに、
　　fclose(fp)
そのものでも構わないということです。
したがって、以下の2つのif文はまったく同じ動作をします。
```
    if (fclose(fp) != 0) {
        エラー処理
    }
    if (fclose(fp)) {
        エラー処理
    }
```

引数として与えるfpは関数fopenによってオープンされているファイルポインタを表します（つまりfpはFILE *型の変数です）。関数fcloseによって、関数fopenでオープンされたファイルがクローズされます。「このファイルを使う作業はすべて終了しました」とOSに伝えているのです。

重要な注意：関数fopenでファイルをオープンしておいて、fcloseを呼ばないことを**クローズ忘れ**といい、たいへんよくないことです。OSによっては同時にオープンできるファイル数に制限がありますし、また書き込み用にオープンしたファイルをクローズし忘れたままコンピュータをリセットしてしまうと、書き込んだつもりのデータがファイルに書き込まれない場合があるからです。オープンしたファイルは必ずクローズするように注意しましょう。

❖ちょっと一言❖　**同時にオープンできるファイル数**

標準ヘッダ<stdio.h>には、マクロFOPEN_MAXという整数値が定義されています。これは「少なくともその個数のファイルは同時にオープンできる」ことを保証する数です。

関数fgetcの使い方

fgetcは、読み込み用にオープンしたファイルから1文字読み込む関数で、次のように使います。

```
c = fgetc(fp);
```

　変数 fp は、関数 fopen によってオープンされているファイルポインタを表します。変数 c は、int 型の変数として前もって定義しておきます。この文を実行すると、ファイルから 1 文字（1 バイト）読み込まれ、変数 c にその値が代入されます。オープンしてから、最初にこの文が実行されたとき、ファイルの先頭の文字が読まれます。この文を繰り返し実行すれば、ファイルのすべての文字を読み取れます。ファイルの最後の文字を読み取った後、さらにこの文を実行すると、変数 c にはファイルの終わりに到達したことを表す EOF というマクロで定義された値が代入されます。EOF というのは、$\underline{\text{E}}$nd $\underline{\text{O}}$f $\underline{\text{F}}$ile という英語から来た単語で、「ファイルの終わり」を示す定数です（p. 199 参照）。List 12-1 では、21 行目の while 文でその処理を行っています。関数 fgetc を使って文字を読み込み、その値が EOF ではない限り、22 行目の putchar(c); という文を繰り返し実行します。

> ❖ちょっと一言❖　**EOF になる 2 つの場合**
>
> 　実際には関数 fgetc が EOF を返すのは、ファイルの終わりに達したときだけではなく、読み取り中にエラーが発生したときもあります。エラーなしでファイルの終わりに達したのか、それともエラーが発生したかどうかは関数 ferror で調べることができます。

ファイルのイメージ図

　関数 fgetc について説明したところで、ファイルのイメージについてお話ししたいと思います。ファイルは次の図のような形をしていると見なせます。

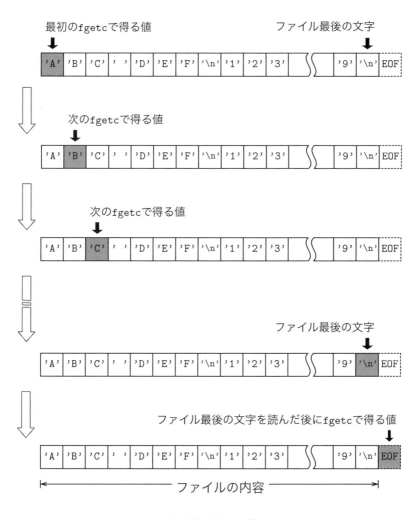

ファイルのイメージ

　つまり、ファイルは 1 本の短冊のようなもので、そこに文字がずらずらっと書いてあるのです。改行があれば、そこには '\n' という文字が書かれ、ファイル最後の文字の後には EOF という特殊な文字が仮想的にあると考えます。関数 fopen でファイルを読み込み用にオープンすると、ファイルの準備が整えられます。関数 fgetc を使うたびにファイルの先頭から 1 文字ずつ読み込んで

いきます。改行なら '\n' が読み込まれ、最後の文字を読んだ後は EOF が得られる……そのようなイメージを持つことができます。このようなファイルのイメージをストリームということもあります。

■ バリエーション

ファイルを操作するさまざまな関数について学びましょう。

| 例：文字の入出力関数 fgetc と fputc

プログラム List 12-2 はファイルをコピーするプログラムです。第 7 章の List 7-4（p. 198）で、標準入力を標準出力にコピーするプログラムを作りましたが、ここで紹介するのは、プログラムの中でコピー元とコピー先のファイル名を指定できるものです。List 12-2 を見てください。17 行目までは、List 12-1 とそれほど変わりはありません。

大きな違いは 22 行目です。ここで、コピー先として指定されたファイルを「書き込み用にオープン」しています。関数 fopen の第 2 引数が "rb" ではなく "wb" になっています。たった 1 文字の違いですが、これはとても大きな違いです。これによって、コピー先のファイルは書き込み用にオープンされるからです。

重要な注意：もしも、書き込み用にオープンしようとしたファイルがすでに存在したら、そのファイルの内容はすべて失われます。プログラムは人間と違って一瞬のためらいもありません。重要なファイルであろうがなかろうが、書き込み用にオープンしようとした瞬間にファイルの内容は失われますのでご注意ください。正確にいえば、ファイルサイズが 0 になるのですが、ファイルの内容が失われることに変わりはありません。

23 〜 27 行目では、コピー先のファイルがちゃんとオープンできたかどうかを調べています。

29 〜 32 行目では、コピー元のファイル（fromfp）から関数 fgetc で 1 文字もらい、その内容をコピー先のファイル（tofp）に関数 fputc で書き込んでいます。書き込み用にオープンしたファイルは、fputc で書き込めば書き込むほど、自動的に大きくなっていきます。また EOF 自体は書き込む必要はありませんし、書き込んではいけません。

34 行目以降では、2 つのファイルをクローズして、プログラムを終了します。

List 12-2　ファイルをコピーするプログラム（1202.c）

```c
 1:  #include <stdio.h>
 2:
 3:  int main(void);
 4:  void get_line(char *buffer, int size);
 5:
 6:  int main(void)
 7:  {
 8:      printf("ファイルをコピーするプログラム\n");
 9:
10:      printf("コピー元のファイル名を入力してください。\n");
11:      char fromfile[FILENAME_MAX];
12:      get_line(fromfile, FILENAME_MAX);
13:      FILE *fromfp = fopen(fromfile, "rb");
14:      if (fromfp == NULL) {
15:          printf("ファイル %s が見つかりません。\n", fromfile);
16:          return -1;
17:      }
18:
19:      printf("コピー先のファイル名を入力してください。\n");
20:      char tofile[FILENAME_MAX];
21:      get_line(tofile, FILENAME_MAX);
22:      FILE *tofp = fopen(tofile, "wb");
23:      if (tofp == NULL) {
24:          printf("ファイル %s が作れません。\n", tofile);
25:          fclose(fromfp);
26:          return -1;
27:      }
28:
29:      int c;
30:      while ((c = fgetc(fromfp)) != EOF) {
31:          fputc(c, tofp);
32:      }
33:
34:      if (fclose(tofp)) {
35:          printf("ファイル %s のクローズでエラーが起きました。\n", tofile);
36:          fclose(fromfp);
37:          return -1;
38:      }
39:
40:      if (fclose(fromfp)) {
41:          printf("ファイル %s のクローズでエラーが起きました。\n", fromfile);
42:          return -1;
43:      }
```

```
44:
45:        return 0;
46:    }
47:
48:    void get_line(char *buffer, int size)
49:    {
50:        if (fgets(buffer, size, stdin) == NULL) {
51:            buffer[0] = '\0';
52:            return;
53:        }
54:
55:        for (int i = 0; i < size; i++) {
56:            if (buffer[i] == '\n') {
57:                buffer[i] = '\0';
58:                return;
59:            }
60:        }
61:    }
```

❖ちょっと一言❖　FILENAME_MAX

ファイル名を保持するために十分な大きさ（char型の配列の大きさ）は、標準ヘッダ<stdio.h>の中で、FILENAME_MAXとマクロ定義されています。この長さにはファイル名の末尾に付いているナル文字（'\0'）の分も含まれています。

List 12-2 の実行例

```
$ cat lorem.txt
     ..... lorem.txtの内容を確認（Windowsでは、catのかわりにtypeを使う）
Lorem ipsum dolor sit amet, consectetur adipiscing elit, sed
do eiusmod tempor incididunt ut labore et dolore magna aliqua.
Ut enim ad minim veniam, quis nostrud exercitation ullamco
laboris nisi ut aliquip ex ea commodo consequat. Duis aute
irure dolor in reprehenderit in voluptate velit esse cillum
dolore eu fugiat nulla pariatur. Excepteur sint occaecat
cupidatat non proident, sunt in culpa qui officia deserunt mollit
anim id est laborum.

$ ./1202      ..............................................  プログラムの実行
```

ファイルをコピーするプログラム
コピー元のファイル名を入力してください。
`lorem.txt` .... コピー元のファイル名を入力
コピー先のファイル名を入力してください。
`copy1202.txt` .... コピー先のファイル名を入力

$ `cat copy1202.txt` .... コピーされたかどうか確認
Lorem ipsum dolor sit amet, consectetur adipiscing elit, sed
do eiusmod tempor incididunt ut labore et dolore magna aliqua.
Ut enim ad minim veniam, quis nostrud exercitation ullamco
laboris nisi ut aliquip ex ea commodo consequat. Duis aute
irure dolor in reprehenderit in voluptate velit esse cillum
dolore eu fugiat nulla pariatur. Excepteur sint occaecat
cupidatat non proident, sunt in culpa qui officia deserunt mollit
anim id est laborum.

$ `diff -s lorem.txt copy1202.txt` .... ファイルに違いがないか確認
Files lorem.txt and copy1202.txt are identical

（Windowsでファイル比較する場合）
C:¥work> `fc lorem.txt copy1202.txt`
ファイル lorem.txt と copy1202.txt を比較しています
FC: 相違点は検出されませんでした

例：コマンドラインから引数を取る

　プログラム List 12-3 は List 12-2 と同じ機能を持ちます。ただし、いちいち「コピー元のファイル名を入力してください。」などと表示はされません。コマンドラインでコピー元のファイル名とコピー先のファイル名を入力するのです。つまり、コマンドラインで、

　　$ `./1203 lorem.txt copyfile.txt`

と実行すれば、ファイル lorem.txt がファイル copyfile.txt にコピーされます。

List 12-3　ファイルをコピーする（1文字単位）（1203.c）

```
 1: #include <stdio.h>
 2: #include <stdlib.h>
 3:
 4: int main(int argc, char *argv[]);
 5:
 6: int main(int argc, char *argv[])
 7: {
 8:     printf("ファイルをコピーするプログラム\n");
 9:     if (argc != 3) {
10:         printf("使用法： %s FILE1 FILE2\n", argv[0]);
11:         printf("FILE1 の内容を FILE2 にコピーします。\n");
12:         return -1;
13:     }
14:
15:     char *fromfile = argv[1];
16:     char *tofile = argv[2];
17:
18:     FILE *fromfp = fopen(fromfile, "rb");
19:     if (fromfp == NULL) {
20:         printf("ファイル %s が見つかりません。\n", fromfile);
21:         return -1;
22:     }
23:
24:     FILE *tofp = fopen(tofile, "wb");
25:     if (tofp == NULL) {
26:         printf("ファイル %s が作れません。\n", tofile);
27:         fclose(fromfp);
28:         return -1;
29:     }
30:
31:     int c;
32:     while ((c = fgetc(fromfp)) != EOF) {
33:         fputc(c, tofp);
34:     }
35:
36:     if (fclose(tofp)) {
37:         printf("ファイル %s のクローズでエラーが起きました。\n", tofile);
38:         fclose(fromfp);
39:         return -1;
40:     }
41:
42:     if (fclose(fromfp)) {
43:         printf("ファイル %s のクローズでエラーが起きました。\n", fromfile);
```

```
44:            return -1;
45:        }
46:
47:        return 0;
48:    }
```

List 12-3 の実行例

```
$ ./1203 lorem.txt copy1203.txt         ................... プログラムの実行
ファイルをコピーするプログラム

$ cat copy1203.txt         ........................... コピーされたかどうか確認
Lorem ipsum dolor sit amet, consectetur adipiscing elit, sed
do eiusmod tempor incididunt ut labore et dolore magna aliqua.
Ut enim ad minim veniam, quis nostrud exercitation ullamco
laboris nisi ut aliquip ex ea commodo consequat.  Duis aute
irure dolor in reprehenderit in voluptate velit esse cillum
dolore eu fugiat nulla pariatur.  Excepteur sint occaecat
cupidatat non proident, sunt in culpa qui officia deserunt mollit
anim id est laborum.

$ diff -s lorem.txt copy1203.txt         ............. 違いがないかどうか確認
Files lorem.txt and copy1203.txt are identical
```

　関数mainの引数argcには、コマンドラインに与えられた文字列の個数（コマンド名も含んだ個数）が自動的に渡されます。また、引数 argvにはその文字列が配列として保存されている場所の先頭アドレスが渡されます。特に、argv[0]にはそのコマンド名自体が渡されます。上の例で具体的にいえば、

```
argc は 3
argv[0] は "./1203"
argv[1] は "lorem.txt"
argv[2] は "copy1203.txt"
argv[3] は NULL
```

が入っているものとして関数mainが呼び出されるのです。
　List 12-3では最初にargcの値を調べて、もしも3以外なら、使い方を表示して終了しています。

例：文字列入出力関数 fgets と fputs

プログラム List 12-4 でもファイルのコピーを行っています。ただし、List 12-3 のプログラムが 1 文字単位でコピーを行っていたのに対して、今度は 1 行単位でコピーを行います。ただし、このプログラムではナル文字（'\0'）がコピーできないので、取り扱うのはテキストファイルになります。

List 12-4　テキストファイルをコピーする（1 行単位）（1204.c）

```
 1: #include <stdio.h>
 2:
 3: #define BUFFER_SIZE 512
 4:
 5: int main(int argc, char *argv[]);
 6:
 7: int main(int argc, char *argv[])
 8: {
 9:     printf("テキストファイルをコピーするプログラム\n");
10:     if (argc != 3) {
11:         printf("使用法： %s FILE1 FILE2\n", argv[0]);
12:         printf("FILE1 の内容を FILE2 にコピーします。\n");
13:         return -1;
14:     }
15:
16:     char *infile = argv[1];
17:     char *outfile = argv[2];
18:
19:     FILE *infp = fopen(infile, "r");
20:     if (infp == NULL) {
21:         printf("ファイル %s が見つかりません。\n", infile);
22:         return -1;
23:     }
24:
25:     FILE *outfp = fopen(outfile, "w");
26:     if (outfp == NULL) {
27:         printf("ファイル %s が作れません。\n", outfile);
28:         fclose(infp);
29:         return -1;
30:     }
31:
32:     char buffer[BUFFER_SIZE];
33:     while (fgets(buffer, BUFFER_SIZE, infp) != NULL) {
34:         fputs(buffer, outfp);
```

```
35:        }
36:
37:        if (fclose(outfp)) {
38:            printf("ファイル %s のクローズでエラーが起きました。\n", outfile);
39:            fclose(infp);
40:            return -1;
41:        }
42:
43:        if (fclose(infp)) {
44:            printf("ファイル %s のクローズでエラーが起きました。\n", infile);
45:            return -1;
46:        }
47:
48:        return 0;
49:    }
```

ファイルから1行入力する関数fgetsは3つの引数を持ちます。

```
fgets(s, n, fp)
```

引数 s は文字の配列です。ここにファイルからの1行が格納されます。この配列の大きさ（要素の個数）は引数 n の値以上でなければなりません。

引数 n はファイルから読み込む最大の文字数（バイト数）に1を加えたものです。

引数 fp は読み込むファイルポインタを表します。これは関数fgetsを呼び出す前に、読み込み用にオープンされていなくてはなりません。

関数fgetsを実行すると、ファイルポインタ fp から文字を順次読み込み、配列sに格納していきます。改行 '\n' を読み込んで格納したら、改行を含むそこまでの文字を配列sに格納し、さらに文字列の終わりの印である '\0' を追加して帰ります。改行を読み込む前にn - 1バイトを読んだなら、そこで格納をやめ、'\0' を追加して帰ります。すでにファイルの終わりまで達しているのに関数fgetsを実行したら、関数fgetsは戻り値としてNULLを返します。

関数fgetsの働きを一言でいうなら、「ファイルポインタfpから1行（最大n - 1バイト）を読み込み、配列sに格納する」となるでしょう。

さて、ファイルへ1行出力する関数fputsは2つの引数を持ちます。

```
fputs(s, fp)
```

引数 s は文字の配列で、この配列の最初の要素（文字）から順にファイルに

書き出していき、'\0' が来たら書き込みをやめます。sの最後に '\n' はあってもなくても構いません。したがって、List 12-4 では '\0' を含んだファイルは正しくコピーされません。List 12-3 では正しくコピーできます。

引数 fp は書き込む先のファイルポインタです。これは前もって書き込み用にオープンされていなくてはなりません。

関数 fputs は戻り値として通常は負でない値を返します。エラーが起こったら EOF を返します。

List 12-4 では関数 fputs のエラーチェックはしていません。

関数 fgets と fputs では引数のようすが少し違いますね。関数 fgets では読み込むサイズを指定しているのに対して、関数 fputs では書き込むサイズを指定していません。

なぜこの違いがあるか、わかりますか。関数 fgets では読んできた文字列を格納しておく配列を前もって定義しておかなくてはなりませんが、配列を定義するには前もって大きさを指定しなくてはなりません。一方、ファイルの「1 行」はいったい何文字になるかわかりません。1 文字かもしれないし、9999 文字かもしれません。ですから、配列として定義された領域を超えてオーバーフローしないように、関数 fgets が一度に読むサイズに歯止めをかけておかなくてはならないのです。それが引数 n の役割です。

一方、関数 fputs では、書き込む文字列はすでに手元にあり、後は文字列の終わりの印である '\0' に至るまでファイルに書き込んでしまえばいいので、書き込むサイズを気にする必要がないのです。

List 12-3 でみた関数 fgetc と fputc の while ループの構造と、List 12-4 の関数 fgets と fputs の while ループの構造をよく比較してください。特に終了条件の違いに注目しましょう。

例：書式付きファイル出力関数 fprintf

プログラム List 12-5 は、入力ファイルの各行に行番号を付けた出力ファイルを作るプログラムです。

List 12-5　行番号を付ける (1205.c)

```
1:  #include <stdio.h>
2:  #include <stdlib.h>
3:  #include <string.h>
4:
```

```c
 5: #define BUFFER_SIZE 1024
 6:
 7: int main(int argc, char *argv[]);
 8: void print_usage(void);
 9:
10: int main(int argc, char *argv[])
11: {
12:     if (argc != 3) {
13:         printf("使用法： %s 入力ファイル 出力ファイル\n", argv[0]);
14:         print_usage();
15:         return -1;
16:     }
17:
18:     char *infile = argv[1];
19:     char *outfile = argv[2];
20:
21:     printf("入力ファイル: %s\n", infile);
22:     printf("出力ファイル: %s\n", outfile);
23:
24:     FILE *infp = fopen(infile, "r");
25:     if (infp == NULL) {
26:         printf("ファイル %s が見つかりません。\n", infile);
27:         return -1;
28:     }
29:
30:     FILE *outfp = fopen(outfile, "w");
31:     if (outfp == NULL) {
32:         printf("ファイル %s が作れません。\n", outfile);
33:         fclose(infp);
34:         return -1;
35:     }
36:
37:     long linenumber = 1L;
38:     char buffer[BUFFER_SIZE];
39:     while (fgets(buffer, BUFFER_SIZE, infp) != NULL) {
40:         fprintf(outfp, "%08ld: %s", linenumber, buffer);
41:         linenumber++;
42:     }
43:
44:     if (fclose(outfp)) {
45:         printf("ファイル %s のクローズでエラーが起きました。\n", outfile);
46:         fclose(infp);
47:         return -1;
48:     }
49:
```

```
50:        if (fclose(infp)) {
51:            printf("ファイル %s のクローズでエラーが起きました。\n", infile);
52:            return -1;
53:        }
54:
55:        return 0;
56:    }
57:
58:    // 使用法の表示
59:    void print_usage(void)
60:    {
61:        printf("各行の先頭に行番号を付けて出力します。\n");
62:        printf("1 行の最大サイズは %d バイトです。\n", BUFFER_SIZE);
63:    }
```

List 12-5 の実行例

```
$ ./1205 lorem.txt out1205.txt      ................  プログラムの実行
入力ファイル: lorem.txt
出力ファイル: out1205.txt

$ cat out1205.txt           ..............................  出力ファイルの表示
00000001:  Lorem ipsum dolor sit amet, consectetur adipiscing elit, sed
00000002:  do eiusmod tempor incididunt ut labore et dolore magna aliqua.
00000003:  Ut enim ad minim veniam, quis nostrud exercitation ullamco
00000004:  laboris nisi ut aliquip ex ea commodo consequat.  Duis aute
00000005:  irure dolor in reprehenderit in voluptate velit esse cillum
00000006:  dolore eu fugiat nulla pariatur.  Excepteur sint occaecat
00000007:  cupidatat non proident, sunt in culpa qui officia deserunt mollit
00000008:  anim id est laborum.
           ..,................... lorem.txtの各行に行番号が付いたファイルができた
```

このプログラムでは、関数 fprintf（エフ・プリントエフ）を使っています。名前から想像がつくように、これは関数 printf の親戚です。関数 printf が文字列を画面（標準出力）に表示するのに対し、関数 fprintf は文字列をファイルに出力します。このプログラムの重要なところは 40 行目です。

```
fprintf(outfp, "%08ld: %s", linenumber, buffer);
```

ここで、書き込み用にオープンしたファイルポインタoutfpに対して、行番号（linenumber）と1行分の文字列（buffer）を出力しています。書式文字列が%08ldとなっているので、行番号の頭には0を付け、少なくとも8桁分の幅を取り、10進表記でlong型の整数を出力していることがわかります。関数fprintfで使う書式文字列は関数printfと同じです。詳しくは、「付録：関数printfの書式文字列」（p. 446）を参照してください。

プログラムList 12-5は単に行番号を付けるだけのプログラムですが、「コマンドラインからファイル名を得て、その内容を処理し、別のファイルに出力する」という形をしています。こういう形のプログラムを作る練習をしておくと、自分でちょっとしたツールを作ることもできそうですね。最初から大きなプログラムを作り上げるのはたいへんですが、自分が必要とする小さなツールから練習するのはいいことです。

39～42行目のwhile文の中身を書き換えれば、「ファイルの各行を処理する」というパターンを持ったツールが作れそうです。

例：ファイルを削除する関数remove

さあ、fopenやfcloseにはもう慣れましたか。今度はファイルを削除しましょう。ファイルの削除では内容を読み書きするわけではないので、FILEは使いません。したがってfopenもfcloseも不要です。関数remove（リムーヴ）だけでOKです。関数removeは引数で指定されたファイルを削除するもので、削除できたときには0を返し、削除できないときには0以外の値を返します。削除できないときとは、たとえば指定したファイルが存在しなかったり、書き込み禁止ファイルだったりしたときです。関数removeの使用例をList 12-6に示します。

List 12-6 ファイルの削除（1206.c）

```
 1: #include <stdio.h>
 2:
 3: int main(int argc, char *argv[]);
 4:
 5: int main(int argc, char *argv[])
 6: {
 7:     if (argc != 2) {
 8:         printf("使用法： %s FILE\n", argv[0]);
 9:         printf("FILE を削除します。\n");
10:         return -1;
```

```
11:        }
12:        if ( remove(argv[1]) != 0) {
13:            printf("%s は削除できません。\n", argv[1]);
14:            return -1;
15:        } else {
16:            printf("%s を削除しました。\n", argv[1]);
17:            return 0;
18:        }
19:    }
```

実行例は次の通りです。

List 12-6 の実行例

```
$ echo Hello. > tmp.txt          ............  削除練習用にtmp.txtを作成

$ cat tmp.txt                    ...................  ファイルtmp.txtを表示
Hello.

$ ./1206 tmp.txt                 .........................  プログラムの実行
tmp.txt を削除しました。

$ ./1206 tmp.txt                 .........................  もう一度実行
tmp.txt は削除できません。       ...............  すでに削除されている

$ cat tmp.txt                    .........................  表示してみよう
cat: tmp.txt: No such file or directory  .........  確かに存在しない
```

例：ファイル名を変更する関数 rename

いったん old.txt という名前で作ったファイルを new.txt という別の名前に変更したいときには、関数 rename（リネイム）を使います。これも FILE を使わない関数の仲間です。変更できないときには 0 以外の値が返されます。関数 rename の使用例を List 12-7 に示します。

List 12-7 ファイル名の変更（1207.c）

```
 1: #include <stdio.h>
 2:
 3: int main(int argc, char *argv[]);
 4:
 5: int main(int argc, char *argv[])
 6: {
 7:     if (argc != 3) {
 8:         printf("使用法： %s OLDFILE NEWFILE\n", argv[0]);
 9:         printf("OLDFILE を NEWFILE に名前変更します。\n");
10:         return -1;
11:     }
12:     if ( rename(argv[1], argv[2]) != 0) {
13:         printf("%s を %s に名前変更できません。\n", argv[1], argv[2]);
14:         return -1;
15:     } else {
16:         printf("%s を %s に名前変更しました。\n", argv[1], argv[2]);
17:         return 0;
18:     }
19: }
```

実行例は次の通りです。

List 12-7 の実行例

```
$ echo Hello. > old1207.txt          ……………… 一時的なファイルを作る

$ cat old1207.txt                    …………………………… 内容を確認する
Hello.

$ ./1207 old1207.txt new1207.txt     ……………… プログラムを実行する
old1207.txt を new1207.txt に名前変更しました。

$ cat new1207.txt                    ………………… 新しい名前のファイルを表示する
Hello.                               ………………………………… 確かに表示できた

$ cat old1207.txt                    ……………………… 古い名前のファイルを表示する
cat: old1207.txt: No such file or directory
                                     ……………………… その名前のファイルはもうない

$ ./1207 old1207.txt new1207.txt     ………………… もう一度実行する
```

```
old1207.txt を new1207.txt に名前変更できません。
..............................  old1207.txtはもうないから名前変更できない
```

主なファイル操作関数

ふう。ずいぶん新しい関数をたくさん学びましたね。ファイルを操作する標準ライブラリ関数のうち、ここまで出てきたものを一覧表にして整理しましょう。

ファイル操作関数の例

機能	例	参照ページ
オープン	`fp = fopen(ファイル名, モード);`	p. 387
クローズ	`fclose(fp);`	p. 390
文字入力	`c = fgetc(fp);`	p. 391
文字出力	`fputc(c, fp);`	p. 394
文字列入力	`fgets(buffer, BUFFER_SIZE, fp);`	p. 400
文字列出力	`fputs(buffer, fp);`	p. 400
書式付き出力	`fprintf(fp, "%d\n", n);`	p. 402
ファイル削除	`remove(ファイル名);`	p. 405
ファイル名変更	`rename(古いファイル名, 新しいファイル名);`	p. 406

関数を見つける方法

「ファイル名を変更するには関数renameを使いましょう」などと書きましたが、もしあなたが何かをしたいと思ったとき、そのための関数がすでにあるかどうか、どうやって調べたらいいのでしょうか。これは大きな問題ですね。ファイル操作に限らず、すでにC言語処理系が用意してくれている**標準ライブラリ関数**があるのに、使わないのはもったいないことです。私は次のようにして関数を探します。

① 規格書を読む

C99の規格書には標準ライブラリ関数の仕様が書かれています。これを読むのがC99での振る舞いを調べるのにもっとも確実です。戻り値でどんなエラー情報が返されるかも注意深く調べましょう。

市販の参考書を読むのもいいでしょう。ただし、その際にはどの規格に準拠して書かれたものなのか、またその参考書が発売された年を確認しましょう。

② 処理系のマニュアルを読む

C99 の規格書には処理系依存の振る舞いについては書かれていません。たとえば、関数 rename で変更先のファイルがすでに存在したらどうなるのでしょうか。変更に失敗するのか、変更先のファイルが上書きされてしまうのか。C99 の仕様によれば「処理系定義」となっています。つまり C99 の仕様を読んでも振る舞いはわかりません。その場合には処理系のマニュアルを調べることになります。

コンパイラにはライブラリ関数のマニュアルが付属しています。これを読めば、必要な関数を見つけることができます。索引などでたとえば「ファイル名の変更」といった項目を探すと、関数 rename に出会えると思います。あるいは目次で「ファイル操作関数」といった項目を探してもいいですね。

③ 検索する

C 言語に慣れてくると「あ、こういう操作をする標準ライブラリ関数がいかにもありそうだな」と見当がついてきます。うまく見当がつけられるかどうかはその人の経験しだいですね。見当がつかなくても「こういう標準ライブラリ関数はないだろうか」と考えるような癖をつけておくのは大事なことです。調べる際には、たとえば「C99 ファイル操作」のように C99 という規格名をつけてネットで検索すると、絞り込みやすくなります。

そばにプログラマの知人がいるのであれば、その人に聞くのも有効です。その人がいい経験者であれば、マニュアルからすぐには読み取れない重要な注意点も聞けるかもしれません。

重要な注意： ネットで見つかる情報は玉石混交です。完全にまちがっているものも多数ありますし、正しい情報でも、仕様書やマニュアルほどは網羅的に書かれていない場合もあります。また、あなたが使っている環境には当てはまらない情報かもしれません。その点には十分に注意する必要があります。関数名などのヒントを得た上で、規格書やマニュアルなどの信頼できる情報で調べ直すのはよい習慣です。

■ 読解練習「簡単成績処理 Version 2」

読解練習プログラムは「簡単成績処理 Version 2」です。これは、第 10 章の読解練習プログラムにファイル操作を組み込んだものです。

List 12-8 読解練習「簡単成績処理 Version 2」（12stats.c）

```
 1: #include <stdio.h>
 2: #include <stdlib.h>
 3: #include <string.h>
 4:
 5: #define BUFFER_SIZE  512  // 1 行のサイズ
 6: #define MAX_NAME      50  // 氏名を格納する配列のサイズ
 7: #define MAX_STUDENT  100  // 最大の学生数
 8: #define MAX_TEN        5  // 教科数
 9:
10: // 使用法
11: char *usage[] = {
12: "名前",
13: "    12stat - 簡単成績処理",
14: "書式",
15: "    12stat 入力ファイル [出力ファイル]",
16: "解説",
17: "    プログラム 12stat は、",
18: "    入力ファイルから生徒の出席番号、名前と各教科の点数を受け取り、",
19: "    成績順に並べたり、平均点を求めたりして、結果を出力ファイルに書き出します。",
20: "    出力ファイルが指定されていない場合には、標準出力に出力します。"
21: "入力",
22: "    成績データは個人ごとに 1 行にまとめて書き、左から順に、",
23: "        <出席番号> <氏名> <点数1> <点数2> <点数3> <点数4> <点数5>",
24: "    の順で記入します。",
25: "入力例",
26: "        101 佐藤花子 65 90 100 80 73",
27: "        102 阿部和馬 82 75 63 21 45",
28: "        103 伊藤光一 74 31 41 59 38",
29: "出力",
30: "    ・出席番号順の名簿",
31: "    ・全教科の合計点による成績順位表、平均点・最高点・最低点",
32: "    ・合計点の平均",
33: "作者",
34: "    結城浩",
35: "    Copyright (C) 1993,2018 by Hiroshi Yuki.",
36: NULL,
```

```
37:    };
38:
39:    // 学生を表す構造体
40:    typedef struct student {
41:        int id;                  // 出席番号
42:        char name[MAX_NAME];     // 氏名
43:        int ten[MAX_TEN];        // 教科ごとの点数
44:        double total;            // 教科の合計点
45:    } STUDENT;
46:
47:    // データを表す構造体
48:    typedef struct data {
49:        int size;                        // 学生数
50:        STUDENT student[MAX_STUDENT];    // 学生の配列
51:    } DATA;
52:
53:    // プロトタイプ宣言
54:    int main(int argc, char *argv[]);
55:    int input_data(FILE *fp, DATA *data);
56:    void sort_by_id(DATA *data);
57:    void sort_by_total(DATA *data);
58:    void swap_student(STUDENT *p, STUDENT *q);
59:    void fprint_data(FILE *fp, DATA *data);
60:    void fprint_stat(FILE *fp, DATA *data);
61:    void print_usage(void);
62:
63:    // 入力ファイルから学生のデータを読み込んで処理する
64:    int main(int argc, char *argv[])
65:    {
66:        DATA data; // データを格納する変数
67:
68:        // コマンドラインの解析とファイルのオープン
69:        if (argc != 2 && argc != 3) {
70:            print_usage();
71:            return 0;
72:        }
73:
74:        FILE *infp = fopen(argv[1], "r");
75:        if (infp == NULL) {
76:            fprintf(stderr, "入力ファイル %s が見つかりません。\n", argv[1]);
77:            return -1;
78:        }
79:
80:        FILE *outfp = stdout;
81:        if (argc == 3) {
```

```
 82:            outfp = fopen(argv[2], "w");
 83:            if (outfp == NULL) {
 84:                fprintf(stderr, "出力ファイル %s が作成できません。\n", argv[2]);
 85:                fclose(infp);
 86:                return -1;
 87:            }
 88:        }
 89:
 90:        // データを読み込む
 91:        if (input_data(infp, &data) < 0) {
 92:            fprintf(stderr, "データ読み込みでエラーが起きました。\n");
 93:            return -1;
 94:        }
 95:
 96:        // 学生数を表示する
 97:        fprintf(outfp, "== 学生数 ==\n");
 98:        fprintf(outfp, "%d 人\n", data.size);
 99:        fprintf(outfp, "\n");
100:
101:        // 出席番号順で並べ替え、名簿を表示する
102:        fprintf(outfp, "== 出席番号順の名簿 ==\n");
103:        sort_by_id(&data);
104:        fprint_data(outfp, &data);
105:        fprintf(outfp, "\n");
106:
107:        // 合計点順で並べ替え、名簿を表示する
108:        fprintf(outfp, "== 合計点による成績順位表 ==\n");
109:        sort_by_total(&data);
110:        fprint_data(outfp, &data);
111:        fprintf(outfp, "\n");
112:
113:        // 平均点・最高点・最低点を表示する
114:        fprintf(outfp, "== 平均点・最高点・最低点 ==\n");
115:        fprint_stat(outfp, &data);
116:        fprintf(outfp, "\n");
117:
118:        if (fclose(outfp)) {
119:            printf("出力ファイルのクローズでエラーが起きました。\n");
120:            fclose(infp);
121:            return -1;
122:        }
123:
124:        if (fclose(infp)) {
125:            printf("入力ファイルのクローズでエラーが起きました。\n");
126:            return -1;
```

```
127:      }
128:
129:      return 0;
130: }
131:
132: // 関数 input_data は、ファイルからデータを読み込む。
133: // 引数
134: //      FILE *infp 入力ファイル
135: //      DATA *dp 読み込んだデータを格納する構造体へのポインタ
136: // 戻り値
137: //      正常時は、読み込んだ学生数（0以上）を返す。
138: //      異常時は、-1 を返す。
139: int input_data(FILE *infp, DATA *dp)
140: {
141:      char buffer[BUFFER_SIZE];
142:      char name_buffer[BUFFER_SIZE];
143:      int n = 0; // 現在処理している学生数
144:
145:      while (fgets(buffer, BUFFER_SIZE, infp) != NULL) {
146:          if (n >= MAX_STUDENT) {
147:              fprintf(stderr, "学生数が多すぎます（最大 %d 人)\n", MAX_STUDENT);
148:              return -1;
149:          }
150:
151:          // ファイルから読み込んだ学生データを代入する学生へのポインタ
152:          STUDENT *sp = &dp->student[n];
153:
154:          // 関数 sscanf を使ってデータを解析
155:          int num = sscanf(buffer, "%d %s %d %d %d %d %d\n",
156:              &sp->id,
157:              &name_buffer[0],
158:              &sp->ten[0],
159:              &sp->ten[1],
160:              &sp->ten[2],
161:              &sp->ten[3],
162:              &sp->ten[4]);
163:          if (num != 7) {
164:              fprintf(stderr, "%d 行目で形式が誤っています。\n",
165:                  n + 1);
166:              fprintf(stderr, "%s\n", buffer);
167:              return -1;
168:          }
169:
170:          // 氏名の長さをチェックしてオーバーフローを防ぐ
171:          if (strlen(name_buffer) + 1 > MAX_NAME) {
```

```
172:                fprintf(stderr, "%d 行目の名前は長すぎます",
173:                    n + 1);
174:                fprintf(stderr, "（最大 %d バイト）\n",
175:                    MAX_NAME - 1);
176:                fprintf(stderr, "%s\n", name_buffer);
177:                return -1;
178:            }
179:
180:            // 氏名をコピー
181:            strcpy(sp->name, name_buffer);
182:
183:            // 学生の教科合計点を計算
184:            sp->total = 0;
185:            for (int i = 0; i < MAX_TEN; i++) {
186:                sp->total += sp->ten[i];
187:            }
188:
189:            // 学生数の更新
190:            n++;
191:        }
192:
193:        // 学生数
194:        dp->size = n;
195:
196:        // 学生数を返す
197:        return dp->size;
198:    }
199:
200:    // 関数 swap_student は STUDENT を交換する
201:    void swap_student(STUDENT *p, STUDENT *q)
202:    {
203:        STUDENT s = *p;
204:        *p = *q;
205:        *q = s;
206:    }
207:
208:    // 関数 sort_by_id は出席番号順で並べ替えを行う。
209:    void sort_by_id(DATA *dp)
210:    {
211:        for (int i = 0; i < dp->size - 1; i++) {
212:            STUDENT *sp1 = &dp->student[i]; // i 番目の学生
213:            for (int j = i + 1; j < dp->size; j++) {
214:                STUDENT *sp2 = &dp->student[j]; // j 番目の学生
215:                if (sp1->id > sp2->id) { // 出席番号を比較
216:                    swap_student(sp1, sp2);
```

```
217:                }
218:            }
219:        }
220:    }
221:
222:    // 関数 sort_by_total は合計点数順で並べ替えを行う。
223:    void sort_by_total(DATA *dp)
224:    {
225:        for (int i = 0; i < dp->size - 1; i++) {
226:            STUDENT *sp1 = &dp->student[i];  // i 番目の学生
227:            for (int j = i + 1; j < dp->size; j++) {
228:                STUDENT *sp2 = &dp->student[j];  // j 番目の学生
229:                if (sp1->total < sp2->total) {  // 合計点を比較
230:                    swap_student(sp1, sp2);
231:                }
232:            }
233:        }
234:    }
235:
236:    // 関数 fprint_data はデータを表示する。
237:    void fprint_data(FILE *fp, DATA *data)
238:    {
239:        for (int n = 0; n < data->size; n++) {
240:            STUDENT *sp = &data->student[n];
241:
242:            // 連番
243:            fprintf(fp, "%3d ", n + 1);
244:            // 点数
245:            for (int i = 0; i < MAX_TEN; i++) {
246:                fprintf(fp, "%3d ", sp->ten[i]);
247:            }
248:            // 出席番号
249:            fprintf(fp, "出席番号 %3d ", sp->id);
250:            // 合計点
251:            fprintf(fp, "合計点 %0.1f ", sp->total);
252:            // 平均点
253:            fprintf(fp, "平均点 %0.1f ", sp->total / MAX_TEN);
254:            // 氏名
255:            fprintf(fp, "氏名 %s", sp->name);
256:            fprintf(fp, "\n");
257:        }
258:    }
259:
260:    // 関数 fprint_stat() は、教科ごとの平均点・最高点・最低点を計算し、
261:    // 表示する。また合計点の平均も表示する。
```

```
262:    void fprint_stat(FILE *fp, DATA *data)
263:    {
264:        int max[MAX_TEN];       // 教科ごとの最高点
265:        int min[MAX_TEN];       // 教科ごとの最低点
266:        double ten[MAX_TEN];    // 教科ごとの平均点
267:        double total;           // 合計点の平均点
268:        STUDENT *sp;
269:
270:        // 0 番目の学生のデータで初期化
271:        sp = &data->student[0];
272:        for (int i = 0; i < MAX_TEN; i++) {
273:            max[i] = sp->ten[i];
274:            min[i] = sp->ten[i];
275:            ten[i] = sp->ten[i];
276:        }
277:        total = sp->total;
278:
279:        // 統計計算
280:        for (int n = 1; n < data->size; n++) {
281:            sp = &data->student[n];
282:            for (int i = 0; i < MAX_TEN; i++) {
283:                if (max[i] < sp->ten[i]) {
284:                    max[i] = sp->ten[i];
285:                }
286:                if (min[i] > sp->ten[i]) {
287:                    min[i] = sp->ten[i];
288:                }
289:                ten[i] += sp->ten[i];
290:            }
291:            total += sp->total;
292:        }
293:
294:        // 結果の出力
295:        for (int i = 0; i < MAX_TEN; i++) {
296:            fprintf(fp, "教科 %d ", i + 1);
297:            fprintf(fp, "最高点 %3d ", max[i]);
298:            fprintf(fp, "最低点 %3d ", min[i]);
299:            fprintf(fp, "平均点 %0.1f\n", ten[i] / data->size);
300:        }
301:        fprintf(fp, "合計点の平均 %0.1f\n", total / data->size);
302:    }
303:
304:    // 使用法の表示
305:    void print_usage(void)
306:    {
```

```
307:        for (int i = 0; usage[i] != NULL; i++) {
308:            printf("%s\n", usage[i]);
309:        }
310:    }
```

12stats の実行例

```
$ cat 12stats-input.txt          ..........................  入力ファイルの表示

101 佐藤花子 65 90 100 80 73
102 阿部和馬 82 75 63 21 45
103 伊藤光一 74 31 41 59 38
104 佐藤太郎 100 95 98 82 65
105 村松真治 55 48 79 90 88
106 進東三太郎 74 45 59 27 38

$ ./12stats 12stats-input.txt output.txt      ..........  プログラムの実行

$ cat output.txt                 ..................................  出力ファイルの表示

== 学生数 ==
6 人

== 出席番号順の名簿 ==
   1)  65  90 100  80  73 出席番号 101 合計点 408.0 平均点 81.6 氏名 佐藤花子
   2)  82  75  63  21  45 出席番号 102 合計点 286.0 平均点 57.2 氏名 阿部和馬
   3)  74  31  41  59  38 出席番号 103 合計点 243.0 平均点 48.6 氏名 伊藤光一
   4) 100  95  98  82  65 出席番号 104 合計点 440.0 平均点 88.0 氏名 佐藤太郎
   5)  55  48  79  90  88 出席番号 105 合計点 360.0 平均点 72.0 氏名 村松真治
   6)  74  45  59  27  38 出席番号 106 合計点 243.0 平均点 48.6 氏名 進東三太郎

== 合計点による成績順位表 ==
   1) 100  95  98  82  65 出席番号 104 合計点 440.0 平均点 88.0 氏名 佐藤太郎
   2)  65  90 100  80  73 出席番号 101 合計点 408.0 平均点 81.6 氏名 佐藤花子
   3)  55  48  79  90  88 出席番号 105 合計点 360.0 平均点 72.0 氏名 村松真治
   4)  82  75  63  21  45 出席番号 102 合計点 286.0 平均点 57.2 氏名 阿部和馬
   5)  74  31  41  59  38 出席番号 103 合計点 243.0 平均点 48.6 氏名 伊藤光一
   6)  74  45  59  27  38 出席番号 106 合計点 243.0 平均点 48.6 氏名 進東三太郎

== 平均点・最高点・最低点 ==
教科 1 最高点 100 最低点  55 平均点 75.0
教科 2 最高点  95 最低点  31 平均点 64.0
教科 3 最高点 100 最低点  41 平均点 73.3
教科 4 最高点  90 最低点  21 平均点 59.8
```

```
教科 5 最高点  88 最低点  38 平均点 57.8
合計点の平均 330.0
```

stdout と stderr

12stats.c の中で、stdout と stderr という変数が登場しています。これらは標準ライブラリで用意されているファイルポインタで、標準ヘッダ <stdio.h> で次のように定義されています。

stdin	標準入力
stdout	標準出力
stderr	標準エラー出力

これらの変数の型は FILE *ですから、fprintf や fputs の引数として利用できます。標準エラー出力に書き込むと、リダイレクトされることなく画面に表示されますので、エラー表示にはもってこいです。これらのファイルポインタは自動的にオープンされますので、あなたが fopen する必要はありません。また fclose する必要もありません。

■ もっと詳しく

FILE *

この章で私たちはファイル操作関数を学んできました。そこで頻繁に登場したのがファイルポインタ、つまり FILE * という型でした。実はこの FILE 型は標準ヘッダ <stdio.h> の中で宣言されている構造体を typedef したものなのです。typedef は、第 10 章（p. 328）でもお話ししたように、

```
typedef 型名 新しい型名 ;
```

という形で使います。stdio.h というファイルをそっとエディタでのぞいてみると、そこには、

```
typedef struct {
    ...
} FILE;
```

というtypedefがあります。この構造体こそ、C言語の標準ライブラリがファイルを扱うための型なのです。

ファイル操作を行うための関数を使うだけなら、この構造体の中身がどうなっているかを知る必要はありません。知る必要があるのは、ファイルを扱う関数の使い方です。もしも将来、あなた自身がファイル操作を行う関数を新たに作る必要が生じたら、標準ライブラリのFILE構造体がどうなっているかを学ぶことになるかもしれませんね。

> ❖ちょっと一言❖　**実際のFILEはどこにあるか**
>
> 厳密にいえば、構造体FILEをtypedefしている場所は、stdio.hというファイルにあるとは限りません。プリプロセッサの#includeという命令を使って、stdio.hというヘッダファイルから、さらに別のヘッダファイルを参照しているかもしれないからです。

ポインタの配列

List 12-3 で、私たちはコマンドラインから引数を取る方法について学びました。そこでは、関数mainの宣言は次のようになっていました。

    int main(int argc, char *argv[]);

ここでは引数の定義char *argv[] について詳しく見てみましょう。

まずは虚心にこのchar *argv[] の意味を考えてみましょう。このような定義を読み取るときのコツは「内側から外側へ」読んでいくことです。次のようになります。

argv	引数の名前はargv だ。
argv[]	argv は何かの配列と見なせるものだ。
*argv[]	argv は何かを指すポインタの配列と見なせるものだ。
char *argv[]	argv は char を指すポインタの配列と見なせるものだ。

このように引数名から順に外側へと視野を広げていくのです。

ところで「charを指すポインタの配列」ってどんなものか、わかりますか。「ポインタ」は第11章で、「配列」は第9章で学びましたね。

配列は、多くの変数に番号を付けて並べたものでした。ですから「charを指すポインタの配列」は、多くのポインタに番号を付けて並べたものになります。argv[0] が第 0 番目のポインタ、argv[1] が第 1 番目のポイン

タ、……、argv[argc - 1] が第 argc - 1 番目のポインタになります。最後に argv[argc] には必ず NULL が入っています。

> ❖ちょっと一言❖　argc
>
> argc の値は、配列 argv の要素数ではなく、配列 argv の要素数マイナス 1 です。ですから、argv[argc] にアクセスしても構いません。

ポインタは変数のアドレスを持つ変数でした。ですから「char を指すポインタ」はメモリのどこかにある char 型の変数のアドレスを持っている変数になります。argv[i] は第 i 番目のポインタで、それはある文字を指している。その文字自体は *argv[i] として得ることができます。

ちょっと注意しておきますが、関数の引数で char *argv[] と書かれても、関数に配列がごっそり渡されてくるわけではありません。関数に渡されてくるのは配列の最初の要素のアドレス 1 つだけ、つまり引数 argv は配列の最初の要素を指すポインタなのです。ですから、関数の引数に char *argv[] と書いても char **argv と書いても、C 言語ではまったく同じ意味を持ちます。

argv	引数の名前は argv だ。
*argv	argv は何かを指すポインタだ。
**argv	argv は何かを指すポインタへのポインタだ。
char **argv	argv は char を指すポインタへのポインタだ。

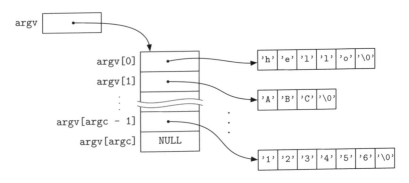

関数の引数 char *argv[] の説明（char **argv でも同じ）

※ちょっと一言※　**配列なのかポインタなのか**

int main(int argc, char *argv[])と書かれたとき、char *argv[]が気になります。それは、
- 引数argvはcharを指すポインタの配列と見なせる
- 引数argvはcharを指すポインタへのポインタである

という2つの読み方ができてしまうからです。これは両方とも正しいです。というのは、C言語では、配列と見なしてargv[0]とアクセスしても、ポインタとして*argvとアクセスしても、まったく同じ意味になるからです。実はargv[i]というのは、*(argv + i)の略記法でもあるのです。

ただし、<u>関数の引数として</u>渡されてくるargvの場合は、配列の最初の要素を指すアドレスが渡されてくるだけですから、sizeofを使って得られるのは配列の大きさではなく、配列の最初の要素を指すアドレスのバイト数になります。すなわち、sizeof(argv)の値はsizeof(char **)に等しくなります。

▶この章で学んだこと

この章では、
- ファイルとは何か
- ファイルを操作する関数たち
- 標準ライブラリ関数

について学びました。

◉ポイントのまとめ

- ファイル操作は、オープン→むにゃむにゃ→クローズという流れになります。
- ファイルのオープンには関数fopenを使います。
- ファイルのクローズには関数fcloseを使います。
- ファイルから1文字読むには関数fgetcを使います。
- ファイルに1文字書くには関数fputcを使います。
- ファイルから1行読むには関数fgetsを使います。
- ファイルに1行書くには関数fputsを使います。
- ファイルのオープンでは、読み込み用や書き込み用などのモードがあり

ます。
- ファイルを扱うときには、テキストファイルとバイナリファイルの区別に注意します。
- ファイルの終端を表す EOF という値があります。
- 関数のエラー情報をチェックしましょう。
- 関数 main の引数でコマンドラインで与えられた文字列が得られます。
- 規格書やマニュアルや参考書で標準ライブラリ関数を調べましょう。
- 検索して得られた情報は、その信頼性に注意しましょう。
- FILE はファイルを扱う構造体です。

● 練習問題

■ 問題 12-1　　　　　　　　　　　　　　　　　　（解答は p. 426）

List E12-1 のプログラムは、コマンドラインで指定した複数ファイルの先頭 5 行を順番に表示していくものですが未完成です。これを完成させてください。

ヒント：変数の定義、#define による定数のマクロ定義などもきちんと補わないとコンパイルできません。

List E12-1　ファイルの最初の 5 行を表示するプログラムを完成させよう (e1201.c)

```
 1: #include <stdio.h>
 2:
 3: void print_file(char *filename);
 4: int main(int argc, char *argv[]);
 5:
 6: #define ???
 7: #define ???
 8:
 9: int main(int argc, char *argv[])
10: {
11:     printf("ファイルの初めの %d 行を表示するプログラム\n", LINES);
12:     if (argc < 2) {
13:         printf("使用法: %s ファイル名1 ファイル名2 ... \n", argv[0]);
14:         return -1;
15:     }
16:     for (int i = 1; i < argc; i++) {
```

```
17:            print_file( ??? );
18:            printf("\n");
19:        }
20:        return 0;
21:   }
22:
23:   // 指定されたファイルの初めの LINES 行を表示する。
24:   // LINES 行までいたらないファイルはファイルの終わりまで表示する。
25:   void print_file(char *filename)
26:   {
27:       FILE *fp = fopen( ???, ??? );
28:       if ( ??? ) {
29:           printf("ファイル %s が見つかりません。\n", filename);
30:           return;
31:       }
32:       printf("==== %s ====\n", filename);
33:       for (int i = 0; i < LINES; i++) {
34:           char buffer[BUFFER_SIZE];
35:           if (fgets(buffer, BUFFER_SIZE, fp) == NULL) {
36:               ???
37:           }
38:           printf("%s", buffer);
39:       }
40:       ???
41:   }
```

期待する実行例は次のようになります。

期待する実行例

```
$ ./a1201 1203.c 1204.c 1205.c       ……… 1203.c, 1204.c, 1205.cを指定
ファイルの初めの5行を表示するプログラム
==== 1203.c ====      ……………………………… 1つ目のファイル
#include <stdio.h>
#include <stdlib.h>

int main(int argc, char *argv[]);


==== 1204.c ====      ……………………………… 2つ目のファイル
#include <stdio.h>
```

```
#define BUFFER_SIZE 512

int main(int argc, char *argv[]);

==== 1205.c ====       .......................................   3つ目のファイル
#include <stdio.h>
#include <stdlib.h>
#include <string.h>

#define BUFFER_SIZE 1024
```

■ 問題 12-2   (解答は p. 427)

　List E12-2 は、ファイルの内容を 16 進法で表示するプログラムの作成途中ですが、このままではまったく動作しません。これを p. 425 の実行例のように正しく動作するようにしてください。その際、以下の点に注意してください。

- 左端にはファイル先頭からの位置を 16 進法で表示
- 1 バイトずつスペースを開けて表示するが、中央部では - を表示

ヒント：変数 offset はファイルの先頭から何バイト目にあるかを表す変数です。

　なお、このようなプログラムは 16 進ダンプ (dump) プログラムといいます。

List E12-2　16 進ダンププログラム (e1202.c)

```
 1:  #include <stdio.h>
 2:
 3:  int main(int argc, char *argv[]);
 4:
 5:  int main(int argc, char *argv[])
 6:  {
 7:      printf("16 進ダンププログラム\n");
 8:      if (argc != 2) {
 9:          printf("使用法：%s ファイル名\n", argv[0]);
10:          return -1;
11:      }
12:
13:      char *filename = argv[1];
```

```
14:
15:        FILE *fp = fopen(filename, "rb");
16:        if (fp == NULL) {
17:            printf("ファイル %s が見つかりません。\n", filename);
18:            return -1;
19:        }
20:
21:        long offset = 0L;
22:        int c;
23:        while ( ??? fgetc(fp) ??? ) {
24:            ???
25:            printf("%08lX : ", offset);
26:            printf("%02X", (unsigned char)c);
27:            printf("\n");
28:        }
29:
30:        ???
31:
32:        return 0;
33: }
```

16進ダンププログラムの実行例

```
$ ./a1202 a1202.c          ................  ファイル名 a1202.c を指定して実行
16進ダンププログラム        ..............   ファイルの内容が 16 進法で表示される
00000000 :   23 69 6E 63 6C 75 64 65-20 3C 73 74 64 69 6F 2E
00000010 :   68 3E 0A 0A 69 6E 74 20-6D 61 69 6E 28 69 6E 74
00000020 :   20 61 72 67 63 2C 20 63-68 61 72 20 2A 61 72 67
00000030 :   76 5B 5D 29 3B 0A 0A 69-6E 74 20 6D 61 69 6E 28
00000040 :   69 6E 74 20 61 72 67 63-2C 20 63 68 61 72 20 2A
00000050 :   61 72 67 76 5B 5D 29 0A-7B 0A 20 20 20 20 46 49
00000060 :   4C 45 20 2A 66 70 3B 0A-20 20 20 20 69 6E 74 20
00000070 :   63 3B 0A 20 20 20 20 6C-6F 6E 67 20 6F 66 66 73
00000080 :   65 74 3B 0A 20 20 20 20-0A 20 20 20 20 70 72 69
...
00000330 :   20 20 20 20 20 6F 66 66-73 65 74 2B 2B 3B 0A 20
00000340 :   20 20 20 7D 0A 20 20 20-20 70 72 69 6E 74 66 28
00000350 :   22 5C 6E 22 29 3B 0A 20-20 20 20 66 63 6C 6F 73
00000360 :   65 28 66 70 29 3B 0A 20-20 20 20 72 65 74 75 72
00000370 :   6E 20 30 3B 0A 7D 0A
```

● 練習問題の解答

□ 問題 12-1 の解答   （問題は p. 422）

List A12-1　問題 12-1 の解答 (a1201.c)

```
 1: #include <stdio.h>
 2:
 3: void print_file(char *filename);
 4: int main(int argc, char *argv[]);
 5:
 6: #define LINES 5 // 何行表示するか
 7: #define BUFFER_SIZE 512
 8:
 9: int main(int argc, char *argv[])
10: {
11:     printf("ファイルの初めの %d 行を表示するプログラム\n", LINES);
12:     if (argc < 2) {
13:         printf("使用法：%s ファイル名1 ファイル名2 ... \n", argv[0]);
14:         return -1;
15:     }
16:     for (int i = 1; i < argc; i++) {
17:         print_file( argv[i] );
18:         printf("\n");
19:     }
20:     return 0;
21: }
22:
23: // 指定されたファイルの初めの LINES 行を表示する。
24: // LINES 行までいたらないファイルはファイルの終わりまで表示する。
25: void print_file(char *filename)
26: {
27:     FILE *fp = fopen( filename , "r" );
28:     if ( fp == NULL ) {
29:         printf("ファイル %s が見つかりません。\n", filename);
30:         return;
31:     }
32:     printf("==== %s ====\n", filename);
33:     for (int i = 0; i < LINES; i++) {
34:         char buffer[BUFFER_SIZE];
35:         if (fgets(buffer, BUFFER_SIZE, fp) == NULL) {
36:             break;
37:         }
```

```
38:         printf("%s", buffer);
39:     }
40:     if (fclose(fp)) {
41:         printf("ファイル %s のクローズでエラーが起きました。\n", filename);
42:     }
43: }
```

　関数 print_file は指定されたファイルを読み込み用にオープンして、その初めの LINES 行を表示するものです。関数 main では、コマンドラインで指定されたファイル名を順番に関数 print_file への引数として渡しています（17 行目）。関数 print_file の中でちゃんとファイルをクローズするのを忘れないようにしましょう（40 行目）。これを忘れると、オープンしっぱなしのファイルがどんどん増えてしまいます。OS には同時にオープンできるファイル数の制限がありますので、それを超えるとエラーになります。関数 fopen が NULL を返したときは、関数 fclose を呼ぶ必要はありません。

□ 問題 12-2 の解答　　　　　　　　　　　　　　（問題は p. 424）

List A12-2　問題 12-2 の解答（a1202.c）

```
 1: #include <stdio.h>
 2:
 3: int main(int argc, char *argv[]);
 4:
 5: int main(int argc, char *argv[])
 6: {
 7:     printf("16 進ダンププログラム\n");
 8:     if (argc != 2) {
 9:         printf("使用法: %s ファイル名\n", argv[0]);
10:         return -1;
11:     }
12:
13:     char *filename = argv[1];
14:
15:     FILE *fp = fopen(filename, "rb");
16:     if (fp == NULL) {
17:         printf("ファイル %s が見つかりません。\n", filename);
18:         return -1;
19:     }
```

```
20:
21:        long offset = 0L;
22:        int c;
23:        while ((c = fgetc(fp)) != EOF) {
24:            int column = offset % 16;
25:
26:            if (column == 0) {
27:                printf("%08lX : ", offset);
28:            }
29:            printf("%02X", (unsigned char)c);
30:            if (column == 7) {
31:                printf("-");
32:            } else {
33:                printf(" ");
34:            }
35:            if (column == 15) {
36:                printf("\n");
37:            }
38:            offset++;
39:        }
40:        printf("\n");
41:
42:        if (fclose(fp)) {
43:            printf("ファイル %s のクローズでエラーが起きました。\n", filename);
44:            return -1;
45:        }
46:
47:        return 0;
48:    }
```

変数columnの値は、1行のうち現在何桁目を表示しようとしているかを0〜15の値で表しています。

■ おわりに

　さあ、これで『C言語プログラミングレッスン』はおわりです。
　いかがでしたか。
　初回ではわからなくても、二回、三回と読み返すうちにわかってくることもありますので、もう一度読み返してみてください。
　本書の初めの章は、もうやさしすぎると感じるかもしれませんね。初回では読み飛ばしたかもしれない読解練習や、ちょっと一言のコーナー、それに練習問題などにも挑戦してみてください。
　また、本書に登場したサンプルプログラムを書き換えて、あなたなりのプログラムを作ってみてくださいね！

付録

■ 付録: 0 から 255 までの整数

- 2 進法、8 進法、10 進法、16 進法は、数の表記法です。私たちが普段使っている数の表記法は 10 進法です。
- **10 進法**で使う数字は 0,1,2,3,4,5,6,7,8,9 の 10 種類で、10 ごとに桁上がりします。たとえば、10 進法で表した 2501 は次の式で表される値になります。

$$\underline{2} \times 10^3 + \underline{5} \times 10^2 + \underline{0} \times 10^1 + \underline{1} \times 10^0 = 2501$$

C 言語ではこれを 2501 と書きます。

- **2 進法**で使う数字は 0 と 1 の 2 種類で、2 ごとに桁上がりします。
たとえば、2 進法で表した 1101 は次の式で表される値（10 進法で表した 13）に等しくなります。

$$\underline{1} \times 2^3 + \underline{1} \times 2^2 + \underline{0} \times 2^1 + \underline{1} \times 2^0 = 13$$

C 言語では 2 進法で数を書く方法はありません。

- **8 進法**で使う数字は 0,1,2,3,4,5,6,7 の 8 種類で、8 ごとに桁上がりします。
たとえば、8 進法で表した 137 は次の式で表される値（10 進法で表した 95）に等しくなります。

$$\underline{1} \times 8^2 + \underline{3} \times 8^1 + \underline{7} \times 8^0 = 95$$

8 進法は、2 進法の表記を 3 桁ごと（3 ビットごと）に区切って表していることになります。

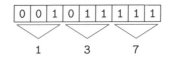

8 進法は 2 進法を 3 桁ごとに区切る

C 言語では 0137 のように 0 を初めに書けば 8 進法表記になります。

- **16 進法**で使う数字は 0,1,2,3,4,5,6,7,8,9,A,B,C,D,E,F の 16 種類で、16 ごとに桁上がりします。A から F までは、10 から 15 までをそれぞれ表します。

  たとえば、16 進法で表した 1F は次の式で表される値（10 進法で表した 31）に等しくなります。

  $$\underline{1} \times 16^1 + \underline{15} \times 16^0 = 31$$

  16 進法は、2 進法の表記を 4 桁ごと（4 ビットごと）に区切って表していることになります。

  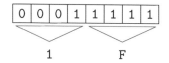

  16 進法は 2 進法を 4 桁ごとに区切る

  C 言語では <u>0x1F</u> や <u>0x1f</u> のように 0x を初めに書けば 16 進法表記になります。

2進	8進	10進	16進	2進	8進	10進	16進	2進	8進	10進	16進	2進	8進	10進	16進
00000000	000	0	00	01000000	100	64	40	10000000	200	128	80	11000000	300	192	C0
00000001	001	1	01	01000001	101	65	41	10000001	201	129	81	11000001	301	193	C1
00000010	002	2	02	01000010	102	66	42	10000010	202	130	82	11000010	302	194	C2
00000011	003	3	03	01000011	103	67	43	10000011	203	131	83	11000011	303	195	C3
00000100	004	4	04	01000100	104	68	44	10000100	204	132	84	11000100	304	196	C4
00000101	005	5	05	01000101	105	69	45	10000101	205	133	85	11000101	305	197	C5
00000110	006	6	06	01000110	106	70	46	10000110	206	134	86	11000110	306	198	C6
00000111	007	7	07	01000111	107	71	47	10000111	207	135	87	11000111	307	199	C7
00001000	010	8	08	01001000	110	72	48	10001000	210	136	88	11001000	310	200	C8
00001001	011	9	09	01001001	111	73	49	10001001	211	137	89	11001001	311	201	C9
00001010	012	10	0A	01001010	112	74	4A	10001010	212	138	8A	11001010	312	202	CA
00001011	013	11	0B	01001011	113	75	4B	10001011	213	139	8B	11001011	313	203	CB
00001100	014	12	0C	01001100	114	76	4C	10001100	214	140	8C	11001100	314	204	CC
00001101	015	13	0D	01001101	115	77	4D	10001101	215	141	8D	11001101	315	205	CD
00001110	016	14	0E	01001110	116	78	4E	10001110	216	142	8E	11001110	316	206	CE
00001111	017	15	0F	01001111	117	79	4F	10001111	217	143	8F	11001111	317	207	CF
00010000	020	16	10	01010000	120	80	50	10010000	220	144	90	11010000	320	208	D0
00010001	021	17	11	01010001	121	81	51	10010001	221	145	91	11010001	321	209	D1
00010010	022	18	12	01010010	122	82	52	10010010	222	146	92	11010010	322	210	D2
00010011	023	19	13	01010011	123	83	53	10010011	223	147	93	11010011	323	211	D3
00010100	024	20	14	01010100	124	84	54	10010100	224	148	94	11010100	324	212	D4
00010101	025	21	15	01010101	125	85	55	10010101	225	149	95	11010101	325	213	D5
00010110	026	22	16	01010110	126	86	56	10010110	226	150	96	11010110	326	214	D6
00010111	027	23	17	01010111	127	87	57	10010111	227	151	97	11010111	327	215	D7
00011000	030	24	18	01011000	130	88	58	10011000	230	152	98	11011000	330	216	D8
00011001	031	25	19	01011001	131	89	59	10011001	231	153	99	11011001	331	217	D9
00011010	032	26	1A	01011010	132	90	5A	10011010	232	154	9A	11011010	332	218	DA
00011011	033	27	1B	01011011	133	91	5B	10011011	233	155	9B	11011011	333	219	DB
00011100	034	28	1C	01011100	134	92	5C	10011100	234	156	9C	11011100	334	220	DC
00011101	035	29	1D	01011101	135	93	5D	10011101	235	157	9D	11011101	335	221	DD
00011110	036	30	1E	01011110	136	94	5E	10011110	236	158	9E	11011110	336	222	DE
00011111	037	31	1F	01011111	137	95	5F	10011111	237	159	9F	11011111	337	223	DF
00100000	040	32	20	01100000	140	96	60	10100000	240	160	A0	11100000	340	224	E0
00100001	041	33	21	01100001	141	97	61	10100001	241	161	A1	11100001	341	225	E1
00100010	042	34	22	01100010	142	98	62	10100010	242	162	A2	11100010	342	226	E2
00100011	043	35	23	01100011	143	99	63	10100011	243	163	A3	11100011	343	227	E3
00100100	044	36	24	01100100	144	100	64	10100100	244	164	A4	11100100	344	228	E4
00100101	045	37	25	01100101	145	101	65	10100101	245	165	A5	11100101	345	229	E5
00100110	046	38	26	01100110	146	102	66	10100110	246	166	A6	11100110	346	230	E6
00100111	047	39	27	01100111	147	103	67	10100111	247	167	A7	11100111	347	231	E7
00101000	050	40	28	01101000	150	104	68	10101000	250	168	A8	11101000	350	232	E8
00101001	051	41	29	01101001	151	105	69	10101001	251	169	A9	11101001	351	233	E9
00101010	052	42	2A	01101010	152	106	6A	10101010	252	170	AA	11101010	352	234	EA
00101011	053	43	2B	01101011	153	107	6B	10101011	253	171	AB	11101011	353	235	EB
00101100	054	44	2C	01101100	154	108	6C	10101100	254	172	AC	11101100	354	236	EC
00101101	055	45	2D	01101101	155	109	6D	10101101	255	173	AD	11101101	355	237	ED
00101110	056	46	2E	01101110	156	110	6E	10101110	256	174	AE	11101110	356	238	EE
00101111	057	47	2F	01101111	157	111	6F	10101111	257	175	AF	11101111	357	239	EF
00110000	060	48	30	01110000	160	112	70	10110000	260	176	B0	11110000	360	240	F0
00110001	061	49	31	01110001	161	113	71	10110001	261	177	B1	11110001	361	241	F1
00110010	062	50	32	01110010	162	114	72	10110010	262	178	B2	11110010	362	242	F2
00110011	063	51	33	01110011	163	115	73	10110011	263	179	B3	11110011	363	243	F3
00110100	064	52	34	01110100	164	116	74	10110100	264	180	B4	11110100	364	244	F4
00110101	065	53	35	01110101	165	117	75	10110101	265	181	B5	11110101	365	245	F5
00110110	066	54	36	01110110	166	118	76	10110110	266	182	B6	11110110	366	246	F6
00110111	067	55	37	01110111	167	119	77	10110111	267	183	B7	11110111	367	247	F7
00111000	070	56	38	01111000	170	120	78	10111000	270	184	B8	11111000	370	248	F8
00111001	071	57	39	01111001	171	121	79	10111001	271	185	B9	11111001	371	249	F9
00111010	072	58	3A	01111010	172	122	7A	10111010	272	186	BA	11111010	372	250	FA
00111011	073	59	3B	01111011	173	123	7B	10111011	273	187	BB	11111011	373	251	FB
00111100	074	60	3C	01111100	174	124	7C	10111100	274	188	BC	11111100	374	252	FC
00111101	075	61	3D	01111101	175	125	7D	10111101	275	189	BD	11111101	375	253	FD
00111110	076	62	3E	01111110	176	126	7E	10111110	276	190	BE	11111110	376	254	FE
00111111	077	63	3F	01111111	177	127	7F	10111111	277	191	BF	11111111	377	255	FF

■ 付録：ASCII コード表

	00	10	20	30	40	50	60	70
00	NUL	DLE	SP	0	@	P	`	p
01	SOH	DC1	!	1	A	Q	a	q
02	STX	DC2	"	2	B	R	b	r
03	ETX	DC3	#	3	C	S	c	s
04	EOT	DC4	$	4	D	T	d	t
05	ENQ	NAK	%	5	E	U	e	u
06	ACK	SYN	&	6	F	V	f	v
07	BEL	ETB	'	7	G	W	g	w
08	BS	CAN	(	8	H	X	h	x
09	HT	EM	)	9	I	Y	i	y
0A	LF	SUB	*	:	J	Z	j	z
0B	VT	ESC	+	;	K	[	k	{
0C	FF	FS	,	<	L	\	l	|
0D	CR	GS	-	=	M	]	m	}
0E	SO	RS	.	>	N	^	n	~
0F	SI	US	/	?	O	_	o	DEL

■ 付録：エスケープシーケンス

表記	文字	ASCII コード	意味
\'	'	27	一重引用符（'）
\"	"	22	二重引用符（"）
\?	?	3F	疑問符（?）
\\	\	5C	バックスラッシュ（\）
\a	BEL	07	警告（ベル）
\b	BS	08	後退（バックスペース）
\f	FF	0C	改ページ（フォームフィード）
\n	LF	0A	改行（ラインフィード）
\r	CR	0D	復帰（キャリッジリターン）
\t	HT	09	タブ
\v	VT	0B	垂直タブ
\0	NUL	00	ナル文字
\0octal			8進法表記で octal の ASCII コードの文字
\xhex			16進法表記で hex の ASCII コードの文字

■ 付録：C 言語の要約

❙ 関数 main（第 1 章、第 6 章）

```
#include <stdio.h>

int main(int argc, char *argv[]);

int main(int argc, char *argv[])
{
    printf("Hello, world.\n");
    for (int i = 0; i < argc; i++) {
        printf("%d: \"%s\"\n", i, argv[i]);
    }
    return 0;
}
```

❙ コメント（p. 84）

```
// コメント

/* コメント */

/*
 コメント
 */
```

❙ プリプロセッサ（p. 276）

```
#include <stdio.h>

#define BUFFER_SIZE 512
```

❙ if 文（第 4 章）

```
if (n >= 50) {
    printf("%d は 50 以上です。\n", n);
} else {
```

```
    printf("%d は 50 未満です。\n", n);
}
```

switch 文（第 5 章）

```
switch (n) {
case 1:
    printf("コーヒーです。\n");
    break;

case 2:
    printf("ミルクティです。\n");
    break;

default:
    printf("どちらでもありません。\n");
    break;
}
```

for 文（第 6 章）

```
for (int i = 0; i < 3; i++) {
    printf("%d\n", i);
}
```

while 文（第 7 章）

```
int i = 0;
while (i < 3) {
    printf("%d\n", i);
    i++;
}
```

定数

123	整数 (int)
0x12ab	整数 (int) の 16 進表記
033	整数 (int) の 8 進表記

```
12345678L      整数 (long)
123.0          浮動小数点数 (double)
"Hello\n"      文字列
'x'            文字 x
'\0'           ナル文字
'\n'           改行文字
```

変数定義

```
char c;           文字 c
int n;            整数 n
long x;           長い整数 x
float f;          浮動小数点数 f
double d;         倍精度浮動小数点数 d
char *p;          文字へのポインタ p
char a[10];       文字の配列 a
struct data x;    構造体 data 型の変数 x
```

関数 (第8章)

```
int add(int a, int b);

int add(int a, int b)
{
    int c = a + b;
    return c;
}
```

配列 (第9章)

```
int a[3] = { 10, 20, 30 };

a[0] = 100;
a[1] = 110;
a[2] = 120;

for (int i = 0; i < 3; i++) {
    printf("%d: %d\n", i, a[i]);
}
```

構造体（第 10 章）

```
struct student {
    int id;
    char name[50];
    int kokugo;
    int suugaku;
    int eigo;
};

struct student s = { 10, "Yamada", 65, 70, 80 };

printf("id: %d\n", s.id);
printf("name: %s\n", &s.name[0]);
printf("kokugo: %d\n", s.kokugo);
printf("suugaku: %d\n", s.suugaku);
printf("eigo: %d\n", s.eigo);

struct student *sp = &s;

printf("id: %d\n", sp->id);
printf("name: %s\n", &sp->name[0]);
printf("kokugo: %d\n", sp->kokugo);
printf("suugaku: %d\n", sp->suugaku);
printf("eigo: %d\n", sp->eigo);
```

ポインタ（第 11 章）

```
int x;          int 型の変数
int *p;         int 型の変数を指すポインタ
int **pp;       int 型の変数を指すポインタを指すポインタ

x = 100;        変数 x に 100 を代入
p = &x;         ポインタ p に変数 x のアドレスを代入
pp = &p;        ポインタ pp にポインタ p のアドレスを代入

printf("%d\n", x);      変数 x の値
printf("%p\n", p);      ポインタ p の値
printf("%d\n", *p);     ポインタ p が指す変数の値
printf("%p\n", pp);     ポインタ pp の値
printf("%p\n", *pp);    ポインタ pp が指すポインタの値
```

printf("%d\n", **pp);　ポインタ pp が指すポインタが指す変数の値

■ 付録：キーワード（予約語）

C99

auto	break	case	char	const
continue	default	do	double	else
enum	extern	float	for	goto
if	inline	int	long	register
restrict	return	short	signed	sizeof
static	struct	switch	typedef	union
unsigned	void	volatile	while	_Bool
_Complex	_Imaginary			

C11 （追加分）

_Alignas	_Alignof	_Atomic
_Generic	_Noreturn	_Static_assert
_Thread_local		

■ 付録：演算子

優先度	結合性	演算子
1	→	() [] -> . ++ -- (型名){初期化子並び}
2	←	! ~ ++ -- + - * & sizeof
3	←	(型名)
4	→	* / %
5	→	+ -
6	→	<< >>
7	→	< <= > >=
8	→	== !=
9	→	&
10	→	^
11	→	|
12	→	&&
13	→	||
14	←	?:
15	←	= += -= *= /= %= &= ^= |= <<= >>=
16	→	,

優先度	優先度は、演算子を優先する度合いを表します。数の小さい演算子を優先します。
結合性	結合性は、同じ優先度の演算子が並んだときに左から右（→）に進むか、右から左（←）に進むかを表します。たとえば、優先度5の - の結合性は「→」で、5 - 3 - 1は(5 - 3) - 1の意味です。またたとえば、優先度15の = の結合性は「←」で、x = y = 0はx = (y = 0)の意味です。
(型名)	優先度1の(型名){初期化子並び}は、(int[]){ 1, 2, 3 }のような複合リテラルです。この演算子は本文中では解説していません。 優先度3の(型名)は、(double)nのようなキャスト演算子です。
++ --	優先度1の++と--は、x++やp--のような後置演算子です。 優先度2の++と--は、++xや--pのような前置演算子です。 前置演算子は本文中では解説していません。
+ -	優先度2の+と-は、+3や-xのような単項演算子です。 優先度5の+と-は、1 + 2やx - yのような二項演算子です。
*	優先度2の*は、*pのような単項演算子です。 優先度4の*は、3 * 4のような二項演算子です。

&	優先度 2 の & は、&x のような参照演算子です。 優先度 9 の & は、x & y のような二項演算子です。この演算子は本文中では解説していません。x & y は変数 x と変数 y のビットごとの論理積を求める式です。
,	優先度 16 の , は、カンマ演算子です。この演算子は本文中では解説していません。式 1 , 式 2 という式の値は、式 1 を評価した後に式 2 を評価した値になります。
<< >>	優先度 6 の << と >> は、シフト演算子です。この演算子は本文中では解説していません。式 1 << シフト数という式の値は、式 1 の値をシフト数だけ左にビットシフトした値になります。演算子 >> の場合は、右にビットシフトした値になります。
& ^ |	演算子 & と ^ と | は本文中では解説していません。それぞれ論理積、排他的論理和、論理和をビットごとに求める二項演算子です。
?:	優先度 14 の ?: は、条件判断を行う三項演算子です。式 1 ? 式 2 : 式 3 を評価すると、まず式 1 を評価します。その結果が真ならば式 2 を評価して、その値がこの式全体の値となります。偽ならば式 3 を評価して、その値がこの式全体の値となります。
!	優先度 2 の ! は否定を表す単項演算子です。x の値が偽なら !x の値は 1 になり、x の値が真なら !x の値は 0 になります。
~	優先度 2 の ~ はビット反転を行う単項演算子です。この演算子は本文中では解説していません。式 ~x の値は、式 x の値の全ビットを反転した値になります。

■ 付録：標準ヘッダ

`<assert.h>`	診断機能。マクロ assert など。
`<complex.h>`	複素数計算。マクロ complex など。
`<ctype.h>`	文字操作。関数 isupper など。（p. 203）
`<errno.h>`	エラー。マクロ errno など。
`<fenv.h>`	浮動小数点環境。型 fenv_t など。
`<float.h>`	浮動小数点型の特性。
`<inttypes.h>`	整数型の書式変換。
`<iso646.h>`	代替綴り。マクロ and や bitand など。
`<limits.h>`	整数型の大きさ。INT_MAX など。（p. 206）
`<locale.h>`	文化圏固有操作。setlocale など。
`<math.h>`	数学。sin, sinf, sinl など。（p. 341）
`<setjmp.h>`	非局所分岐。jmp_buf, setjmp, longjmp など。
`<signal.h>`	シグナル操作。
`<stdalign.h>`	（C11）アラインメント。alignas, alignof など。
`<stdarg.h>`	可変個の実引数。
`<stdatomic.h>`	（C11）アトミック操作。atomic_int など。
`<stdbool.h>`	論理型と論理値。bool, true, false など。（p. 129）
`<stddef.h>`	共通定義。size_t や ptrdiff_t など。
`<stdint.h>`	整数型。int32_t など。（p. 51）
`<stdio.h>`	入出力。printf, FILE, EOF, stderr など。（p. 28）
`<stdlib.h>`	一般ユーティリティ。atoi, rand など。（p. 78）
`<stdnoreturn.h>`	（C11）noreturn マクロ定義。
`<string.h>`	文字列操作。strcpy, strcmp, strlen など。（p. 301）
`<tgmath.h>`	型総称数学関数。
`<threads.h>`	（C11）スレッド操作。thread_local など。
`<time.h>`	日付と時間。time, time_t, struct tm など。（p. 88）
`<uchar.h>`	（C11）Unicode ユーティリティ。c32rtomb など。
`<wchar.h>`	多バイト文字とワイド文字拡張。
`<wctype.h>`	ワイド文字種分類。

■ 付録：関数 printf の書式文字列

関数 printf の書式文字列について概略を説明します。書式文字列は、

"%[フラグ][最小フィールド幅][.精度][長さ修飾子]変換指定子"

という形式をしており、はじめの % と変換指定子以外は省略可能です。

フラグ

フラグは、出力の詰め方や出力形式を指定します。

フラグ	意味
-	左詰め（省略すると右詰め）
+	符号付き（省略すると負のときのみ符号付き）
スペース	最初の文字が符号でなければスペース付き
0	フィールド幅まで0を前に付けます
#	変換指定子に応じた見やすい代替形式にします

変換指定子	代替形式
o	最初の桁を0にします
x	最初に0xを付けます
X	最初に0Xを付けます
a, A, e, E, f, F	強制的に小数点を付けます
g, G	強制的に小数点を付け、後続の0も省略しません

最小フィールド幅

最小フィールド幅は、出力の最小幅を指定します。

- 0以上の数でフィールド幅を指定します（10進法表記）。
- 少なくともここで指定した幅で出力しますが、必要ならさらに広い幅で出力します。
- 指定した幅よりも狭い出力になる場合には、残りのフィールド幅はスペースで満たしますが、フラグが指定されていたらそれに従います。
- フィールド幅に * を指定した場合は、対応する引数（int）の値をフィールド幅とします。

精度

精度は、出力する数字の個数ですが、変換指定子ごとに意味が変わります。

- 0以上の数で精度を指定します（10進表記）
- 精度に*を指定した場合は、対応する引数（int）の値を精度とします。

変換指定子	精度の意味
d, i, o, u, x, X	出力する数字の最小個数
a, A, e, E, f, F	小数点より右に出力する数字の個数
g, G	最大の有効桁数
s	最大のバイト数

長さ修飾子

長さ修飾子は、対応する引数の「型の長さ」を指定します。

長さ修飾子	型の長さ
hh	signed char型またはunsigned char型として出力
h	short int型またはunsigned short型として出力
l	long int型またはunsigned long int型として出力
ll	long long int型またはunsigned long long int型として出力
j	intmax_t型またはuintmax_t型として出力
z	size_t型として出力
t	ptrdiff_t型として出力
L	long double型として出力

- size_t型は演算子sizeofの型です。
- ptrdiff_t型はポインタの差を表す型です。

変換指定子

変換指定子は、対応する引数の出力形式を指定します。

変換指定子	引数の型	出力形式
d	int	10進法で符号付き（1234や-1234の形式）
i	int	同上
o	int	8進法で符号無し
x	int	16進法で符号無し（英文字はabcdefを使用）
X	int	16進法で符号無し（英文字はABCDEFを使用）
u	int	10進法で符号無し
c	int	文字（unsigned charに変換）
s	char *	文字列（'\0'が来るか、指定した精度まで出力）
f,F	double	10進法（123.456や-123.456の形式） （小数以下の桁数は精度で指定。値の丸めあり）
e	double	10進法で[-]1.234567e±01の形式 （小数以下の桁数は精度で指定。値の丸めあり）
E	double	10進法で[-]1.234567E±01の形式 （小数以下の桁数は精度で指定。値の丸めあり）
g	double	精度に従ってeとfのいずれかを使用
G	double	精度に従ってEとFのいずれかを使用
a	double	16進法で[-]0x1.2345p±01の形式
A	double	16進法で[-]0X1.2345P±01の形式
p	void *	ポインタとして出力（処理系依存）
n	int *	これまで出力した文字数を引数に返す （セキュリティ上の問題を含むのでC11で廃止）
%		%そのものを出力

- C11にはセキュリティに配慮した関数printf_sがあります。

■ 付録：コンパイラのインストール

C 言語でプログラミングを行うには、C 言語のコンパイラが必要です。

正確にはコンパイラだけではなく「コンパイラ、標準ヘッダ、標準ライブラリを含む開発環境一式」が必要ですが、簡単のために「コンパイラ」あるいは「開発環境」とのみ書きます。

本書では C99 という標準規格で解説をしていますので、C99 に対応したコンパイラをインストールする（自分のコンピュータで動作するように設定する）ことになります。

具体的な手順は頻繁に変化しますので、ステップ・バイ・ステップでの手順はここでは解説しません。提供元の Web サイトに書かれている手順、インストーラを起動したときに表示される指示、あるいは Web を検索して見つかる技術記事などを参考にしてください。以下では、インストールのための基本情報を紹介します。

Mac（macOS）

Xcode（エックスコード）という開発環境が Apple 社から提供されています。Mac でアプリをインストールする標準的な手段である App Store（アップ・ストア）から Xcode をインストールしてください。さらに追加で Command Line Tools をインストールすると、clang（クラン）というコマンド名で、コンパイラが使えるようになります。

インストール終了後、コマンドを入力する端末（ターミナルソフト）から次のように入力します。

```
$ clang -version
```

これで、コンパイラのバージョン情報が表示されたら正しくインストールされています。実は、gcc（ジーシーシー）というコマンド名でも同じコンパイラが動きます。次のように入力すると、同じバージョン情報が表示されるはずです。

```
$ gcc -version
```

本書では gcc というコマンド名で解説をしています。

Linux（あるいは他の UNIX 系 OS）

最初からコンパイラがインストールされていて、gcc（ジーシーシー）というコマンド名

でコンパイラが動くようになっている場合が多いでしょう。コマンドを入力する端末（ターミナルソフト）で以下のように入力します。

```
$ gcc -version
```

これで、コンパイラのバージョン情報が表示されたら正しくインストールされています。

インストールされていない場合には、システム管理者に「C 言語のコンパイラを使いたい」と尋ねてください。もしもあなた自身がシステム管理者ならば、使っているパッケージマネージャを使って gcc をインストールしてください。

Windows

Visual Studio Community （cl コマンド）

Visual Studio Community という開発環境が Microsoft 社の Web サイトで無償で提供されています。インストール終了後、「開発者コマンドプロンプト」を Windows 内で検索し「開発者コマンドプロンプト for VS 20XX」というコマンドを見つけて実行します（20XX は年によって変わります）。そうすると背景が黒いウインドウが開き、次のように cl コマンドが入力できる状態になります。

```
C:¥Program Files (x80)¥Microsoft Visual Studio¥20XX¥Communitiy> mkdir ¥work
C:¥Program Files (x80)¥Microsoft Visual Studio¥20XX¥Communitiy> cd ¥work
C:¥work> cl
Microsoft(R) C/C++ Optimizing Compiler Version...
Copyright (C) Microsoft Corporation...

使い方: cl [ オプション... ] ファイル名... [ /link リンク オプション... ]
```

Visual Studio Community （clang コマンド）

Visual Studio Community という開発環境が Microsoft 社の Web サイトで無償で提供されています。インストール終了後、コマンドプロンプトを起動して、clang と link というコマンドが実行できるように環境変数を整える必要があります。それが済むと、コマンドラインから clang コマンドが使えるようになります。

■ 付録：コンパイラのオプション

gcc および clang の場合

　本書のサンプルプログラムは、基本的に以下のようなオプションを付けてコンパイルします。clang を使う場合には、以下の説明の gcc を clang に置き換えて読んでください。

```
$ gcc -std=c99 -Wall -o hello hello.c
```

　`-std=c99` は、C99 に準拠したプログラムであることを指定するオプションです。

　`-Wall` は、主な警告（Warning）をすべて（all）有効にするオプションです。構文の誤りをチェックすることはもちろんのこと、使っていない局所変数の警告、関数 printf で % で求められている引数の数が一致しないときの警告、初期化されていない変数への参照の警告など、多くの警告を有効にします。

　`-o hello` は、コンパイルして作られる実行ファイルを指定します。ここでは hello が実行ファイル名になります。-o hello を省略すると、a.out が実行ファイル名になります。

　gcc の主なオプションを以下に示します。

- `gcc -version`
  gcc のバージョン情報を表示する
- `gcc file.c`
  file.c をコンパイルして実行ファイル a.out を作る
- `gcc -o file file.c`
  file.c をコンパイルして実行ファイル file を作る
- `gcc -c file.o file.c`
  file.c をコンパイルしてオブジェクトファイル file.o を作るが実行ファイルは作らない
- `gcc -std=c99 -o hello hello.c`
  C99 の規格を指定してコンパイルする
- `gcc -Wall -o hello hello.c`
  すべての警告を有効にする

- `gcc -help`
  オプションを表示する

clの場合（Windows）

本書のサンプルプログラムは、基本的に以下のようなオプションを付けてコンパイルします。

   C:¥work> `cl /Wall hello.c`

`/Wall` は、主な警告（<u>W</u>arning）をすべて（<u>all</u>）有効にするオプションです。
clコマンドではソースコードが1つの場合、ソースファイル名をもとにして実行ファイル名を決めます。たとえば、hello.c からは hello.exe が作られます。

clの主なオプションを以下に示します。

- `cl`
  clのバージョン情報を表示する
- `cl file.c`
  file.c をコンパイルして実行ファイル file.exe を作る
- `cl /c file.c`
  file.c をコンパイルしてオブジェクトファイル file.obj を作るが実行ファイルは作らない
- `cl /help`
  オプションを表示する

索　引

演算子・その他

演算子 (型名) ························· 264
演算子 ! ····························· 116
演算子 != ················ 98, 192, 197, 214
演算子 * ················· 52, 350, 355, 362
演算子 *= ···························· 272
演算子 + ······························ 52
演算子 ++ ····················· 161, 355, 359
演算子 += ······················· 272, 339
演算子 - ······························ 52
演算子 -- ························ 209, 355
演算子 -= ···························· 272
演算子 -> ···························· 362
演算子 . ····························· 362
演算子 / ······························ 52
演算子 /= ···························· 272
演算子 < ······························ 98
演算子 <= ····························· 98
演算子 = ······················ 62, 89, 197
演算子 == ·························· 98, 214
演算子 > ······························ 98
演算子 >= ························· 97, 98
演算子 % ······························ 88
演算子 %= ···························· 272
演算子 & ······················ 265, 348, 355
演算子 && ······················· 113, 348
演算子 || ···························· 110
2038 年問題 ···························· 51

A

argc ·························· 173, 399
argv ·························· 173, 399

ASCII ······················· 77, 216
関数 atof ························· 94
関数 atoi ················ 78, 137, 221

B

break 文 ···················· 134, 208

C

C11 ································ xix
C99 ································ xix
C99 const ························ 142
C99 for 文の初期化で変数定義 ········ 175
C99 long long int 型 ················ 205
C99 可変長配列は使用しない ·········· 254
C99 標準ヘッダの一覧 ················ 445
CP932 ···························· 267
標準ヘッダ <ctype.h> ········ 29, 203, 215

D

#define ························· 76
do-while 文 ······················· 209

E

EOF ······························ 392
ESCR ······························ xix
ESCR E1.1.3 関数の引数では構造体へのポインタを使う ···················· 337
ESCR M1.2.2 適切な型を示す接尾語を使う　69
ESCR M1.7.3 下線（_）で始まる名前は定義しない ······························ 232
ESCR M1.10.1 意味のある定数はマクロにする
　······························ 263
ESCR M2.1.2 本体をブロック化する ····· 175

ESCR M3.1.4 switch 文の case 節、default 節を break 文で終了させない場合 · 141
ESCR M4.1.1 コーディングスタイルを統一する · 170
ESCR M4.3.1 名前の付け方を統一する · · · · 232
ESCR P1.2.1 言語規格で規定している文字以外の文字を使用する場合には、コンパイラの使用を確認してその使い方を規定する · 232
ESCR P1.5.2 型や変数の大きさは sizeof を使って求める · · · · · · · · · · · · · · · · · · 269
ESCR P2.1.3 ビット幅を定めた型を用いる · 51
ESCR R1.1.1 自動変数は宣言時に初期化する。または値を使用する直前に初期値を代入する · 67
ESCR R1.3.1 ポインタの指す範囲に注意 · · 360
ESCR R2.1.2 浮動小数点型はループカウンタに使わない · · · · · · · · · · · · · · · · · · 165
ESCR R2.2.1 真偽値同士を比較しない · · · · 129
ESCR R2.3.1 符号無し整数定数式は、結果の型で表現できる範囲内で記述する · · 51
ESCR R2.8.3 プロトタイプ宣言は 1 箇所に記述し、関数呼び出しと関数定義の両方から参照する · · · · · · · · · · · · · · · · · 241
ESCR R3.1.2 可変長配列は使用しない · · · · 254
ESCR R3.2.2 NULL でないことを確認してからポインタの指すメモリを参照する · 365
ESCR R3.3.1 エラー情報をテストしなければならない · 390
ESCR R3.5.2 default 条件が発生しないことがわかっている場合 · · · · · · · · · · · · 144
ESCR R3.6.1 評価順序に気をつける · · · · · · 236

F

関数 fabs · 341
FALL THROUGH · 141
偽（false） · 129
関数 fclose · 390
関数 ferror · 392
関数 fgetc · 391, 394
関数 fgets · 73
float · 68
標準ヘッダ <float.h> · · · · · · · · · · · · · · · · 68
関数 fopen · 387
for 文 · 157
関数 fprintf · 404
関数 fputc · 394
関数 fscanf · 327

G

関数 getchar · 193
関数 gets · 92, 327

I

Ideone.com · 5
if 文 · 96
関数 isalnum · 203
関数 isalpha · 203
関数 isdigit · 203
関数 islower · 203
関数 isprint · 203
関数 ispunct · 203
関数 isspace · 203
関数 isupper · 203
関数 isxdigit · 203

L

標準ヘッダ <limits.h> · · · · · 49, 206, 215, 318

M

関数 main · 173
標準ヘッダ <math.h> · · · · · · · · · · · · · · · · 341

N

NOT REACHED · 144
NULL · · · · · · · · · · · · · · · · · · · 173, 364, 389, 399

P

関数 printf · 222, 404
ptrdiff_t · 447
関数 putchar · 199

R

関数 rand · 88, 222
関数 remove · 405
関数 rename · 406

return 文 ··············· 18, 227	一重引用符（'）············· 140

S

関数 scanf ················ 327
Shift_JIS ················ 267
演算子 sizeof ············ 268, 421
size_t ··················· 447
関数 srand ·················· 88
標準ヘッダ <stdbool.h> ······· 129
stderr ··················· 418
stdin ···················· 418
標準ヘッダ <stdint.h> ········· 51
標準ヘッダ <stdio.h> 12, 29, 188, 199, 226, 236, 240, 364, 391, 396, 418
標準ヘッダ <stdlib.h> ····· 88, 94, 226
stdout ··················· 418
関数 strcmp ··············· 374
関数 strcpy ··············· 300
関数 strcpy_s ············· 327
標準ヘッダ <string.h> ····· 301, 374
switch 文 ················· 132

T

標準ヘッダ <time.h> ··········· 88
関数 tolower ·············· 203
関数 toupper ·············· 203
真（true）················· 129

U

Unicode ·················· 267
UTF-8 ················· 22, 267

W

Web サービス ················· 5
while 文 ·················· 186
Windows-31J ·············· 267

ア

アスタリスク ············· 34, 348
値の交換 ·············· 81, 290, 365
値渡し ··················· 369
アドレス ················· 344
アドレス演算子（&）········ 265, 348

インクリメント ············· 355
インデント ················ 170
エラー ···················· 26
エラー処理 ················ 109
エラーメッセージ ··········· 109
エンコーディング ············ 22
演算子 ··················· 443
演算子 (型名)··············· 264
演算子 !··················· 116
演算子 != ········· 98, 192, 197, 214
演算子 * ········· 52, 350, 355, 362
演算子 *= ················· 272
演算子 + ··················· 52
演算子 ++ ··········· 161, 355, 359
演算子 += ·············· 272, 339
演算子 - ··················· 52
演算子 -- ·············· 209, 355
演算子 -= ················· 272
演算子 -> ················· 362
演算子 . ·················· 362
演算子 / ··················· 52
演算子 /= ················· 272
演算子 < ··················· 98
演算子 <= ·················· 98
演算子 = ············· 62, 89, 197
演算子 == ·············· 98, 214
演算子 > ··················· 98
演算子 >= ·············· 97, 98
演算子 %··················· 88
演算子 %= ················· 272
演算子 & ··········· 265, 348, 355
演算子 && ·············· 113, 348
演算子 || ················· 110
演算子 sizeof ············ 268, 421
オーバーフロー ····· 48, 51, 92, 326, 327, 402
オーバーラン ·············· 326
オープン ················· 386

カ

改行（\n）··············· 19, 140
拡張子 ···················· 15
型 ··················· 39, 60

| 型変換 ･･････････････････････ 69, 261
| 関数 ･････････････････････････････ 17
| 関数 atof ･･････････････････････････ 94
| 関数 atoi ･･････････････････ 78, 137, 221
| 関数 fabs ･････････････････････････ 341
| 関数 fclose ･･･････････････････････ 390
| 関数 ferror ･･･････････････････････ 392
| 関数 fgetc ･･･････････････････ 391, 394
| 関数 fgets ････････････････････････ 73
| 関数 fopen ･･･････････････････････ 387
| 関数 fprintf ･････････････････････ 404
| 関数 fputc ･･･････････････････････ 394
| 関数 fscanf ･･････････････････････ 327
| 関数 getchar ･････････････････････ 193
| 関数 gets ･･･････････････････ 92, 327
| 関数 isalnum ･････････････････････ 203
| 関数 isalpha ･････････････････････ 203
| 関数 isdigit ･････････････････････ 203
| 関数 islower ･････････････････････ 203
| 関数 isprint ･････････････････････ 203
| 関数 ispunct ･････････････････････ 203
| 関数 isspace ･････････････････････ 203
| 関数 isupper ･････････････････････ 203
| 関数 isxdigit ････････････････････ 203
| 関数 main ････････････････････････ 173
| 関数 printf ･････････････････ 222, 404
| 関数 putchar ･････････････････････ 199
| 関数 rand ･････････････････････ 88, 222
| 関数 remove ･･････････････････････ 405
| 関数 rename ･･････････････････････ 406
| 関数 scanf ･･･････････････････････ 327
| 関数 srand ････････････････････････ 88
| 関数 strcmp ･･････････････････････ 374
| 関数 strcpy ･･････････････････････ 300
| 関数 strcpy_s ････････････････････ 327
| 関数 tolower ･････････････････････ 203
| 関数 toupper ･････････････････････ 203
| 間接演算子（*）･･･････････････････ 350
| キーワード ･････････････････････ 60, 442
| キャスト演算子 ･･･････････････････ 264
| 切り捨て ･･･････････ 39, 52, 67, 68, 261
| 空行 ････････････････････････････････ 17
| クローズ ･････････････････････････ 386

| 警告 ････････････････････････････････ 26
| コーディングスタイル ･･････････････ 170
| コメント ･･････････････････ 84, 141, 232

サ

| 字下げ ･･･････････････････････････ 169
| 実行 ･･･････････････････････････････ 62
| 出力 ･･･････････････････････････････ 29
| 条件 ･･･････････････････････････････ 96
| 剰余演算子 ･･･････････････････････ 88
| ショートカット ･･････････････ 112, 115
| 初期化 ･･････････････････････････････ 66
| 書式文字列 ･･････････････････････ 446
| 書式文字列（%%）･････････････････ 44
| 書式文字列（%c）･･････････････ 44, 193
| 書式文字列（%d）･････････････････ 35
| 書式文字列（%f）･････････････････ 70
| 書式文字列（%g）･････････････････ 334
| 書式文字列（%p）･････････････････ 350
| 書式文字列（%s）･････････････ 44, 265
| 真偽値 ･････････････････････ 98, 129
| スコープ ･････････････････････････ 176
| 添字 ･････････････････････････ 255, 327

タ

| 注釈 ･･･････････････････････････････ 84
| テキストファイル ･････････････････ 202
| デクリメント ････････････････････ 355
| ド・モルガンの法則 ････････････････ 121

ナ

| ナル ･･･････････････････ 173, 364, 389, 399
| ナルポインタ ････････････････････ 389
| ナル文字（'\0'）･･････････････ 140, 265
| 二重引用符 ･･･････････････････････ 19
| 入力 ･･･････････････････････････････ 29
| ヌルポインタ ････････････････････ 389

ハ

| バイナリファイル ･････････････････ 202
| バグ ･･･････････････････････････････ 28
| バックスラッシュ（\）･･････････････ 140
| 引数 ･･･････････････････････････････ 19

| 評価 ･･････････････････････････ 62, 136
| 標準エラー出力 ････････････････････ 418
| 標準出力 ････････････ 201, 214, 394, 404, 418
| 標準入力 ･････････････････ 201, 214, 418
| 標準ヘッダ `<ctype.h>` ････････････ 29, 203, 215
| 標準ヘッダ `<float.h>` ･･････････････ 68
| 標準ヘッダ `<limits.h>` ････ 49, 206, 215, 318
| 標準ヘッダ `<math.h>` ･････････････ 341
| 標準ヘッダ `<stdbool.h>` ･･････････ 129
| 標準ヘッダ `<stdint.h>` ･･･････････ 51
| 標準ヘッダ `<stdio.h>` 12, 29, 188, 199, 226, 236, 240, 364, 391, 396, 418
| 標準ヘッダ `<stdlib.h>` ･･････ 88, 94, 226
| 標準ヘッダ `<string.h>` ･･････ 301, 374
| 標準ヘッダ `<time.h>` ････････････ 88
| ファイルスコープ ･･････････････････ 176
| 複合文 ･･････････････････････････ 175
| プリプロセッサ ･･････ 29, 76, 188, 276, 419
| ブレース ････････････････････････ 18
| ブロックスコープ ･･････････････････ 176
| プロンプト ･･････････････････････ 5
| 文 ･･････････････････････････････ 62
| `break`文 ･･････････････････ 134, 208
| `do-while`文 ････････････････ 209
| `for`文 ････････････････････ 157
| `if`文 ････････････････････ 96
| `return`文 ････････････････ 18, 227
| `switch`文 ････････････････ 132
| `while`文 ････････････････ 186
| ポインタ ････････････････････････ 344

マ

マクロ定義 ･･････････････････････ 76
無限ループ ･･････････････････ 181, 211
メモリ ････････ 63, 265, 266, 269, 327, 344
文字コード ･････････････････････ 22
文字定数 ･･･････････････････････ 140
文字列 ･･ 18, 71, 140, 264, 301, 326, 353, 374, 400

ヤ

優先度 ････････････････････････ 443
予約語 ････････････････････ 60, 442

ラ

ラップアラウンド ････････････････ 51
リダイレクト ･･･････････････････ 201
ループカウンタ ･･････････････････ 165

●結城浩の著作

『C言語プログラミングのエッセンス』，ソフトバンク，1993（新版：1996）
『C言語プログラミングレッスン　入門編』，ソフトバンク，1994
　　（改訂第2版：1998）
『C言語プログラミングレッスン　文法編』，ソフトバンク，1995
『Perlで作るCGI入門　基礎編』，ソフトバンクパブリッシング，1998
『Perlで作るCGI入門　応用編』，ソフトバンクパブリッシング，1998
『Java言語プログラミングレッスン（上）（下）』，
　　ソフトバンクパブリッシング，1999（改訂版：2003）
『Perl言語プログラミングレッスン　入門編』，
　　ソフトバンクパブリッシング，2001
『Java言語で学ぶデザインパターン入門』，
　　ソフトバンクパブリッシング，2001（増補改訂版：2004）
『Java言語で学ぶデザインパターン入門　マルチスレッド編』，
　　ソフトバンクパブリッシング，2002
『結城浩のPerlクイズ』，ソフトバンクパブリッシング，2002
『暗号技術入門』，ソフトバンクパブリッシング，2003
『結城浩のWiki入門』，インプレス，2004
『プログラマの数学』，ソフトバンクパブリッシング，2005
『改訂第2版 Java言語プログラミングレッスン（上）（下）』，
　　ソフトバンククリエイティブ，2005
『増補改訂版 Java言語で学ぶデザインパターン入門　マルチスレッド編』，
　　ソフトバンククリエイティブ，2006
『新版C言語プログラミングレッスン　入門編』，
　　ソフトバンククリエイティブ，2006
『新版C言語プログラミングレッスン　文法編』，
　　ソフトバンククリエイティブ，2006
『新版Perl言語プログラミングレッスン　入門編』，
　　ソフトバンククリエイティブ，2006
『Java言語で学ぶリファクタリング入門』，
　　ソフトバンククリエイティブ，2007
『数学ガール』，ソフトバンククリエイティブ，2007
『数学ガール／フェルマーの最終定理』，ソフトバンククリエイティブ，2008
『新版暗号技術入門』，ソフトバンククリエイティブ，2008
『数学ガール／ゲーデルの不完全性定理』，
　　ソフトバンククリエイティブ，2009
『数学ガール／乱択アルゴリズム』，ソフトバンククリエイティブ，2011
『数学ガール／ガロア理論』，ソフトバンククリエイティブ，2012
『Java言語プログラミングレッスン　第3版（上・下）』，
　　ソフトバンククリエイティブ，2012

『数学文章作法 基礎編』, 筑摩書房, 2013
『数学ガールの秘密ノート／式とグラフ』,
　　ソフトバンククリエイティブ, 2013
『数学ガールの誕生』, ソフトバンククリエイティブ, 2013
『数学ガールの秘密ノート／整数で遊ぼう』, SBクリエイティブ, 2013
『数学ガールの秘密ノート／丸い三角関数』, SBクリエイティブ, 2014
『数学ガールの秘密ノート／数列の広場』, SBクリエイティブ, 2014
『数学文章作法 推敲編』, 筑摩書房, 2014
『数学ガールの秘密ノート／微分を追いかけて』, SBクリエイティブ, 2015
『暗号技術入門 第3版』, SBクリエイティブ, 2015
『数学ガールの秘密ノート／ベクトルの真実』, SBクリエイティブ, 2015
『数学ガールの秘密ノート／場合の数』, SBクリエイティブ, 2016
『数学ガールの秘密ノート／やさしい統計』, SBクリエイティブ, 2016
『数学ガールの秘密ノート／積分を見つめて』, SBクリエイティブ, 2017
『プログラマの数学 第2版』, SBクリエイティブ, 2018
『数学ガール／ポアンカレ予想』, SBクリエイティブ, 2018
『数学ガールの秘密ノート／行列が描くもの』, SBクリエイティブ, 2018

C言語プログラミングレッスン入門編　第3版

2019年 1月28日　初版発行

著　者……………結城　浩
発行者……………小川　淳
発行所……………SBクリエイティブ株式会社
　　　　　　　　〒106-0032　東京都港区六本木2-4-5
　　　　　　　　　　　販売　03(5549)1201
　　　　　　　　　　　編集　03(5549)1234

印　刷……………株式会社リーブルテック

装　丁……………米谷テツヤ

落丁本，乱丁本は小社営業部にてお取り替え致します。
定価はカバーに記載されています。

Printed in Japan　　ISBN978-4-7973-9858-8